대학 새내기를 위한 수학기본서

일반교양수학의 이해

이병무 지음

KyoWooSa 教友社

머리말

수학은 과학 문명의 발달에 기초가 되었으며, 오늘날 정보화 사회로 접어들면서 많은 분야로 그 응용범위를 넓혀가고 있다. 따라서 수학이 차지하는 위치는 더욱 중요해지고 있다. 이에 따라 정보사회를 이끌어 나갈 우리들은 현대사회에서 여러 현상이나 법칙을 표현하거나 논리적으로 설명하는 데 필수적인 수학을 이해함으로써, 생활 주변의 문제를 효율적으로 처리할 수 있는 능력을 길러야 할 필요가 있다.

이 책에서는 수학에서 다루어야 할 기본개념을 체계적으로 설명하고 다양한 응용문제를 수록하여, 학생들로 하여금 수학의 효용성을 느끼고 문제해결에 대한 적응력을 향상시키도록 하는데 주안점을 두었다. 특히 자연과학뿐만 아니라 공학, 경제학 등 응용과학에서의 응용을 충분히 고려하되 내용이 어렵지 않은 교양수학 교재로 집필하게 되었다.

일상적으로 수학의 이론 전개를 위해서는 매우 엄밀한 원리의 이해가 필요하고, 여러 분야로의 응용은 많은 방법을 내포하고 있다. 그러나 이 모두를 서술하기 위해서는 내용이 방대하고 어려워, 현 교육과정에 맞추어 사용하기에는 무리가 있는 것이 사실이다. 이러한 점을 감안하여, 이 책은 대부분 학부화되어 있는 현 교육과정에 맞추어 체제를 꾸미고, 응용을 충분히 배려하면서, 교양수학에 대한 제반 기초이론을 이해하고, 현장 문제에 보다 쉽게 적용할 수 있도록 기술하였다. 특히 이 책은 오랜 강의 경험을 바탕으로, 한 학기에 이수해야 할 부분을 체계적으로 담아내는데 초점을 두었다. 따라서 강의 수준에 따라 내용이나 증명을 취사선택하여, 강의 내용의 직관성이나 엄밀성을 조절할 수 있을 것이다.

이 책에서는 기본개념과 정리에 대한 이해를 돕고 수학을 광범위한 영역에 걸쳐 활용하기 위하여 반드시 갖추어야 할 기본기능을 익히도록 하였다. 많은 예제를 이용하여 혼자서도 쉽게 새로운 개념과 정리에 대하여 충분히 이해하고 활용할 수 있도록 서술하였다. 증명의 일부분은 독자에게 맡겨 스스로 해결점을 찾도록 하고, 특히 많은 문제를 예제로 제시하여, 수학의 이해와 응용을 뒷받침하면서 그 해법을 익히도록 하였다. 다만 간단한 보기를 '예'로, 증명이나 풀이가 뒤따르는 것은 '예제'로 구분하였다. 또한 각 절마다 연습문제를 넣어서 학습한 내용을 심화하도록 편성하였다. 교양수학이나 미분적분학의 한 학기용 교재로 이 책의 주요 주제들만 공부할 수도 있을 것이다.

알기 쉽고 이해하기 쉽도록 기술하였으니, 이 책을 통하여 수학에 흥미를 느끼고, 수학의 기본개념을 생활에 응용하여 현재의 생활을 개선함은 물론, 미래의 고도 정보사회를 능동적으로 이끌어 갈 수 있는 능력을 길러주기 바란다.

이 책이 출간되어 수학을 배우고 응용하고자 하는 여러분에게 다소나마 도움이 된다면 저자로서는 더 없는 영광으로 생각하며, 내용상 미비한 부분이나 시정을 요하는 점이 있을 때는 독자 여러분의 따뜻한 조언이 있기를 바란다.

끝으로 출판을 위해 혼신의 노력을 다해 주신 교우사의 모든 분들께 진심으로 감사를 드리며, 행운이 깃들기를 기원한다.

2008년 2월

지은이

차 례

제5장 해석기하학 / 173

제6장 미분적분학 / 239

제 1 장

기초논리와 집합

논리적 사고력은 수학 학습을 통하여 가장 효과적으로 길러지는 것으로 알려져 있다. 그런데 수학은 집합과 명제를 기초로 하여 전개되므로, 집합과 명제에 대한 올바른 이해는 수학 학습에 큰 도움이 된다. ≫

1.1 기초논리

논리적으로 사고하고 판단하는 합리적 태도는 현대사회를 살아가는 필수 조건이다. 더욱이 미래의 정보사회는 더욱 높은 논리적 사고력이 필요하다. 논리는 수학적인 증명, 과학적인 이론에 대한 결론 등에 이용될 뿐만 아니라, 일상적으로 생각하고 판단하는 데 있어서도 반드시 필요하다. 이 절에서는 명제의 뜻을 이해하고, 명제 사이의 관계를 이용하여 논리적으로 사고하는 방법을 익힌다.

1. 논리연산의 형태

명제라는 대상을 연구하는 것을 **논리학**(logic)이라 하고, 논리학은 크게 명제논리학과 술어논리학으로 구분한다. **명제**(statement)란 '참'(true) 또는 '거짓'(false) 중 단지

한 개의 값만을 갖는 어떤 주장 또는 판단을 나타내는 문장 또는 식을 의미한다.

논리학에서는 보통 임의의 단순명제를 알파벳 소문자로 표시하는데, 어느 일정한 명제를 나타내는 **명제정수**(propositional constant)와, 임의의 명제를 대입할 수 있는 **명제변수**(propositional variable)로 구분된다. 명제는 논리학의 대상이므로 내용에 따라서 '참'과 '거짓' 중 어느 하나로 표시되어야 하는데, 주어진 명제가 참일 때는 T 또는 1로 표시하고, 거짓일 때는 F 또는 0으로 표시한다. 이 값을 주어진 명제의 **진리값**(truth value)이라 하고, 진리값의 변화를 표로 만들어 놓은 것을 **진리표**(truth table)라 한다.

예 1 "직선의 방정식은 두 변수 x, y에 대하여 $ax+by+c=0$의 형태로 주어진다."와 "$a=-1$이면 $a^2=1$이다."는 명제의 예고, "100은 큰 수이다."와 "$x+1>3$"은 명제가 아니다.

결합자(connective)를 이용하여 **단순명제**(simple statement)로부터 새로운 명제를 만드는 것을 **명제의 합성**이라 하고, 이 새로운 명제를 **합성명제**(compound statement)라 한다. 또한 새롭게 만들어지는 과정을 **논리연산**이라 하고, 합성명제를 이루는 각 명제를 **성분**(component)이라 한다. 이때 합성명제의 성분은 단순명제이거나 합성명제이다. 이 책에서는 특별한 경우를 제외하고는 명제를 알파벳 소문자로 나타내기로 한다.

단순명제로부터 합성명제를 만드는 요소로 다음 다섯 개의 방법, 즉 기본 논리연산

① "… 아니다." ② "… 이고 …" ③ "… 또는 …"
④ "… 이면 … 이다." ⑤ "… 이면, 그리고 그 때에만 …"

을 이용하고, 각각의 기본 논리연산을 논리기호(결합자)

① $\sim$ ② $\wedge$ ③ $\vee$ ④ $\rightarrow$ ⑤ $\leftrightarrow$

로 표시한다.

2. 진리표

(1) 진리표

임의의 명제변수에 대해 기본 논리연산 $\sim$, $\wedge$, $\vee$, $\rightarrow$, $\leftrightarrow$ 에 의하여 새로운 명제가 형성되는데, 이를 **논리식**(formula)이라고 한다.

명제변수 $p, q, r, \cdots$를 포함하는 논리식에 있어서, 참, 거짓의 어느 쪽인가 정하여지는 함수 $A(p, q, r, \cdots)$를 **진리함수**(truth function)라 한다. 논리식의 명제변수에 어떤 특정한 명제를 대입하면 구체적인 명제가 되므로, 하나의 진리값을 갖게 된다. 이제 논리기호별로 진리표를 만드는 방법을 알아본다.

정의 1 부정(negation): $\sim p$

명제 p에 대하여 "p가 아니다. (not p)"라는 명제를 p의 **부정**이라 하고, 이것을 '$\sim p$'로 표기한다. 이것을 진리표로 나타내면 다음과 같다.

p	$\sim p$
T	F
F	T

예 2 '$x=y=z=0$'의 부정은 "x, y, z중 적어도 하나는 0이 아니다."이다.

정의 2 합접(conjunction): $p \wedge q$

두 명제 p, q에 대하여 "p이며 q이다."인 형태의 명제를 **합접** '$p \wedge q$'로 나타내고, "p와 q", "p 그리고 q" 또는 "p와 q의 논리곱(logical product)"이라 한다. $p \wedge q$에 대한 진리표는 다음으로 정의한다.

p	q	$p \wedge q$
T	T	T
T	F	F
F	T	F
F	F	F

일상언어에서 합접에 해당하는 어휘로는 "한편, 및, 다만, 그러나, 불구하고, 와, 이고" 등이 있다.

일반적으로 논리식을 일상용어로 예시하면, 그 용어의 의미가 상실되는 경우가 있음에 유의한다.

정의 3 이접(disjunction): $p \vee q$

두 명제 p, q에 대하여 "p 또는 q이다"인 형태의 합성명제를 **이접** '$p \vee q$'로 나타내고, "p 이거나 q" 또는 "p와 q의 논리합(logical sum)"이라고 한다. $p \vee q$를 진리표로 나타내면 다음과 같다.

p	q	$p \vee q$
T	T	T
T	F	T
F	F	T
F	F	F

일상언어에서 이접에 해당하는 어휘로는 "또는, (이거)나, 혹은, 그렇지 않으면, (라)든지" 등이 있다.

이접은 두 명제 p, q가 모두 참인 경우에, '또는' 대신 '이거나 그렇지 않으면'으로 해석되는 경우가 있다. 이와 같이 p와 q 중에서 어느 한쪽만이 참일 때 그 합성명제가 참임을 주장하는 명제를 **배타적 이접**(exclusive disjunction)이라 하고, $p \veebar q$로 나타낸다. $p \vee q$를 배타적 이접과 구별할 때 **양립적 이접**(inclusive disjunction)이라 한다. 논리에 있어서 보통 이접이라 하면 양립적 이접을 의미한다.

예 3 이접(또는 합접)에 대한 해석으로 전기회로에서 병렬회로(또는 직렬회로)를 생각할 수 있다.

두 명제 p, q가 모든 경우에 진리값이 같을 때, "p는 q와 **논리적 동치**(logically equivalent)" 또는 간단히 '**동치**(equivalent)'라 하고, '$p \equiv q$'로 표시한다. 기호 '$\equiv$'는 논리기호가 아니고, **초논리**(metalogic)에 속하는 기호이다.

예 4 두 명제 $p \vee q$와 $\sim[(\sim p) \wedge (\sim q)]$는 동치이다.

모든 논리적 가능성에 대하여 항상 참인 명제를 **항진**(tautology)이라 하고 'I' 또는 't'로 표시하며, 항상 거짓인 명제를 **모순**(contradiction)이라 하고 'O' 또는 'c'로 나타낸다. 항진명제를 **항진식**, 모순명제를 **항위식**으로 표현하기도 한다.

예 5 명제 $p \vee t$는 항진이므로 $p \vee t \equiv t$이고, $p \wedge c$는 모순명제이므로 $p \wedge c \equiv c$가 된다.

정리 4

임의의 세 명제 p, q, r에 대하여, 다음이 성립한다.

(1) 이중부정(double negation): $p \equiv \sim(\sim p)$

(2) 멱등법칙(idempotent law): $p \wedge p \equiv p,\quad p \vee p \equiv p$

(3) 교환법칙(commutative law): $p \wedge q \equiv q \wedge p,\quad p \vee q \equiv q \vee p$

(4) 결합법칙(associative law):

$$(p \wedge q) \wedge r \equiv p \wedge (q \wedge r),\ (p \vee q) \vee r \equiv p \vee (q \vee r)$$

(5) 분배법칙(distributive law):

$$p \wedge (q \vee r) \equiv (p \wedge q) \vee (p \wedge r)$$
$$p \vee (q \wedge r) \equiv (p \vee q) \wedge (p \vee r)$$

(6) 흡수법칙(absorption): $p \wedge (p \vee q) \equiv p,\quad p \vee (p \wedge q) \equiv p$

(7) 드 모르간 법칙(De Morgan's Law):

$$\sim(p \wedge q) \equiv (\sim p) \vee (\sim q),\ \sim(p \vee q) \equiv (\sim p) \wedge (\sim q)$$

일반적으로 명제변수가 n개일 경우 진리표는 2^n개의 행이 필요하다. 논리의 정당성을 주장하는데 있어서, 진리표에 의한 증명은 많은 시간과 노력이 든다. 그러므로 다른 정리와 추론규칙, 전제로 세운 공리, 그와 관련된 정의들에 의하여 연역적 방법으로 증명하는 연역적 추론이 매우 유용하게 이용된다.

정의 5 조건문(conditional statement): $p \rightarrow q$

조건문이란 두 명제 p, q에 대하여

"p이면 q이다." (if p, then q)

인 형태의 합성명제, 즉 '$p \rightarrow q$'로 주어지는 명제로써 "p와 q의 조건문"이라 하며

$$p \rightarrow q \equiv \sim(p \wedge \sim q)$$

로 정의한다. 이때 p를 가정, q는 결론이라 하고, $p \rightarrow q$에 대한 진리표를 작성하면 다음과 같다.

p	q	$p \rightarrow q$
T	T	T
T	F	F
F	T	T
F	F	T

일상생활에서는 가정이 거짓인 경우에 합성명제 $p \rightarrow q$가 참인지는 묻지 않는다. 그러나 논리학자는 모든 논리적 가능성의 각 경우마다 진리값을 주고자 한다. 즉 조건문 $p \rightarrow q$에 대한 진리표는 우리의 약속이다. 일상언어에서 조건문을 이루는 어휘로는 "(이)므로, 여, (여)서, (로)인하여, (일)때, 따라서, 경우, 그러므로, 왜냐하면" 등이 있다.

참고 결합자의 결합에 있어 $\sim$을 최우선으로 하고, 다음에 $\wedge$, $\vee$, 그리고 다음에 $\rightarrow$의 순위로 결합하기로 한다. 예를 들면 $p \rightarrow \sim q \vee \sim r$은

$$p \rightarrow [(\sim q) \vee (\sim r)]$$

과 같은 표현이다.

정리 6

임의의 세 명제 p, q, r에 대하여, 다음이 성립한다.

(1) 대우법칙(contrapositive law): $p \to q \equiv \sim q \to \sim p$

(2) 배리법(reduction ad absurdum): $p \to q \equiv (p \wedge \sim q \to c)$

증명 여기서는 (1)만을 증명하고, (2)는 독자에게 남긴다.

p	q	$p \to q$	$\sim q \to \sim p$
T	T	T	T
T	F	F	F
T	F	T	T
F	F	T	T

위 진리표에서 $p \to q$와 $\sim q \to \sim p$의 진리표가 같으므로 두 명제는 동치이다. 따라서 $p \to q \equiv [(\sim q) \to (\sim p)]$이다. ■

두 명제 p, q로 주어진 조건문 $p \to q$에 대하여, $q \to p$를 $p \to q$의 **역**(converse), $\sim p \to \sim q$를 $p \to q$의 **이**(converse of contraposition), $\sim q \to \sim p$를 $p \to q$의 **대우**(contraposition)라고 한다.

예 6 참인 명제 "a가 짝수이면, $a+1$은 홀수이다."의 역은 참이다. 그러나 "a, b가 홀수이면, $a+b$는 짝수이다."는 참인 명제이지만, 그 역은 거짓이다.

참고 (명제와 그 대우의 참)

명제 $p \to q$가 참이면, 그 대우 $\sim q \to \sim p$도 참이다. 그러나 수학에서는 조건문이 참일 때 대우는 항상 참이지만, 일상생활에서는 통용되지 않는 경우가 있음에 유의한다.

정의 7 쌍조건문(biconditional statement): $p \leftrightarrow q$

두 명제 p, q에 대하여 $(p \to q) \land (q \to p)$를 p와 q의 **쌍조건문**이라 하고, '$p \leftrightarrow q$'로 나타낸다. $p \leftrightarrow q$에 대한 진리표는 다음으로 정의된다.

p	q	$p \leftrightarrow q$
T	T	T
T	F	F
F	T	F
F	F	T

쌍조건문에 해당하는 어휘로는 "~일 때, 그때에 한하여" 또는 "~이면, 그리고 그때에만" 등으로 표현한다. 쌍조건문에서도 일상언어에서 조건문과 마찬가지로 실질적 해석은 거의 사용하지 않는다.

조건문 $p \to q$가 항진일 때 "p는 q를 **함의한다**.(imply)"라고 하고 '$p \Rightarrow q$'로 표시하며, 쌍조건문 $p \leftrightarrow q$가 항진일 때 "p와 q는 **동치**"라고 하고 '$p \Leftrightarrow q$'로 나타낸다.

'$\Rightarrow$'와 '$\Leftrightarrow$'는 "$\to$가 항진"이라는 사실과 "$\leftrightarrow$가 항진"이라는 사실을 나타내는 초논리기호일 뿐, 논리기호가 아님에 유의한다.

예 7 논리식 $\{p \lor (\sim p \land q)\} \leftrightarrow \{p \lor q\}$는 항진명제이다.

$p \Rightarrow q$일 때, p를 q이기 위한 **충분조건**(sufficient condition)이라 하고, q를 p이기 위한 **필요조건**(necessary condition)이라 한다. 특히 필요조건과 충분조건이 동시에 성립할 때 **필요충분조건**(necessary and sufficient condition)이라 한다. 즉 $p \Leftrightarrow q$일 때, p는 q이기 위한 필요충분조건이 된다.

참고 쌍조건문 $p \leftrightarrow q$가 항진명제가 되려면, 모든 경우에 있어서 p와 q의 진리값이 일치하여야 하므로 $p \Leftrightarrow q$와 $p \equiv q$는 같은 의미가 된다. 수학에서는 '$p \Leftrightarrow q$'를 대신하여 "p if and only if q" 또는 간단히 "p iff q"로 표시하기도 한다.

정리 8

임의의 세 명제 p, q와 r에 대하여, 다음이 성립한다.

(1) 합의 법칙(law of addition): $p \Rightarrow p \vee q$

(2) 단순화 법칙(law of simplification): $p \wedge q \Rightarrow p$, $p \wedge q \Rightarrow q$

(3) 추이법칙(transitive law): $(p \rightarrow q) \wedge (q \rightarrow r) \Rightarrow p \rightarrow r$

(4) 선언삼단논법(disjunctive syllogism):

$$(p \vee q) \wedge \sim p \Rightarrow q,\ (p \vee q) \wedge \sim q \Rightarrow p$$

(5) 삼단논법의 긍정식(modus ponens): $(p \rightarrow q) \wedge p \Rightarrow q$

(6) 삼단논법의 부정식(modus tollens):

$$(p \rightarrow q) \wedge \sim q \Rightarrow \sim p$$

(2) 동치논리식

문제풀이 과정이란, 보다 간단한 동치명제로의 변환 과정이다. 자주 이용되는 몇 가지 동치논리식을 열거하면 다음과 같다. 여기에서 명제변수 $p, q, r, \cdots$는 임의의 명제나 논리식을 의미하고, 이와 같은 법칙을 써서 계산하는 논리식이나 명제의 대수적 취급을 **명제대수**라 한다.

(1) $p \vee c \Leftrightarrow p$, $p \wedge t \Leftrightarrow p$

(2) 배중률: $p \vee \sim p \Leftrightarrow t$

(3) 모순률: $p \wedge \sim p \Leftrightarrow c$

(4) $p \rightarrow q \Leftrightarrow \sim p \vee q$

(5) 부정의 흡수: $p \vee (\sim p \wedge q) \Leftrightarrow p \vee q$

(6) 전제의 대칭성: $p \rightarrow (q \rightarrow r) \Leftrightarrow q \rightarrow (p \rightarrow r) \Leftrightarrow (p \wedge q) \rightarrow r$

(7) $(p \rightarrow q) \wedge (p \rightarrow r) \Leftrightarrow p \rightarrow (q \wedge r)$

(8) $(p \rightarrow r) \wedge (q \rightarrow r) \Leftrightarrow (p \vee q) \rightarrow r$

(9) $(p \rightarrow q) \vee (p \rightarrow r) \Leftrightarrow p \rightarrow (q \vee r)$

(10) $(p \rightarrow r) \vee (q \rightarrow r) \Leftrightarrow (p \wedge q) \rightarrow r$

(11) 동치의 소거: $p \leftrightarrow q \Leftrightarrow (p \wedge q) \vee (\sim p \wedge \sim q)$

(12) 동치의 부정: $\sim (p \leftrightarrow q) \Leftrightarrow p \leftrightarrow \sim q$

3. 논리적 추론

이제 추론이라고 불리는 일련의 명제와 추론의 타당성에 대하여 알아본다. 추론의 타당성은 논리적 사고에서 오류를 범하지 않고, 잘못된 논리에 현혹되지 않도록 한다.

(1) 추론

논리식 $A_1,\ A_2,\ \cdots,\ A_n$으로부터 새로운 논리식 B를 유도하는 과정을 **추론**(inference) 또는 **논증**(argument)이라 한다. 실제로는

$$A_1,\ A_2,\ \cdots,\ A_n\ /\ \therefore\ B \qquad (*)$$

로 나타내고, 이것을 **추론식**(inference formula)이라 하며, $A_1,\ A_2,\ \cdots,\ A_n$을 추론의 전제(premise) 또는 가정(hypothesis), B를 논리적 결론 또는 추론의 결론(conclusion)이라 한다. 이때 전제로부터 결론을 논리적 법칙에 따라 유도하는 과정을 **연역**(deduction)이라 한다.

가정으로부터 새로운 결론을 유도하는 것을 **추론규칙**(rule of inference)이라 하고, 추론규칙을 도식으로 나타낸 것을 **추론도**(inference schemata)라 한다. 추론도는

$$\frac{A_1,\ A_2,\ \cdots,\ A_n}{B}$$

로 표시하며, 여기서 사용한 횡선은 '그러므로' 또는 '따라서' 등의 용어 대신 사용한 기호이다. 추론은 전제가 참인 상황에서 결론이 참이 될 때 **타당**(valid) 또는 유효하다고 하고, 타당하지 않은 추론을 **오류**(fallacy)라 한다.

① 추론의 타당성을 증명하기 위한 한 방법으로 진리표를 활용하는데, 추론이 타당하다는 것은 모든 전제가 참일 때 결론도 참이어야 함을 의미한다.

② 논리식 $A_1,\ A_2,\ \cdots,\ A_n$으로부터 주어진 추론식

$$A_1,\ A_2,\ \cdots,\ A_n\ /\ \therefore\ B$$

가 타당한 것은 "$A_1,\ A_2,\ \cdots,\ A_n$이 모두 참이면, B가 참"일 때, 또는 "$A_1 \wedge A_2$

$\wedge \cdots \wedge A_n \rightarrow B$가 항진식"일 경우로 이를 **연역정리**(deduction theorem)라 한다. 특히 (*)가 수학적 정리를 나타내고 있을 때는

$$A_1 \wedge A_2 \wedge \cdots \wedge A_n \Rightarrow B$$

를 **정리**(theorem)라 하고, B를 정리의 결론이라고 한다.

추론의 목적은 정리에서 정리로의 변형의 타당성에 대하여 논리적 근거를 준다는 점이다. 타당한 추론법칙을 요약하면, 다음과 같다.

(1) 단순화 법칙: $p \wedge q \Rightarrow p$, $p \wedge q \Rightarrow q$
(2) 합의 법칙: $p \Rightarrow p \vee q$, $q \Rightarrow p \vee q$
(3) 추이법칙: $(p \rightarrow q) \wedge (q \rightarrow r) \Rightarrow p \rightarrow r$
(4) $\sim p \Rightarrow p \rightarrow q$, $q \Rightarrow p \rightarrow q$
(5) $\sim (p \rightarrow q) \Rightarrow p$, $\sim (p \rightarrow q) \Rightarrow \sim q$
(6) 대우: $(p \rightarrow q) \Rightarrow (\sim q \rightarrow \sim p)$
(7) 삼단논법의 긍정식: $p \wedge (p \rightarrow q) \Rightarrow q$
(8) 삼단논법의 부정식: $\sim q \wedge (p \rightarrow q) \Rightarrow \sim p$
(9) 가언삼단논법(hypothetical syllogism): $(p \rightarrow q) \wedge (q \rightarrow r) \Rightarrow (p \rightarrow q)$
(10) 선언삼단논법: $(p \vee q) \wedge \sim p \Rightarrow q$, $(p \vee q) \wedge \sim q \Rightarrow p$
(11) 단순양도논법(딜레마): $(p \vee q) \wedge (p \rightarrow r) \wedge (q \rightarrow r) \Rightarrow r$
(12) 분석적양도논법: $(p \vee \sim p) \wedge (p \rightarrow r) \wedge (\sim p \rightarrow r) \Rightarrow r$
(13) 일반양도논법: $(p \vee q) \wedge (p \rightarrow r) \wedge (q \rightarrow s) \Rightarrow (r \vee s)$

부정의 개념으로 추론의 타당함을 확인하는데 연역정리가 이용된다. 즉 결론을 부정함으로써 전제와 더불어 모순식을 유도하는 것이다. 추론식

$$A_1,\ A_2,\ \cdots,\ A_n \ /\ \therefore B$$

가 타당한 것은 "$A_1 \wedge A_2 \wedge \cdots \wedge A_n \wedge \sim B$가 항위식"일 경우이다.

참고 명제에서는 참과 거짓의 판단이 기본이 되지만, 추론에서는 타당 여부가 문제가 됨에 유의한다.

(2) 수학적 증명

수학이나 논리에서 정리의 타당함을 밝히는 일, 즉 참인 전제로부터 타당한 추론을 사용하여 결론을 유도하는 것을 **증명**(proof)이라 한다. 수학적 증명에는 **연역법**(deduction), **배리법**(귀류법), **대우증명법**(contrapositive method of proof)과 **수학적 귀납법**(mathematical induction) 등이 있다.

① 귀납법과 연역법

귀납법은 많은 구체적인 사실로부터 어떤 공통적인 성질을 추측할 수 있을 뿐 증명에 사용될 수는 없다. 추측을 증명하기 위해서는 **직접증명법**(direct method of proof)인 연역법을 사용해야 하지만, 귀납법을 통해 추측에 이르게 되므로 귀납법은 매우 중요하다.

예 8 연역적 방법을 이용하여, $p \wedge q \equiv \sim[(\sim p) \vee (\sim q)]$를 증명해 보자.
$\sim(\sim p) \equiv p$와 드 모르간 법칙을 이용하면

$$\sim[(\sim p) \vee (\sim q)] \equiv [\sim(\sim p)] \wedge [\sim(\sim q)] \equiv p \wedge q$$

즉 $p \wedge q \equiv \sim[(\sim p) \vee (\sim q)]$가 성립한다.

② 배리법

간접증명법(indirect method of proof)의 한 방법으로 배리법(귀류법)이 있다. $A_1 \wedge A_2 \wedge \cdots \wedge A_n \Rightarrow B$를 증명하고자 함에 있어서, 전제를 집약하여 P로 표시할 때 $P \rightarrow B$가 항진임을 보이면 된다. 그것을 밝히기 위해서는

$$\sim(P \rightarrow B) \equiv P \wedge \sim B$$

에 의해서, $P \wedge \sim B \Rightarrow O$를 증명하면 된다. 이러한 증명법을 배리법이라 한다.

③ 대우증명법

$A_1 \wedge A_2 \wedge \cdots \wedge A_n \Rightarrow B$를 증명하고자 함에 있어서, 전제를 집약하여 P로 표시할 때 $P \rightarrow B$가 항진임을 보이면 된다. 그것을 밝히기 위해서는

$$P \to B \Leftrightarrow \sim B \to \sim P$$

에 의해서, $\sim B \Rightarrow \sim P$ 임을 증명하면 된다. 이러한 증명법을 대우증명법이라 한다.

예제 1 n^2이 홀수이면, n이 홀수임을 보이시오. 단, n은 자연수이다.

증명 주어진 명제의 대우 "n이 짝수이면, n^2은 짝수이다."가 참임을 보이면 된다. 자연수 n이 짝수이면

$$n = 2k \text{ (단, } k\text{는 자연수)}$$

로 표시되므로, $n^2 = (2k)^2 = 4k^2 = 2(2k^2)$이 성립한다. 그런데 $2k^2$이 자연수이므로 n^2은 짝수가 된다. ■

④ 수학적 귀납법

수학적 귀납법에 대한 정리의 증명은 배리법을 이용한다. 수학적 귀납법은 **정렬원리**(well ordering principle)를 전제로 하고 있음에 유의한다.

정렬원리: 자연수의 집합 N의 공집합이 아닌 부분집합은 항상 최소원을 가진다.

정리 9 (수학적 귀납법)

자연수 n을 포함하는 명제 $p(n)$에 대하여

(1) $p(1)$이 참이다.
(2) 임의의 자연수 k에 대하여 $p(k)$가 참이면, $p(k+1)$은 참이다.

가 성립하면, $p(n)$은 모든 자연수 n에 대하여 참이 된다.

예제 2 수학적 귀납법을 이용하여, 모든 자연수에 n에 대하여

$$1+2+3+\cdots+n = \frac{n(n+1)}{2}$$

이 성립함을 보이시오.

증명 $p(n)$을 $1+2+3+\cdots+n = \dfrac{n(n+1)}{2}$이라 하고, 수학적 귀납법을 이용한다.

(1) $p(1)$은 참이다.

(2) 임의의 자연수 k에 대하여 $p(k)$, 즉

$$1+2+3+\cdots+k = \frac{k(k+1)}{2}$$

이 참이라고 가정하고, $p(k+1)$이 참인 것을 보인다.

$$\begin{aligned}1+2+3+\cdots+k+(k+1) \\ &= \frac{k(k+1)}{2}+(k+1) \\ &= \frac{k(k+1)}{2}+\frac{2(k+1)}{2} \\ &= \frac{(k+1)(k+1)+1}{2}\end{aligned}$$

이 성립하므로, $p(k+1)$인 경우도 참이 된다.

따라서 모든 자연수 n에 대하여

$$1+2+3+\cdots+n = \frac{n(n+1)}{2}$$

이 성립한다. ■

4. 술어논리

명제의 내용이 주어부와 술어부와의 관계로 얽혀 있어서 지금까지의 명제논리만으로는 불가능한 추론이 있다. 이와 같이 명제의 내부 구조에 관한 논리적 관계를 취급하는 논리학을 **술어논리학**(predicate logic)이라 한다.

하나의 술어논리식은 $A(x, y, z, \cdots)$와 같이 나타낸다. 술어논리식에 대해서도 명제논리식에서와 같이 결합자 $\sim$, $\wedge$, $\vee$, $\rightarrow$, $\leftrightarrow$이 그대로 활용된다.

예 9 문장 중에는 "x는 4의 약수이다."와 같이 변수 x를 포함하는 것이 있다. 주어진 문장을 $p(x)$, 즉

$$p(x): x\text{는 4의 약수이다.}$$

라 할 때, $p(x)$는 변수 x의 값이 정해지지 않으면 참, 거짓을 판별할 수 없으므로 명제가 아니다. 그러나 변수 x에 어떤 집합의 원소를 대입하면 참, 거짓이 판별되는 명제가 된다.

문장 $p(x)$의 변수 x가 값을 택하는 범위를 나타내는 집합을 S라고 할 때

"각 $a \in S$에 대하여, $p(a)$의 참과 거짓이 결정되는 $p(x)$인 문장"

을 '**명제함수**' 또는 '열린문장'이라 한다.

집합 S 위에서 $p(x)$가 주어졌을 때, "$p(x)$가 참이 되는 원소 $x \in S$들의 집합"을 **진리집합**(truth set)이라 하고, 이것을

$$\{x \in S \mid p(x)\}$$

로 나타낸다. 이때 변수 x를 생략하고, $p(x)$를 간단히 p로 나타내기도 한다.

일반적으로 명제 $p \to q$가 주어졌을 때, p의 진리집합을 P, q의 진리집합을 Q라고 하면 다음이 성립한다.

정리 10 (진리집합과 명제 $p \to q$의 참과 거짓)

문장 p, q의 진리집합을 각각 P, Q라고 할 때, 다음이 성립한다.

(1) $P \subset Q$이면, $p \to q$는 참　　(2) $P \not\subset Q$이면, $p \to q$는 거짓

참고 두 진리집합 $P = \{x \in S \mid p(x)\}$와 $Q = \{x \in S \mid q(x)\}$에 대하여

$$P \subset Q \text{ if and only if } p \Rightarrow q$$

가 성립한다.

예 10 $p : x=2,\ q : x^2=4$에 대하여

$$p \Rightarrow q, \qquad q \nRightarrow p$$

이므로, p는 q이기 위한 충분조건이지만 필요조건은 아니고, q는 p이기 위한 필요조건이지만 충분조건은 아니다.

술어논리식 $^\forall x \in D,\ A(x)$는

"대상영역 D의 모든 x에 대하여, $A(x)$가 성립한다."

라고 하고, 이때 '$^\forall x$'를 x에 관한 **전칭기호**(universal quantifier)라고 한다. 또한 술어논리식 $\exists x \in D,\ A(x)$는

"대상영역 D 안에는 $A(a)$를 성립시키는 a가 있다."

라고 하고, '$\exists x$'를 x에 대한 **존재기호**(existential quantifier)라고 한다. 전칭기호와 존재기호를 통틀어 **한정기호**(quantifier)라 한다.

전칭기호의 부정 $\sim(^\forall x \in D,\ A(x))$는 $\exists x \in D,\ \sim A(x)$이고, $\exists x \in D,\ \sim A(x)$는 "$A(x)$가 성립하지 아니하는 $x \in D$가 있다."라든가 "어떤 $x \in D$로는 $A(x)$가 아니다." 등으로 표현된다. 한편 존재기호에 대한 부정 $\sim(\exists x \in D,\ A(x))$는 $^\forall x \in D,\ \sim A(x)$가 된다.

예 11 명제 "모든 연인은 행복하다."의 부정과 동치인 명제는 "행복하지 않은 연인이 있다."이다.

p를 만족하지만, q를 만족하지 않는 원소를 명제 $p \to q$에 대한 **반례**(counter example)라고 한다. 명제 $p \to q$에 대한 반례가 한 개라도 있으면, p와 q의 진리집합 P와 Q에 대하여 $P \not\subset Q$가 된다. 따라서 명제 $p \to q$가 거짓임을 보이려면, 반례가 한 개라도 있음을 보이면 된다.

예 12 명제 "$x \neq 0$이면, $x^2 \neq 1$이다."는 거짓이다. 왜냐하면 $x = -1$일 때 거짓이 되기 때문이다.

참고 "$^\forall x \in S$, $p(x)$"가 거짓임을 보이기 위해서는 "$p(s)$가 거짓이 되는 $s \in S$가 적어도 하나 존재함"을 보이면 된다. 이와 같은 원소 s를 명제 "$^\forall x \in S$, $p(x)$"에 대한 반례라고 한다.

연습문제

1 진리표를 이용하여, 다음 관계식을 유도하시오.

$$p \veebar q \equiv (p \vee q) \wedge (\sim p \vee \sim q)$$

2 다음 명제의 항진 여부를 판단하시오.

(1) $p \vee (p \to q)$ (2) $p \to (p \vee q)$ (3) $(p \to q) \to (r \vee p \to r \vee q)$

3 D 대학교 학생들의 국어와 영어, 그리고 수학 과목에 대한 선호도를 조사한 결과, 다음 두 가지 사실을 알았다.

I. 국어를 좋아하는 학생은 영어를 싫어한다.
II. 수학을 싫어하는 학생은 영어를 좋아한다.

위의 사실에 의하여, 다음 중 항상 참인 것을 고르시오.

(1) 영어를 좋아하는 학생은 수학을 좋아한다.
(2) 국어를 좋아하는 학생은 수학을 좋아한다.
(3) 수학을 좋아하는 학생은 영어를 싫어한다.

4 연역적 방법으로, 다음을 증명하시오.

(1) $[p \to (q \to r)] \equiv (p \wedge q \to r)$ (**이출법칙**, exportation)
(2) $(p \wedge q \to r) \equiv \{p \to (q \to r)\}$

5 ≫ 다음 추론이 타당함을 보이시오.

(1) $\sim q,\ p \to q \ / \ \therefore \sim p$ (삼단논법의 부정형)

(2) $(p \to q) \wedge (r \to s),\ (p \vee r) \ / \ \therefore q \vee s$

(구성적 양도논법, constructive dilemma)

6 ≫ 수학적 귀납법을 이용하여, 다음 이항정리를 증명하시오.

$$(x+y)^n = C(n,0)x^n + C(n,1)x^{n-1}y + \cdots + C(n,r)x^{n-r}y^r + \cdots C(n,n)y^n$$

여기서 n은 자연수이다.

7 ≫ a, b가 자연수일 때, 다음 명제 중에서 참인 것을 찾으시오.

(1) $a+b=4$이면, $a=2$이고 $b=2$이다.

(2) $a+b \neq 4$이면, $a \neq 2$ 또는 $b \neq 2$이다.

(3) $a=2$이고 $b=2$이면, $a+b=4$이다.

(4) $a \neq 2$ 또는 $b \neq 2$이면, $a+b \neq 4$이다.

8 ≫ 다음 두 조건에 대하여 p가 q가 되기 위한 충분조건일 때, 정수 a의 최대값을 구하시오.

"p : x는 6의 양의 약수", "q : x는 a보다 크고 a^2보다 작은 정수"

1.2 집합과 함수

독일의 수학자 칸토어(Cantor)는 무한집합의 성질을 처음으로 연구 발표하여 집합론의 창시자가 되었다. 칸토어의 집합론 정립으로 수학은 유한한 양뿐만 아니라 무한한 양까지 연구 대상에 포함시키게 되었다. 이 절에서는 집합의 개념과 연산, 관계와 함수, 무한집합, 가부번집합과 비가부번집합 등에 대한 성질을 이해한다.

1. 집합

칸토어가 창시한 집합론으로부터 발생한 역리는 많은 논란을 불러일으켰으나, 집합론에 대한 이론은 수학을 체계화하는데 필수적인 역할을 한다.

(1) 집합의 개념

모든 수학적 대상과 구성은 집합론에 기반을 두고 있으나, '집합'을 어떻게 정의하느냐 하는 것은 쉬운 일이 아니다. 단지 독일의 수학자 칸토어가 1895년 그의 저서에서 '집합'에 관하여 기술한 다음 정의로써 만족하기로 한다.

"**집합**(set)이란 우리들의 직관 또는 사고의 대상으로써 확정되어 있고, 서로 명확히 구별되는 것들의 모임이다."

이때 집합을 구성하는 대상을 집합의 **원소**(element)라 하고, x가 집합 A의 원소일 때 $x \in A$로 표기하고, x가 A의 원소가 아니면 $x \notin A$로 표기한다. 특히 하나의 원소만으로 이루어진 집합을 **단원집합**(singleton set)이라 한다. 집합을 기호로써 표기할 때, 집합을 구성하고 있는 모든 원소를 순서에 관계없고 빠짐없이 나열하여 중괄호로 묶어서 표현하는 것을 **원소나열법**(tabular form)이라 하고, 집합 A의 원소로써 $p(x)$가 참이 되는 모든 x의 집합을

$$\{x \in A \mid p(x)\}$$

로 표현하는 집합의 표기법을 **조건제시법**(set-builder form)이라 한다. 여기서 기호 $\{x \in A \mid p(x)\}$는 "명제 $p(x)$가 참이 되는 모든 $x \in A$의 집합"으로 읽는다. 특히 원소를 하나도 갖지 않는 집합을 **공집합**(empty set)이라 하고, $\varnothing$ 또는 $\{\ \}$로 표기한다. 보통 집합은 영어의 대문자로 나타내고, 원소는 영어의 소문자로 나타낸다.

두 집합 A와 B에 대하여 "$x \in A$이면, $x \in B$"일 때, A는 B의 **부분집합**(subset) 또는 B는 A의 **초집합**(또는 **포함집합**)이라 하고, 기호 $A \subset B$로 나타낸다. 이것은 형식적으로

$$x \in A \Rightarrow x \in B$$

를 뜻한다. $A \subset B$이고 $B \subset A$일 때, 즉 두 집합 A와 B가 똑같은 원소로 이루어져 있을 때, 두 집합은 **상등**(identical) 또는 **같다**(equal)고 하고, $A = B$로 나타낸다. 이것은 형식적으로

$$x \in A \Leftrightarrow x \in B$$

를 뜻한다. $A \subset B$이고 특히 $A \neq B$이 경우에는 $A \subsetneq B$로 표기하고, A는 B의 **진부분집합**(proper subset) 또는 B는 A의 **진초집합**(proper superset)이라 한다. 이때 '$\subset$'을 포함관계라고 한다.

예 13 집합 $A = \{a, b, c, d\}$의 진부분집합 중에서, 원소 a가 속하지 않은 것의 개수는 8개이다.

정리 1

공집합 $\varnothing$는 모든 집합의 부분집합이다.

증명 임의의 집합 A에 대하여, 조건문 '$x \in \varnothing \rightarrow x \in A$'가 참임을 증명하면 된다. 공집합 $\varnothing$는 원소를 갖지 않으므로 명제 '$x \in \varnothing$'는 거짓이고, 한편 명제 '$x \in A$'는 참일 수도, 거짓일 수도 있다. 그런데 가정이 거짓일 때는 조건명제 '$x \in \varnothing \rightarrow x \in A$'는 항진이므로, $\varnothing \subset A$가 성립한다. ■

이 책을 기술함에 있어 다음 기호를 미리 정의해 둔다.

$R = \{x \mid x$는 실수$\}$ $Z = \{x \mid x$는 정수$\}$
$Q = \{x \mid x$는 유리수$\}$ $N = \{n \mid n$은 자연수$\}$
$N_k = \{1, 2, \cdots, k\}$ $[a, b] = \{x \in R \mid a \leq x \leq b\}$
$(a, b) = \{x \in R \mid a < x < b\}$ $[a, b) = \{x \in R \mid a \leq x < b\}$
$(a, b] = \{x \in R \mid a < x \leq b\}$ $(a, \infty) = \{x \in R \mid x > a\}$
$(-\infty, b] = \{x \in R \mid x \leq b\}$ $(-\infty, \infty) = R$

집합 A의 부분집합 전체를 원소로 하는 집합을 A의 **멱집합**(power set)이라 하고, $\wp(A)$ 또는 2^A, 즉

$$\wp(A) = 2^A = \{X \mid X \subset A\}$$

로 표현한다.

(2) 집합의 연산

집합론에서는 논리연산 $\vee$, $\sim$, $\wedge$을 이용하여, 두 집합 사이의 연산을 도입한다.

① 합집합과 교집합

두 집합 A와 B의 **합집합**(union)은 A와 B 중 적어도 한 집합에 속해 있는 원소들의 집합, 즉

$$A \cup B = \{x \mid x \in A \vee x \in B\}$$

로 정의하고, 두 집합 A와 B의 **교집합**(intersection)은 A와 B 두 집합에 공통으로 들어 있는 원소들의 집합, 즉

$$A \cap B = \{x \mid x \in A \wedge x \in B\}$$

로 정의한다. 특히 $A \cap B = \varnothing$일 때, A와 B는 **서로소**(disjoint)라고 한다.

정리 2 (집합의 연산 법칙)

A, B와 C가 X의 부분집합일 때, 다음이 성립한다.

(1) 항등법칙: $A \cup \varnothing = A$, $A \cap X = A$

(2) 멱등법칙: $A \cup A = A$, $A \cap A = A$

(3) 교환법칙: $A \cup B = B \cup A$, $A \cap B = B \cap A$

(4) 결합법칙: $A \cup (B \cup C) = (A \cup B) \cup C$

$$A \cap (B \cap C) = (A \cap B) \cap C$$

(5) 분배법칙: $A \cap (B \cup C) = (A \cap B) \cup (A \cap C)$

$$A \cup (B \cap C) = (A \cup B) \cap (A \cup C)$$

(6) A, B가 C의 부분집합일 때, 그리고 그때에만 $A \cup B \subset C$

(7) $C \subset A$, $C \subset B$일 때, 그리고 그때에만 $C \subset A \cap B$

증명 여기서는 (1)만을 증명하고, 나머지는 독자에게 남긴다.

$$x \in A \cup \varnothing \Leftrightarrow x \in A \vee x \in \varnothing \Leftrightarrow x \in A$$

이므로, $A \cup \varnothing = A$가 성립한다. 또한

$$x \in A \cap X \Leftrightarrow x \in A \wedge x \in X \Leftrightarrow x \in A$$

이므로, $A \cap X = A$가 성립한다. ■

참고 집합의 연산에서 분배법칙 $A \cap (B \cup C) = (A \cap B) \cup (A \cap C)$는 실수의 연산에서의 분배법칙 $a(b+c) = ab + ac$에 대응한다.

그러나 분배법칙 $A \cup (B \cap C) = (A \cup B) \cap (A \cup C)$에 대응하는 실수의 연산에서의 분배법칙은 없다.

② 여집합과 대칭차

정수의 범위에서 짝수 전체의 집합은 0과 음의 짝수도 생각해야 하므로, 자연수의 범위에서 짝수 전체의 집합과 다른 집합을 얻는다. 따라서 집합에 관련된 문제를 다룰 때, 범위를 나타내는 집합을 미리 정해 놓고 그의 부분집합만을 생각하면 이와 같은 혼란을 피할 수 있다.

모든 집합은 어떤 특별한 집합의 부분집합으로 생각할 수 있는데, 그 특별한 집합을 **전체집합**(universal set)이라 하고, 보통 U로 나타낸다.

참고 약수, 배수, 짝수, 홀수 등의 집합을 구할 때, 전체집합이 주어져 있지 않으면 자연수의 집합을 전체집합으로 함에 유의한다.

두 집합 A와 B에 대하여, A에 관한 B의 **차집합**(difference)은 집합 A의 원소 중에서 집합 B에는 속하지 않는 것들의 집합, 즉

$$A-B=\{x \mid x\in A \wedge x\notin B\}=\{x\in A \mid x\notin B\}$$

로 정의한다. 여기서 $x\notin B$는 $\sim(x\in B)$를 의미한다. 전체집합 U의 부분집합 A에 대하여 차집합 $U-A$를 A의 **여집합**(complement)이라 하고 A^c, 즉

$$A^c=U-A=\{x \mid x\in U \wedge x\notin A\}$$

로 나타낸다. 두 집합 A, B에 대하여, $A-B=A\cap B^c$이 된다.

예 14 세 집합 A, B, C에 대하여, $(A-B)-C=A-(B\cup C)$이다. 왜냐하면

$$\begin{aligned}(A-B)-C &= (A\cap B^c)\cap C^c = A\cap(B^c\cap C^c)\\ &= A\cap(B\cup C)^c = A-(B\cup C)\end{aligned}$$

가 성립하기 때문이다.

정리 3 (여집합의 성질)

U의 부분집합 A, B와 C에 대하여, 다음이 성립한다.

(1) $(A^c)^c=A$

(2) $\varnothing^c=U$, $U^c=\varnothing$

(3) $A\cap A^c=\varnothing$, $A\cup A^c=U$

(4) $A\subset A\cup B$, $A\cap B\subset A$

(5) $A\subset B$일 때, 그리고 그때에만 $B^c\subset A^c$

증명 여기서는 (3)의 전자만을 증명하고, 나머지는 독자에게 남긴다.

$$x\in A\cap A^c \Rightarrow x\in A\wedge x\in A^c \Rightarrow x\in A \wedge x\notin A \Rightarrow x\in\varnothing$$

이므로, $A\cap A^c\subset\varnothing$이다. 한편 $\varnothing\subset A\cap A^c$은 명백하다. 따라서 $A\cap A^c=\varnothing$이 성립한다. ■

전체집합 U에 대한 두 부분집합 A와 B에 대하여 드모르간 법칙이 성립한다.

정리 4 (드 모르간 법칙)

두 집합 A와 B에 대하여, 다음이 성립한다.

(1) $(A \cup B)^c = A^c \cap B^c$ (2) $(A \cap B)^c = A^c \cup B^c$

증명 (1) $x \in (A \cup B)^c \Leftrightarrow \sim [x \in A \cup B)] \Leftrightarrow \sim [(x \in A) \vee (x \in B)]$

$\Leftrightarrow \sim (x \in A) \wedge \sim (x \in B)$

$\Leftrightarrow x \in A^c \wedge x \in B^c \Leftrightarrow x \in (A^c \cap B^c)$

이므로, $(A \cup B)^c = A^c \cap B^c$이다.

(2) $(A^c \cup B^c)^c = A \cap B$이므로, $(A \cap B)^c = A^c \cup B^c$이 성립한다. ■

두 집합 A와 B에 대하여 $A \cap B \neq \varnothing$일 때, $A \cup B$에는 속하지만 $A \cap B$에는 속하지 않는 원소들로 구성된 집합을 A와 B의 **대칭차**(symmetric difference)라 하고, $A \oplus B$ 또는 $A \triangle B$로 표기한다. 즉

$$A \oplus B = \{x \mid x \in A \cup B \wedge x \notin A \cap B\} = (A \cap B^c) \cup (A^c \cap B)$$

예 15 $A = \{a, b, c\}$, $B = \{c, d, e\}$일 때

$$A \oplus B = (A \cup B) - (A \cap B) = \{a, b, d, e\}$$

③ 벤 다이어그램과 선형도

집합의 연산과 그 결과를 손쉽게 이해할 수 있도록 시각적으로 보여주는 간단하고 편리한 **벤 다이어그램**(Venn diagram)은 오일러(Euler)와 벤(Venn)에 의하여 고안되었다. 벤 다이어그램은 '발견적 논증'을 위하여 이용되며, 직사각형으로 전체집합 U를, U의 부분집합을 직사각형 안의 원으로 표현한다.

그러나 도형표시에서 많은 집합을 다루기는 곤란할 것이다. 따라서 부득이 다른 종류의 그림을 고안한 것이 하나의 집합을 하나의 점으로 나타내고, 각

집합을 이것을 포함하는 모든 집합과 직선으로 연결시키는 것이다. 이와 같이 만든 그림을 **하세 다이어그램**(Hasse's diagram) 또는 **선형도**(line diagram)라 한다.

④ 첨자 집합족

집합의 모든 원소들이 모두 집합으로 구성된 집합, 즉 '집합들의 집합'을 **집합족**(family of sets)이라 한다. 어떤 집합 Γ의 각 원소 γ에 대하여 X의 부분집합 A_γ가 하나씩 대응되었을 때, 이들 A_γ로 이루어진 집합족을 Γ에 의하여 첨자가 주어진 **첨자집합족**(indexed family of sets)이라 하고, $\{A_\gamma\}_{\gamma \in \Gamma}$ 또는 $\{A_\gamma \mid \gamma \in \Gamma\}$로 나타낸다. 이때 γ를 **첨자**(index), Γ를 **첨자집합**(indexed set)이라 한다.

첨자집합이 N일 경우, 무한집합족을

$$\mathscr{F} = \{A_1,\ A_2,\ A_3,\ \cdots,\ A_n,\ \cdots\}$$

또는

$$\mathscr{F} = \{A_i \mid i \in N\}$$

으로 나타낸다. 집합에서 사용된 기호나 표현법이 집합족에도 적용된다.

$\mathscr{F}$를 임의의 집합족이라 할 때, $\mathscr{F}$에 속하는 집합의 합집합은

$$\bigcup_{A \in \mathscr{F}} A = \{x \in U \mid \exists A \in \mathscr{F},\ x \in A\}$$

로 정의된다. 첨자집합 I에 대한 집합족 $\mathscr{F}$에 대하여

$$\bigcup_{\alpha \in I} A_\alpha = \{x \in U \mid \exists \alpha \in I,\ x \in A_\alpha\}$$

를 사용할 수도 있다. 특히 첨자집합이 $I = \{1,\ 2,\ \cdots,\ n\}$이면, 기호 $\bigcup_{\alpha=1}^{n} A_\alpha$가 사용된다.

$\mathscr{F}$를 임의의 집합족이라 할 때, $\mathscr{F}$에 속하는 집합의 교집합은

$$\bigcap_{A \in \mathcal{I}} A = \{x \in U \mid \forall A \in \mathcal{I},\ x \in A\}$$

로 정의된다. 첨자집합 I에 대한 집합족 $\mathcal{I}$에 대하여

$$\bigcap_{\alpha \in I} A_\alpha = \{x \in U \mid \forall \alpha \in I,\ x \in A_\alpha\}$$

를 사용할 수도 있다. 특히 첨자집합이 $I = \{1, 2, \cdots, n\}$이면, 합집합의 경우에서와 같이 $\bigcap_{\alpha=1}^{n} A_\alpha$가 사용된다.

유한집합의 연산에 관한 정리들은 임의의 집합족의 연산에 관한 정리들로 일반화될 수가 있다.

예 16 [드 모르간 법칙의 일반화] $\{A_\alpha \mid \alpha \in I\}$가 임의의 집합족일 때

(1) $(\bigcup_{\alpha \in I} A_\alpha)^c = \bigcap_{\alpha \in I} A_\alpha^c$ (2) $(\bigcap_{\alpha \in I} A_\alpha)^c = \bigcup_{\alpha \in I} A_\alpha^c$

예 17 [분배법칙의 일반화] 집합 A와 임의의 집합족 $\mathcal{I} = \{B_\alpha \mid \alpha \in I\}$에 대하여

(1) $A \cap (\bigcup_{\alpha \in I} B_\alpha) = \bigcup_{\alpha \in I} (A \cap B_\alpha)$ (2) $A \cup (\bigcap_{\alpha \in I} B_\alpha) = \bigcap_{\alpha \in I} (A \cup B_\alpha)$

참고 영국의 수학자이자 철학자인 러셀(Russell)은 1902년에 **러셀의 역리**(Russell paradox)를 주장하였다.

칸토어의 집합에 관한 정의에서는 "모든 집합의 집합(the set of all sets)"도 집합으로 생각될 수가 있다. 사실 이러한 전체집합은 한 시기에 당연한 것으로 받아들여졌다. 그러나 러셀이 "모든 집합의 집합을 허용한다면, 모순이 야기된다."는 사실을 주장함으로써 수학계에 큰 충격을 주었다.

'러셀의 역리'를 극복하기 위하여 수학에서 이론을 전개하는 경우에는, 사고의 범위에 해당되는 집합을 고정시켜 그 부분집합의 범위에서 집합을 생각한다.

2. 함수

(1) 관계

① 순서쌍과 카테시안곱

a와 b의 순서쌍(ordered pair)을 $(a, b) = \{\{a\}, \{a, b\}\}$로 정의한다.

예 18 $a \neq b$일 때 $\{\{a\}, \{a, b\}\} \neq \{\{b\}, \{b, a\}\}$이므로, $(a, b) \neq (b, a)$가 성립한다.

두 집합 A, B에 대하여, $\{(a, b) \mid a \in A \wedge b \in B\}$를 A와 B의 **카테시안곱**(Cartesian product) 또는 **데카르트곱**이라 하고, $A \times B$로 나타낸다. 즉

$$A \times B = \{(a, b) \mid a \in A \wedge b \in B\}$$

이다. 특히 $A = B$이면, A^2으로 표시한다.

참고 임의의 두 집합 A와 B에 대하여

$$A \times \varnothing = \varnothing, \quad \varnothing \times A = \varnothing$$

이 성립한다.

정리 5 (카테시안곱의 분배성)

임의의 세 집합 A, B, C에 대하여, 다음이 성립한다.

(1) $A \times (B \cap C) = (A \times B) \cap (A \times C)$
(2) $A \times (B \cup C) = (A \times B) \cup (A \times C)$
(3) $A \times (B - C) = (A \times B) - (A \times C)$

② 관계

두 집합 A, B에 대하여, A에서 B로의 **관계**(relation) $\Re$은 $A\times B$의 부분집합이고, $(a,\ b)\in\Re$일 때 $a\Re b$로 표기한다. 기호 $a\Re b$는 "a는 $\Re$에 의하여 b와 관계된다.(a is $\Re$-related to b)"고 읽는다.

특히 $A=B=X$일 때, "X에서의 관계 $\Re$"이라 한다. 또한 $\Re$을 집합 A에서 집합 B로의 임의의 관계라 할 때

$$D(\Re)=\{a \mid \exists\, b\in B,\ (a,\ b)\in\Re\}$$

을 $\Re$의 정의역(domain)이라 하고

$$R(\Re)=\{b \mid \exists\, a\in A,\ (a,\ b)\in\Re\}$$

을 $\Re$의 상(image)이라 한다.

예 19 $A=\{1,2,3\}$에서 정의된 관계 $\Re=\{(x,\ y)\mid x<y\}$를 생각하면

$$D(\Re)=\{1,\ 2\},\quad R(\Re)=\{2,\ 3\}$$

이 된다.

관계 $\Re$에 대한 **역관계**(inverse) $\Re^{-1}$는

$$\Re^{-1}=\{(b,\ a)\mid (a,\ b)\in\Re\}$$

로 정의하고, G와 H를 A에서의 관계라 할 때, 이 두 관계의 합성은

$$G\circ H=\{(x,\ y)\mid \exists\, z\in A,\ (x,\ z)\in H\wedge(z,\ y)\in G\}$$

로 정의된다.

정의 6 (동치관계)

$\Re$을 집합 X에서의 관계라 할 때 다음 세 조건을 만족하면, $\Re$을 **동치관계** (equivalence relation)라 한다.

(1) 모든 $x \in X$에 대하여, $x \Re x$. 반사적(reflexive)

(2) $x \Re y$이면, $y \Re x$. 대칭적(symmetric)

(3) $x \Re y$이고 $y \Re z$이면, $x \Re z$. 추이적(transitive)

예컨대 실수의 집합 R에서 상등관계 "$=$"는 분명히 동치관계이다. 그러나 $x \leqq y \nRightarrow y \leqq x$이므로, 부등호 "$\leqq$"는 동치관계가 아니다.

예 20 $X = \{a,\ b,\ c\}$에서 관계 $\Re = \{(a, a),\ (b, c),\ (c, b)\}$는 대칭적이지만, 반사적도 추이적도 아니다. 한편

$$\Re = \{(a, a), (b, b), (c, c), (a, b), (b, a), (a, c), (c, a)\}$$

는 반사적이고 대칭적이지만, 추이적은 아니다.

(2) 함수

함수의 개념이 문헌에 처음 나타난 것은 17세기이다. 독일의 수학자 라이프니츠는 그의 저서에서 변화하는 두 양 사이의 관계를 함수로 정의하여 사용하였으며, 이것이 기록으로 나타난 함수개념의 최초로 알려져 있다. 그 후 스위스의 수학자 오일러는 함수를 해석적으로 정의하고 기호 $f(x)$를 처음 사용하였으며, 프랑스의 수학자 디리클레(Dirichlet)는 함수를 두 집합의 원소 사이의 대응 관계로 정의하여 함수의 개념을 분명하게 하였다.

① 함수와 그래프

함수는 관계의 특별한 경우로 정의한다. 공집합이 아닌 두 집합 X, Y에 대하여, 함수의 정의역이라 불리는 X의 각 원소에 공역이라 불리는 Y의 오직 한 원소를 대응시키는 규칙을 함수라 한다. 그러나 이 정의는 불분명하고 애매모호하여, 수학자들은 다음과 같은 집합론적인 방법으로 함수를 정의한다.

정의 7 (함수)

임의의 두 집합 X, Y에 대하여

(1) $D(f)=X$

(2) $(x, y)\in f$이고 $(x, z)\in f$이면, $y=z$이다.

를 만족하는 $f\subset X\times Y$를 X에서 Y로의 **함수**(function) 또는 **사상**(mapping)이라 하고, $f: X\to Y$로 나타낸다.

이때 X를 함수 f의 **정의역**(domain)이라 하고 $D(f)$로 표시하며, Y를 f의 **공역**(codomain)이라 한다. 한편 $(a, b)\in f$를 $b=f(a)$로 표기하고, 이때 b를 함수 f에 대한 a의 상 또는 a에서 f의 **함수값**이라고 부른다. 또한 $f: X\to Y$가 함수일 때, 함수값 전체의 집합 $f(X)=\{f(x)\mid x\in X\}$를 f의 **치역**(range)이라고 하고 $R(f)$로 표시한다.

한 함수의 정의역에 있는 원소를 독립변수, 치역에 있는 원소를 종속변수라고 한다. 함수 $f: X\to Y$에서 $b\in Y$가 $a\in X$의 상, 즉 $b=f(a)$일 때, a를 b의 **역상**(inverse image) 또는 **원상**이라 하고, $a=f^{-1}(b)$로 정의한다.

정의역이 X인 함수 f의 **그래프**(graph)는 $\{(x, f(x))\mid x\in X\}$인 순서쌍들의 집합이다. 함수가 $y=f(x)$ 형태로 주어질 때 **양함수**(explicit function)라 하고, $f(x, y)=0$ 형태로 주어질 때 **음함수**(implicit function)라고 한다.

참고 함수 $f: X\to Y$에서 정의역과 공역이 모두 실수의 집합일 때 $f(x)$가 x의 식으로 주어지면, 이 함수를 간단히 $y=f(x)$로 나타내기도 한다. 이때 정의역은 $f(x)$를 나타내는 식이 정의되는 모든 실수 x의 집합으로 생각한다.

예 21 $A=\{2, 3, 4, 5, 9\}$, $B=\{1, 2, 3, 5, 6, 7, 8\}$에서 A의 원소 a와 B의 원소 b 사이에 "$a\in A$의 최소 약수는 $b\in B$이다."라는 대응관계를 주면 하나의 함수가 된다.

참고 x의 각 값에 두 개 이상의 y값이 대응될 경우 y를 x의 **다가함수**(multiple-valued function)라고 정의할 수 있다. 이에 대하여 앞에서 정의한 함수를 **일가함수**(single-valued function)라 한다. 이후에 특별한 언급이 없는 한, 일가함수를 함수로 정의하기로 한다.

예 22 ① X의 공집합이 아닌 부분집합 A에 대하여 A에 대응하는 함수 $\chi_A : X \to \{0, 1\}$을

$$\chi_A(x) = \begin{cases} 1, & x \in A \\ 0, & x \notin A \end{cases}$$

로 정의할 때, χ_A를 X에 있어서 A의 **특성함수**(characteristic function)라 한다.

② 공집합이 아닌 집합 X에 대하여 $I_X : X \to X$를

$$\forall x \in X,\ I_X(x) = x$$

로 정의할 때, I_X를 X에서 **항등함수**(identity function)라 한다.

정리 8

$f : X \to Y$, $g : X \to Y$가 함수일 때, 임의의 $x \in X$에 대하여 $f(x) = g(x)$이면, 그리고 그때에만 $f = g$가 성립한다. 이때 두 함수 f와 g는 같다고 한다.

증명 $f = g$이고 $x \in X$일 때

$$y = f(x) \Leftrightarrow (x, y) \in f \Leftrightarrow (x, y) \in g \Leftrightarrow y = g(x)$$

이므로, $f(x) = g(x)$이다. 역으로 임의의 $x \in X$에 대하여, $f(x) = g(x)$이면

$$(x, y) \in f \Leftrightarrow y = f(x) \Leftrightarrow g = f(x) \Leftrightarrow (x, y) \in g$$

이므로, $f = g$가 성립한다. ■

참고 $A, B \subset X$일 때, 두 함수 $f : A \to R$과 $g : B \to R$로부터 새로운 함수 $f+g$, $f-g$, fg와 $\dfrac{f}{g}$를 정의할 수 있다. 이때 $f+g$, $f-g$, fg의 정의역은 $A \cap B$이고, $\dfrac{f}{g}$의 정의역은 $\{x \in A \cap B \mid g(x) \neq 0\}$이다.

두 함수 $f:A\to C$와 $g:B\to D$가 임의의 $x\in A\cap B$에 대하여 $f(x)=g(x)$로 정의될 때, f와 g의 **합**(union)은 함수

$$h=f\cup g: A\cup B\to C\cup D$$

로 정의된다. 여기서

$$h(x)=\begin{cases} f(x), & x\in A \\ g(x), & x\in B\end{cases}$$

이다.

② 집합의 상과 역상

$f:X\to Y$가 함수이고 $A\subset X$, $B\subset Y$일 때

(1) f에 의한 A의 상은 $f(A)$로 표현되고

$$f(A)=\{f(x)\in Y \mid x\in A\}$$

(2) f에 의한 B의 역상은 $f^{-1}(B)$로 표현되고

$$f^{-1}(B)=\{x\in X \mid f^{-1}(x)\in B\}$$

정리 9

함수 $f:X\to Y$에 대하여, 다음이 성립한다.

(1) $f(\varnothing)=\varnothing$ (2) $^{\forall}x\in X$, $f(\{x\})=\{f(x)\}$

(3) $A\subset B\subset X$이면, $f(A)\subset f(B)$

(4) $C\subset D\subset Y$이면, $f^{-1}(C)\subset f^{-1}(D)$

참고 같은 집합에 대한 상은 같지만 상이 같다고 해서 원래 집합이 같은 것은 아니다. 또한 같은 집합에 대한 역상은 같으나 역상이 같다고 해서 원래 집합이 같은 것도 아니다.

정리 10

$f: X \to Y$가 함수이고 $\{A_i \mid i \in I\}$가 X의 부분집합족일 때, 다음이 성립한다.

(1) $f(\bigcup_{i \in I} A_i) = \bigcup_{i \in I} f(A_i)$ (2) $f(\bigcap_{i \in I} A_i) \subset \bigcap_{i \in I} f(A_i)$

예 23 $X = \{a, b\}$, $A = \{a\}$, $B = \{b\}$라 하고, $Y = \{c\}$라 하자. 이때 $f: X \to Y$를 $f(a) = f(b) = c$로 정의되는 함수라 하면

$$f(A \cap B) = f(\varnothing) = \varnothing, \ f(A) \cap f(B) = \{c\} = Y$$

이므로, $f(A \cap B) \neq f(A) \cap f(B)$가 된다.

정리 11

$f: X \to Y$를 함수라 하고 Y의 부분집합족을 $\{B_i \mid i \in I\}$라 하면, 다음 등식이 성립한다.

(1) $f^{-1}(\bigcup_{i \in I} B_i) = \bigcup_{i \in I} f^{-1}(B_i)$ (2) $f^{-1}(\bigcap_{i \in I} B_i) = \bigcap_{i \in I} f^{-1}(B_i)$

③ 단사, 전사, 전단사

함수 $f: X \to Y$에 있어서, $f(x_1) = f(x_2)$인 모든 $x_1, x_2 \in X$에 대하여 $x_1 = x_2$를 만족할 때, f를 **일대일**(one-to-one) 또는 **단사**(injective)라 한다.

예 24 집합 $Y(\neq \varnothing)$에 대하여, $X \subset Y$이고 $f = \{(x, x) \mid x \in X\}$인 **포함함수**(inclusion function) $f: X \to Y$는 단사가 된다.

정리 12

$f: X \to Y$가 단사이고 $\{A_i \mid i \in I\}$가 X의 부분집합족일 때

$$f(\bigcap_{i \in I} A_i) = \bigcap_{i \in I} f(A_i)$$

가 성립한다.

함수 $f: X \to Y$에 있어서, 임의의 $y \in Y$에 대하여 $y = f(x)$를 만족하는 적어도 하나의 $x \in X$가 존재하면, f를 **위로**(onto) 또는 **전사**(surjective)라 한다. 즉 $R(f) = Y$일 때, 그때에 한해서 f는 전사이다.

예 25 $f(x) = x^2$로 주어지는 함수 $f: R \to R$은 전사가 아니다. 왜냐하면 $-1 \in R$에 대하여, $f^{-1}(-1) = \varnothing$이기 때문이다.

함수 $f: X \to Y$가 단사이고 전사일 때, f를 **전단사**(bijective) 또는 **일대일 대응**(one-to-one correspondence)이라고 한다.

일반적으로 $x \in A$이면 $f(x) \in f(A)$이지만, 그 역은 성립하지 않는다. 그러나 f가 전단사이면, $x \in A \Leftrightarrow f(x) \in f(A)$가 성립한다.

예 26 $g(x) = x^2$으로 정의된 함수 $f: R \to [0, \infty)$는 전사이지만, 단사는 아니다. 그러나 $f(x) = x^3$로 주어지는 함수 $f: R \to R$은 전단사가 된다.

참고 임의의 함수 $f: X \to Y$에 대하여, $A \subset X$, $B \subset Y$일 때

(1) $A \subset f^{-1}(f(A))$　　　　(2) $f(f^{-1}(B)) \subset B$

가 성립한다. 특히

(3) f가 단사이면, 그때에 한하여 $^\forall A \subset X$, $f^{-1}(f(A)) = A$

(4) f가 전사이면, 그때에 한하여 $^\forall B \subset Y$, $f(f^{-1}(B)) = B$

$f: X \to Y$가 전단사이면, 역관계 $f^{-1}: Y \to X$도 전단사가 된다. $f: X \to Y$가 전단사일 때, 함수 $f^{-1}: Y \to X$를 f의 **역함수**(inverse function)라 한다. 이때

$$y = f(x) \quad \Leftrightarrow \quad x = f^{-1}(y)$$

가 성립한다.

역상의 기호는 모든 함수에 대해서 사용할 수 있지만, 역함수의 기호는 전단사함수일 경우에만 사용할 수 있음에 유의한다.

참고 (역함수의 그래프)

$y=f(x)$의 역함수, 즉 $y=f^{-1}(x)$의 그래프는 $y=x$에 대하여 f의 그래프를 대칭시킴으로써 얻을 수 있다.

④ 합성함수

임의의 두 함수 $f: X \to Y$, $g: Y \to Z$에 대하여

$$^{\forall}x \in X, \quad (g \circ f)(x) = g(f(x))$$

로 정의되는 함수 $g \circ f: X \to Z$를 f와 g의 **합성함수**(composite function)라 한다. 여기서 $g \circ f$의 정의역은 f의 정의역에 있는 점 x의 집합으로서 $f(x)$가 g의 정의역에 들어 있는 점들이다. 이 경우 f와 g는 **합성가능**이라고 한다. 일반적으로 f와 g의 합성함수 $g \circ f$의 정의역은 f의 정의역과 같지 않음에 유의하여야 한다.

합성함수에 대하여, 결합법칙은 성립하나 교환법칙은 성립하지 않는다. 그러나 특별한 경우, 모든 x에 대하여 $(f \circ g)(x) = (g \circ f)(x)$가 될 수 있다.

정리 13

두 함수 $f: X \to Y$와 $g: Y \to Z$의 합성함수 $g \circ f: X \to Z$에서

(1) $g \circ f$가 단사이면, f는 단사이다.

(2) $g \circ f$가 전사이면, g는 전사이다.

증명 (1) $x_1, x_2 \in X$에 대하여, $f(x_1) = f(x_2)$를 가정하면

$$g(f(x_1)) = g(f(x_2)), \text{ 즉 } (g \circ f)(x_1) = (g \circ f)(x_2)$$

이고 $g \circ f$는 단사이므로, $x_1 = x_2$이다. 따라서 f는 단사이다.

(2) $g \circ f$가 전사이므로, 임의의 $z \in Z$에 대하여 $(g \circ f)(x) = z$를 만족하는 $x \in X$가 존재한다. 따라서 $g(f(x)) = z$를 만족하는 $f(x) \in Y$가 존재하므로, g는 전사가 된다. ■

정리 14

함수 $f : X \to Y$에 대하여

(1) $g \circ f = I_X$를 만족하는 함수 $g : Y \to X$가 존재할 때, 그때에 한하여 $f : X \to Y$는 단사이다.

(2) $f \circ h = I_Y$를 만족하는 함수 $h : Y \to X$가 존재할 때, 그때에 한하여 $f : X \to Y$는 전사이다.

참고 두 함수 $f : X \to Y$와 $g : Y \to X$에 대하여 $g \circ f = I_X$이고 $f \circ g = I_Y$이면, f는 전단사이고 $g = f^{-1}$가 된다.

3. 가부번집합과 비가부번집합

칸토어가 집합론을 창시한 이래, 집합론을 중심으로 무한에 대한 문제가 수학에 새로이 등장하게 되었다.

(1) 집합의 대등

정의 15 (집합의 대등)

두 집합 X, Y에 대하여 일대일 대응인 $f : X \to Y$가 존재할 때, 두 집합 X, Y를 "**대등**(equipotent)하다."고 하고 $X \sim Y$로 나타내며, 이때 함수 $f : X \to Y$를 $f : X \sim Y$로 정의한다.

예 27 열린구간 $(-1, 1)$에 대하여, $f(x) = \dfrac{x}{1+|x|}$로 정의된 함수 $f : R \to (-1, 1)$은 일대일 대응이므로, $(-1.1) \sim R$이 된다.

참고 모든 집합은 자기 자신과 대등하고, 일대일 대응의 역은 일대일 대응이므로 $X \sim Y$ 이면 $Y \sim X$이다. 또한 $f : X \sim Y$이고 $g : Y \sim Z$이면, $g \circ f : X \sim Z$이므로 대등은 동치관계가 된다.

정리 16

네 집합 X, Y, Z와 W에 대하여, 다음이 성립한다.

(1) $X \cap Z = \varnothing = Y \cap W$일 때, $X \sim Y$이고 $Z \sim W$이면

$$(X \cup Z) \sim (Y \cup W)$$

(2) $X \sim Y$이고 $Z \sim W$이면, $X \times Z \sim Y \times W$

(2) 유한집합과 무한집합

데데킨트(Dedekind)는 "부분이 전체와 원소가 같은 경우"라는 성질로부터 무한집합을 정의하였다.

정의 17 (유한집합과 무한집합)

집합 X와 $Y \subsetneq X$에 대하여, $X \sim Y$이면 X를 **무한집합**(infinite set)이라 하고, 무한이 아닐 때 **유한집합**(finite set)이라 한다.

예 28 자연수 전체의 집합 N은 양의 홀수 전체의 집합 N_0와 일대일 대응이므로 무한집합이 된다.

예 29 공집합의 진부분집합은 존재하지 않으므로 무한집합이 될 수가 없다. 따라서 공집합은 유한이다. 또한 $\{a\}$를 단원집합이라 할 때, $\{a\}$의 진부분집합은 오직 공집합이고, $\{a\}$와 $\varnothing$ 사이에는 일대일 대응이 존재하지 않으므로 $\{a\}$는 유한이다.

정리 18

(1) 무한집합의 모든 초집합은 무한이다.
(2) 임의의 유한집합의 부분집합은 유한이다.
(3) $g: X \sim Y$일 때, 집합 X가 무한(또는 유한)이면 Y는 무한(또는 유한)이다.

$X = \varnothing$이거나 X가 어떤 N_k와 일대일 대응일 때, 그리고 그때에만 집합 X는 유한이 된다. 따라서 어떤 집합이 공집합이든지, 또는 임의의 N_k와 일대일 대응일 때 유한이라 하고, 유한이 아닐 때 무한으로 정의할 수 있다.

(3) 가부번집합

정의 19 (가부번집합)

집합 X가 $X \sim N$일 때 X를 **가부번집합**(denumerable set) 또는 **가산집합**(countable set)이라 하고, 유한 또는 가산집합을 "**기껏해야 가산**(at most countable)"이라고 한다.

참고 X가 가부번집합이면 X는 점렬 $\{x_1, x_2, x_3, \cdots, x_k, \cdots\}$로 표현할 수 있고, 또한 상이한 항으로 이루어진 임의의 무한점열의 집합은 가부번이다. 가부번집합은 무한집합 중에서 "크기"가 최소인 집합이다.

모든 양의 짝수의 집합 N_e와 모든 양의 홀수의 집합 N_0는 각각 대응 $f(n) = 2n$과 $g(n) = 2n + 1$로써 자연수 N과 대등이므로 가부번이고, 또한 두 가부번집합의 합 $N_e \cup N_0$도 가부번집합이 된다.

정리 20

두 가부번집합의 합집합은 가부번이다.

참고 각 $k \in N$에 대하여 A_k가 가부번집합이면, $\bigcup_{k \in N} A_k$도 가부번이다.

정리 21

집합 $N \times N$은 가부번이다.

참고 모든 정수의 집합 Z와 모든 유리수의 집합 Q는 가부번이다.

(4) 비가부번집합

비가부번집합의 존재는 여러 무한집합이 존재함을 의미한다. 1891년에 칸토어는 **대각법**(diagonal method)에 의해 열린구간 $(0, 1)$이 비가부번임을 증명하였다.

참고 열린구간 $(0, 1)$이 비가부번이고 $R \sim (0, 1)$이므로 실수의 집합 R은 비가부번이다.

따름정리

모든 무리수의 집합은 비가부번이다.

증명 $R - Q$가 가부번이라면, $(R - Q) \cup Q = R$은 가부번이다. 그러나 이것은 모순이다. 따라서 $R - Q$는 비가부번이다. ■

4. R의 순서구조

정의 22 (극대원과 극소원)

$A \subset R$이라 하자. $a \in A$에 대하여

$$\forall x \in A,\ x \geq a \Rightarrow x = a$$

일 때, a를 A의 **극대원**(maximal element)이라 한다. 마찬가지로 $b \in A$에 대하여

$$\forall x \in A,\ x \leq b \Rightarrow x = b$$

일 때, b를 A의 **극소원**(minimal element)이라 한다.

참고 R의 유한인 부분집합 $A = \{a_1, a_2, \cdots, a_m\}$은 반드시 하나의 극대원과 극소원을 갖는다. 이들을 각각 $\min\{a_1, a_2, \cdots, a_m\}$, $\max\{a_1, a_2, \cdots, a_m\}$으로 표시한다.

정의 23 (최대원과 최소원)

$A \subset R$이라 하자. $a \in A$일 때 임의의 $x \in A$에 대해서도 $a \geq x$인 경우 a를 A의 **최대원**(greatest element)이라 하고, $b \in A$일 때 임의의 $x \in A$에 대해서도 $b \leq x$인 경우 b를 A의 **최소원**(least element)이라 한다.

예 30 정수의 집합 Z는 최대원과 최소원을 모두 가지지 않는다. 그러나 자연수의 집합 N에는 최소원 1은 있으나 최대원은 존재하지 않는다.

정의 24

$B \subset R$일 때

(1) 모든 $x \in B$에 대하여 $a \geq x$인 $a \in R$을 R에서 B의 **상계**(upper bound)라 하고, B의 모든 상계의 집합을 $U(B)$로써 나타낸다. 또한 모든 $x \in B$에 대하여 $b \leq x$인 $b \in R$을 R에서 B의 **하계**(lower bound)라 하고, B의 모든 하계의 집합을 $L(B)$로써 나타낸다. B가 상계와 하계 모두를 가질 경우, B를 **유계**(bounded)라고 한다.

(2) B의 상계의 집합 $U(B)$가 최소원을 가질 때 이 원소를 R에서 B의 **최소상계**(least upper bound) 또는 **상한**(supremum)이라 하고, $\sup B$ 또는 l.u.b. B로 표기한다. 이에 반하여 B의 하계의 집합 $L(B)$가 최대원을 가질 때 이 원소를 R에서 B의 **최대하계**(greatest lower bound) 또는 **하한**(infimum)이라 하고, $\inf B$로 또는 g.l.b. B로 표기한다.

예 31 R의 부분집합

$$S = \{x \in Q \mid 2 < x^2 < 5,\ x > 0\}$$

에서 $\inf S = \sqrt{2}$, $\sup S = \sqrt{5}$이지만, $\sqrt{2}$는 S의 최소원도 아니고 $\sqrt{5}$는 S의 최대원도 아니다. 또한 R 대신 Q로 택하면, 이 경우는 inf도 sup도 존재하지 않는다.

연습문제

1 ≫ 1부터 100까지의 자연수 중에서, 2 또는 3으로 나누어 떨어지는 자연수의 개수를 구하시오.

2 ≫ 다섯 명의 한 가족 a, b, c, d, e가 두 명씩으로 한 팀을 이루어 복식 배드민턴 경기를 하려고 한다. 이때 다음 물음에 답하시오.

(1) 이 가족에서 팀을 구성하는 방법은 모두 몇 가지인가?

(2) a는 반드시 경기를 하도록 팀을 구성하는 방법은 모두 몇 가지인가?

3 ≫ 집합 $\wp(M) = \{X \mid X \subset M\}$으로 정의될 때, 다음 중에서 옳지 않은 것은?

(1) $\varnothing \in \wp(\varnothing)$ (2) $\varnothing \subset \wp(\varnothing)$ (3) $\wp(\varnothing) = \{\varnothing\}$

(4) $\wp(\varnothing) \not\in \wp(\wp(\varnothing))$ (5) $\wp(\wp(\varnothing)) = \{\varnothing, \{\varnothing\}\}$

4 ≫ 집합 $A = \{1, 2, 3, 4, 5\}$에 대하여, 다음 물음에 답하시오.

(1) 2개의 원소를 가지는 A의 부분집합은 모두 몇 개인가?

(2) 원소 3개를 가지는 A의 부분집합의 개수를 구하고, 원소 2개를 가지는 A의 부분집합의 개수와 같은 이유를 밝히시오.

5 ≫ 다음 등식을 증명하시오.

(1) $(A \oplus B) \cap A^c = B \cap A^c$ (2) $B = \{(A \oplus B) \cap A^c\} \cup (A \cap B)$

6 ≫ $f : X \to Y$를 함수라 하고, B와 C를 Y의 부분집합이라고 할 때

$$f^{-1}(B - C) = f^{-1}(B) - f^{-1}(C)$$

가 성립함을 보이시오.

7 ≫ A 대학에서는 2012년부터 실시하려고 하는 두 개의 교육정책에 대한 타당성을 조사하기 위해, 교육전문가를 대상으로 찬반 조사를 실시하였다. 총 응답자 100

명 중 "1번 정책에 찬성한 응답자가 64명"이고 "2번 정책에 찬성한 응답자가 52명"일 때, 두 개의 교육정책에 모두 찬성한 사람이 가장 많을 때와 가장 적을 때 각각 몇 명인지 구하시오.

8 ≫ 열린구간 $(0, 1)$은 비가부번집합임을 보이시오.

9 ≫ "x는 y의 배수이다."로써 $B = \{2, 3, 4, 5, 6, 8, 9, 10\}$에 순서가 주어질 때, B의 극소원과 극대원을 구하시오.

10 ≫ 임의의 세 집합 A, B와 C에 대하여, 다음 등식이 성립함을 보이시오.

(1) $(A - C) \cup (B - C) = (A \cup B) - C$

(2) $(A \cap B) - (A \cap C) = A \cap (A \cap C)^c$

(3) $A \cap (B - C) = (A \cap B) - (A \cap C)$

11 ≫ $X = N \times N$에 대하여 X에서의 관계 $\sim$를

$$(a, b) \sim (c, d) \Leftrightarrow a + d = b + c$$

로 정의할 때, 관계 '$\sim$'는 하나의 동치관계임을 보이시오.

제 2 장

수와 식

2.1 실수 체계

수의 개념을 인류가 언제부터 사용하기 시작했는지 정확하게 알 수는 없지만, 기록으로 남아 있는 가장 오래된 숫자는 기원 전 28세기경의 것으로 추정되는 바빌로니아의 쐐기 숫자이다. 수의 개념은 자연수로 시작하여 정수, 유리수로 확장되고, 무리수는 "우주 만물은 모두 수로 나타낼 수 있다."고 믿었던 피타고라스 학파에 의하여 발견되었다고 한다. 그 후, 16세기에 복소수가 도입되었으며, 우리가 사용하는 실수 체계는 19세기에 확립되었다.

이 절에서는 실수의 성질을 체계적으로 정리하고, 대소 관계의 기본성질을 공부한다.

참고 (기호의 사용)

(1) 1557년 영국의 레코드(Recorde)에 의해 처음 소개된 레코드의 기호 '='은 뉴턴(Newton)과 라이프니츠(Leibniz)에 의하여 18세기 이후 등호로 정착하게 되었다.

(2) 고대 이집트인들은 앞으로 걸어가는 것을 덧셈, 뒤로 멀어져가는 것을 뺄셈의 의미로 이용하였다. 기호 '+'와 '−'는 15세기 후반 독일에서 처음 사용되기 시작하였다.

(3) 기호 '×'가 곱셈 기호로 쓰인 것은 1631년 영국의 오트레드(Oughtred)에 의한 것이며, 1698년 라이프니츠는 '·'를 찍어 곱셈을 나타내었다. $3xy$와 같이 숫자와 문자를 붙여 쓰는 방법은 1637년 데카르트(Descartes)에 의해 처음 도입되었다.

(4) 12세기 아랍의 알-하사(Al-Hassar)는 분수를 현재와 같이 분자와 분모 사이에 횡선을 그어 나타냈으며, 지금의 나눗셈 기호 '÷'는 1659년 스위스의 수학자 란(Rahn)에 의하여 처음 사용되었다.

1. 실수의 연산

자연수의 집합 $N = \{1, 2, 3, \cdots\}$에 대하여

$$a \in N,\ \ b \in N \text{이면, } a+b \in N \text{이고 } ab \in N$$

이다. 자연수의 집합 N은 덧셈과 곱셈에 대하여 닫혀 있고, 뺄셈과 나눗셈에 대하여는 닫혀 있지 않다.

참고 집합 A의 임의의 두 원소에 어떤 연산을 하여 얻은 결과가 A에 속하면, 집합 A는 그 연산에 대하여 '**닫혀 있다**'고 한다.

예 1 집합 $A = \{0, 1\}$은 곱셈에 대하여 닫혀 있다. 그러나 덧셈에 대하여는 닫혀 있지 않다.

유리수(rational numbers)의 집합을 Q라고 하면

$$Q = \left\{ \frac{n}{m} \mid m\text{과 } n\text{은 정수이고, } m \neq 0 \right\}$$

으로 정의된다. 유리수의 집합 Q는 덧셈, 곱셈, 뺄셈과 0이 아닌 수로 나누는 나눗셈에 대하여 닫혀 있다.

고대 그리스의 피타고라스학파는 한 변이 1인 정사각형의 대각선이 정수의 비로

나타낼 수 없음을 발견하였는데, 그 결과 Q 안에 있지 않은 R의 원소가 **무리수**(irrational numbers)로써 알려지게 되었다.

$a, b \in R$에 대하여, 뺄셈은 $a-b=a+(-b)$로 정의된다. 또한 실수 a, b(단, $b \neq 0$)에 대한 나눗셈은 $a \div b = a \cdot \frac{1}{b}$로 정의되고, $a \cdot b$ 대신 ab를 사용한다.

예제 1 a가 유리수이면, $a+\sqrt{2}$는 무리수임을 보이시오.

증명 $a+\sqrt{2}$를 유리수라고 가정하자. 유리수의 집합은 뺄셈에 대하여 닫혀 있으므로 $(a+\sqrt{2})-a=\sqrt{2}$는 유리수라는 결론을 얻는다. 그러나 이 결론은 $\sqrt{2}$가 무리수라는 사실에 모순이다. 따라서 $a+\sqrt{2}$는 유리수가 아니다. 즉 $a+\sqrt{2}$는 무리수이다. ■

실수의 집합 R은 유리수의 집합 Q와 마찬가지로 덧셈, 곱셈, 뺄셈과 0이 아닌 수로 나누는 나눗셈에 대하여 닫혀 있다. 또한 실수의 덧셈과 곱셈에 대하여, 다음 기본성질이 성립한다.

정리 1 (실수의 덧셈과 곱셈의 기본성질)

임의의 실수 a, b, c에 대하여, 다음이 성립한다.

(1) 교환법칙: $a+b=b+a,\ ab=ba$

(2) 결합법칙: $(a+b)+c=a+(b+c),\ (ab)c=a(bc)$

(3) 분배법칙: $a(b+c)=ab+ac$

(4) 항등원: $a+0=0+a=a,\ a \cdot 1=1 \cdot a=a$

(5) 역원: $a+(-a)=(-a)+a=0,\ a\left(\frac{1}{a}\right)=\left(\frac{1}{a}\right)a=1$ (단, $a \neq 0$)

예제 2 임의의 $a, b, c \in R$에 대하여, 다음이 성립함을 보이시오.

"$a+b=a+c$이면, $b=c$이다."

증명 $a+b=a+c$이면

$$b = 0 + b = (-a + a) + b = -a + (a + b)$$
$$= -a + (a + c) = (-a + a) + c = 0 + c = c$$

가 성립한다. 따라서 $b = c$를 얻는다. ■

예제 3 임의의 $a, b \in R$에 대하여, 다음이 성립함을 보이시오.

"$a \cdot b = 0$이면, $a = 0$ 또는 $b = 0$"

증명 a가 실수이므로, $a = 0$ 또는 $a \neq 0$이다. $a = 0$이면 자명하므로, $a \neq 0$일 때 $b = 0$임을 보이면 된다. $a \cdot b = 0$의 양변에 $\dfrac{1}{a}$를 곱하면

$$\frac{1}{a}(ab) = \frac{1}{a} \cdot 0$$

이므로, 결합법칙에 의하여

$$\left(\frac{1}{a} \cdot a\right) b = \frac{1}{a} \cdot 0, \text{ 즉 } 1 \cdot b = 0$$

이 성립한다. 따라서 $b = 0$을 얻는다. ■

2. 실수의 대소 관계

직선 g 위에 고정점 O와 한 점 E를 잡는다. O를 기준으로 하여 E가 포함되어 있는 반직선을 양의 방향이라 하고, 그 반대 방향을 음의 방향으로 정한다. 이와 같이 방향이 주어진 직선을 **유향직선**(directed line)이라 한다. g 위에 임의의 점 P를 잡으면 선분 OP의 길이는 $\overline{OE}$를 단위길이로써 측정한 값으로 정해진다.

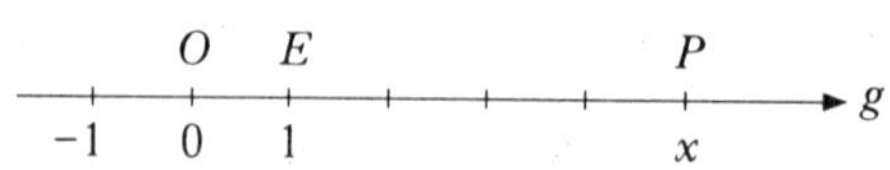

[그림 2.1]

이 값에 점 P가 양의 반직선 위에 있느냐, 또는 음의 반직선 위에 있느냐에 따라 각각 $+$와 $-$ 부호를 붙이면, 직선 g 위의 점에는 반드시 하나의 실수가 대응된다. 역으로 임의의 실수 x를 주면 $\overline{OE}$의 x배가 되는 길이를 갖는 선분 OP가 정해지며, x가 $+$일 때는 양의 방향의 반직선 위에, x가 $-$일 때는 음의 방향의 반직선 위에 점 P가 유일하게 결정된다.

이와 같이 모든 실수를 유향직선 위의 점에 대응시킬 수 있는 것은 "실수의 대소 관계"가 있기 때문이다.

정리 2

유향직선 g 위의 점의 집합과 실수의 집합 R 사이에는 일대일 대응이 존재한다.

앞으로 이러한 유향직선 g를 **수직선**(real line)이라 하고, R^1(또는 간단히 R)으로 표시한다. 이때 수직선 위의 점 P에 대응되는 실수 x를 P의 **좌표**(coordinate)라 하고, 이 점을 $P(x)$ 또는 간단히 x로 나타낸다. 또한 O와 E를 각각 **원점**(origin)과 **단위점**이라 하며, 그 좌표는 각각 0과 1이다. 이러한 대응을 R^1 위의 **좌표계**(coordinate system)라 한다.

참고 실수는 양수, 0, 음수로 나뉘어지며, a가 양수인 것을 $a>0$으로, 음수인 것을 $a<0$으로 나타낸다. 실수는 수직선 위의 한 점에 대응되는데, 이때 양수는 원점의 오른쪽에, 음수는 원점의 왼쪽에 대응하고, 0은 원점에 대응한다.

정의 3 (실수의 대소 관계)

(1) 임의의 실수 a에 대하여, 다음 세 경우

$$a>0,\quad a=0,\quad a<0$$

중 오직 하나만 성립한다.

(2) $a>0$, $b>0$이면, $a+b>0$이고 $ab>0$이다.

두 실수 a, b에 대하여 $a-b>0$일 때, $a>b$로 정의한다.

참고 실수의 대소 관계 (1)은 임의의 두 실수 a, b에 대하여

$$a > b,\ a = b,\ a < b$$

중 오직 하나만 성립함을 의미한다. 따라서 임의의 두 실수는 대소를 비교할 수 있다.

예제 4 임의의 실수 a에 대하여, $a^2 \geqq 0$임을 보이시오.

증명 (i) $a > 0$인 경우 : $a^2 = a \cdot a > 0$

(ii) $a = 0$인 경우 : $a^2 = a \cdot a = 0$

(iii) $a < 0$인 경우 : $-a > 0$이므로 $a^2 = (-a)(-a) > 0$

이 된다. 따라서 임의의 실수 a에 대하여, $a^2 \geqq 0$이 성립한다. ■

예제 5 $a > 0$이면, $\frac{1}{a} > 0$임을 보이시오.

증명 $\frac{1}{a} < 0$이라 가정하자. $a > 0$의 양변에 $\frac{1}{a}$를 곱하면

$$a \cdot \frac{1}{a} < 0 \cdot \frac{1}{a},\ 즉\ 1 < 0$$

이 된다. 이것은 1이 양수라는데 모순이므로 $\frac{1}{a} < 0$이 아니다. 따라서 $\frac{1}{a} \geqq 0$이다. 그런데 $\frac{1}{a} \neq 0$이므로, $\frac{1}{a} > 0$이다. ■

실수 a의 **절대값**(absolute value) $|a|$는 수직선 위의 원점 O에서 a가 대응하는 점까지의 거리이므로

$$|a| = \begin{cases} a, & a \geqq 0 \\ -a, & a < 0 \end{cases}$$

으로 정의된다. 이때 a, b가 실수이고 n이 정수이면, 다음이 성립한다.

(1) $a \leqq |a|$ (2) $|-a| = |a|$ (3) $|ab| = |a||b|$

(4) $\left|\frac{a}{b}\right| = \frac{|a|}{|b|}$ (단, $b \neq 0$) (5) $|a^n| = |a|^n$

정리 4

a가 양의 실수일 때, 다음이 성립한다.

(1) $|x| = a \Leftrightarrow x = \pm a$　　(2) $|x| < a \Leftrightarrow -a < x < a$

(3) $|a| > a \Leftrightarrow x > a$ 또는 $x < -a$

다음 **삼각부등식**(triangle inequality)은 수학에서 자주 이용되는 성질이다.

정리 5 (삼각부등식)

a, b가 실수일 때, $|a+b| \leqq |a|+|b|$이 성립한다.

증명　$-|a| \leqq a \leqq |a|$와 $-|b| \leqq b \leqq |b|$이므로

$$-(|a|+|b|) \leqq a+b \leqq |a|+|b|$$

을 얻는다. 따라서 $|a+b| \leqq |a|+|b|$이 성립한다. ■

3. 수직선 위의 두 점 사이의 거리

두 실수 x_1, x_2에 대응하는 수직선 위의 두 점 $A(x_1)$, $B(x_2)$ 사이의 거리를 $\overline{AB}$로 나타내면

$$\overline{AB} = |x_2 - x_1|$$

이다.

두 실수 $a, b(a<b)$ 사이의 집합을 구분하면, 유계구간으로 열린구간(open interval) (a, b), 닫힌구간(closed interval) $[a, b]$, 반닫힌(열린)구간 $(a, b]$, $[a, b)$가 있고, 무한구간(infinite interval)으로 (a, ∞), $[a, \infty)(-\infty, a)$, $(-\infty, a]$, (∞, ∞) 등이 있다.

참고 (수직선 위의 선분의 내분점과 외분점)

(1) 수직선 위의 선분의 내분점:

수직선 위의 두 점 $A(x_1)$과 $B(x_2)$를 이은 선분 AB를 $m : n$으로 내분하는 점 $P(x)$의 좌표는

$$x = \frac{mx_2 + nx_1}{m+n}$$

으로 주어진다.

(2) 수직선 위의 선분의 외분점:

수직선 위의 두 점 $A(x_1)$과 $B(x_2)$를 이은 선분 AB를 $m : n$으로 내분하는 점 $Q(x)$의 좌표는

$$x = \frac{mx_2 - nx_1}{m-n} \text{ (단, } m \neq n)$$

으로 주어진다.

연습문제

1 ≫ 두 실수 a, b에 대하여, 다음이 성립함을 보이시오.

(1) $a(-b) = -ab$ (2) $(-a)(-b) = ab$ (3) $-(-a) = a$

2 ≫ 임의의 $a, b, c \in R$에 대하여, 다음이 성립함을 보이시오.

(1) $a+b = a$이면, $b = 0$이다.

(2) $a+b = 0$이면, $b = -a$이다.

3 ≫ 임의의 실수 a에 대하여, $a \cdot 0 = 0$임을 보이시오.

4 ≫ 임의의 $a, b, c \in R$에 대하여, 다음이 성립함을 보이시오.

(1) $a \neq 0$이면, $\frac{1}{a} \neq 0$이고 $1/\frac{1}{a} = a$

(2) $a \cdot b = a \cdot c$, $a \neq 0$이면, $b = c$

5 ≫ $r^2 = 2$를 만족하는 유리수 r은 존재하지 않음을 증명하시오.

6 ≫ $a \in R$이 무리수이고 $r \neq 0$이 유리수이면, $a+r$과 ar이 무리수임을 증명하시오.

7 ≫ 모든 실수 a, b에 대하여 연산 $a \circ b$를

$$a \circ b = a + b - ab$$

로 정의할 때, 다음 물음에 답하시오.

(1) 모든 실수 a에 대하여, $a \circ e = e \circ a = a$가 되는 실수 e를 구하시오.

(2) $5 \circ x = e$를 만족하는 실수 x를 구하시오.

2.2 다항식

이 절에서는 다항식에서 나머지정리, 인수정리, 조립제법을 알아보고, 다항식의 인수분해 방법, 약수와 배수 등을 공부한다.

1. 다항식

실수 $a_0, a_1, \cdots, a_n$과 음이 아닌 정수 n에 대하여, 문자 x에 관한 식

$$f(x) = a_0 x^n + a_1 x^{n-1} + \cdots + a_{n-1} x + a_n$$

을 실수를 계수로 하는 **다항식**(polynomial) 또는 **정식**(integral expression)이라 한다. 이때 $a_0 \neq 0$이면, n을 $f(x)$의 **차수**(degree)라 하고, $n = \deg f(x)$로 표시한다. 특히

최고 차수 항의 계수가 1인 것을 **모닉**(monic)이라 하고, 실수 $a_0, a_1, \cdots, a_n$을 계수로 하는 다항식 전체의 집합을 $R[x]$로 나타낸다. 특히 x를 포함하지 않는 항을 상수항이라고 한다.

(1) 다항식의 덧셈과 뺄셈

다항식의 덧셈에 대하여, 다음 성질이 성립한다.

정리 1 (다항식의 덧셈에 관한 성질)

세 다항식 A, B, C에 대하여, 다음이 성립한다.

(1) $A+B$는 다항식이다.

(2) $A+B=B+A$

(3) $(A+B)+C=A+(B+C)$

다항식 A에서 다항식 B를 빼는 것은 A에 B의 부호를 바꾼 $-B$를 더하는 것으로 정의한다. 따라서 다항식 전체의 집합은 뺄셈에 대하여도 닫혀 있다.

(2) 다항식의 곱셈과 나눗셈

① 다항식의 곱셈

다항식의 곱셈을 할 때는 다음 지수법칙을 사용한다.

정리 2 (지수법칙 1)

m, n이 자연수일 때, 다음이 성립한다.

(1) $a^m a^n = a^{m+n}$ (2) $(a^m)^n = a^{mn}$ (3) $(ab)^n = a^n b^n$

다항식의 곱셈에 대하여, 다음 성질이 성립한다.

정리 3 (다항식의 곱셈에 대한 성질)

세 다항식 A, B, C에 대하여, 다음이 성립한다.

(1) AB는 다항식이다.

(2) $AB = BA$

(3) $(AB)C = A(BC)$

(4) $A(B+C) = AB + AC$

몇 개의 다항식의 곱을 계산하여 하나의 다항식으로 나타내는 것을 그 식을 전개한다고 한다.

② 다항식의 나눗셈

다항식의 나눗셈에서는 다음 지수법칙을 사용한다.

정리 4 (지수법칙 2)

m, n이 자연수이고 $a \neq 0$일 때, 다음이 성립한다.

$$a^m \div a^n = \begin{cases} a^{m-n}, & m > n \\ 1, & m = n \\ \dfrac{1}{a^{n-m}}, & m < n \end{cases}$$

참고 (나눗셈의 원리)

다항식 A를 다항식 B(단, $B \neq 0$)로 나누었을 때의 몫을 Q, 나머지를 R이라고 하면

$$A = BQ + R$$

이 된다. 여기서 R의 차수는 B의 차수보다 낮다. 특히 $R = 0$이면, $A = BQ + R$은

$$A = BQ$$

로 주어진다. 이때 A는 B로 나누어 떨어진다고 한다. 그러나 $R \neq 0$이면 A는 B로 나누어 떨어지지 않으므로, 다항식 전체의 집합은 나눗셈에 대하여 닫혀 있지 않다.

정리 5

$R[x]$의 두 원소 $f(x)$와 $g(x)$에 대하여

$$0 < \deg g(x) \leq \deg f(x)$$

이면

$$f(x) = g(x)q(x) + r(x) \ (\text{단, } 0 \leq \deg r(x) < \deg g(x))$$

를 만족하는 다항식 $q(x)$와 $r(x)$가 유일하게 존재한다.

2. 나머지 정리

문자에 어떤 값을 대입하여도 항상 성립하는 등식을 그 문자에 대한 항등식이라고 한다.

정리 6 나머지 정리 (remainder theorem)

x에 대한 다항식 $f(x)$를 x에 대한 일차식 $x-\alpha$로 나누었을 때의 나머지는 $f(\alpha)$와 같다.

증명 $f(x) = (x-\alpha)Q(x) + R$을 만족하는 다항식 $Q(x)$와 상수 R이 유일하게 존재하므로, $f(\alpha) = (\alpha-\alpha)Q(\alpha) + R$이 된다. 따라서 나머지 R은 $f(\alpha)$와 같다. ■

예 2 x에 대한 다항식 $f(x)$를 x에 대한 일차식 $ax-b$로 나누었을 때의 나머지는 $f\left(\frac{b}{a}\right)$로 주어진다.

다항식 $f(x)$에서 $f(\alpha)=0$이면, 나머지 정리에 의하여 $f(x)$는 $x-\alpha$로 나누어 떨어진다. 따라서 다음의 인수정리가 성립한다.

정리 7 (인수정리)

x에 대한 다항식 $f(x)$가 일차식 $x-\alpha$로 나누어 떨어지기 위한 필요충분조건은 $f(\alpha)=0$이다.

예제 6 다항식 $f(x)$를 $x-1$로 나눈 나머지가 2이고, $x+2$로 나눈 나머지가 -7이다. 이 다항식을 x^2+x-2로 나누었을 때 나머지를 구하시오.

풀이 다항식 $f(x)$를 x^2+x-2로 나눈 몫을 $Q(x)$라 하고, 나머지를 $ax+b$라 하면

$$\begin{aligned} f(x) &= (x^2+x-2)Q(x)+ax+b \\ &= (x-1)(x+2)Q(x)+ax+b \end{aligned}$$

가 된다. 나머지 정리에 의하여 $f(1)=2$이고 $f(-2)=-7$이므로

$$f(1)=a+b=2, \quad f(-2)=-2a+b=-7$$

이 성립한다. 이것을 연립해서 풀면, $a=3$과 $b=-1$을 얻는다. 따라서 나머지는 $ax+b=3x-1$로 주어진다. ■

3. 조립제법

나머지 정리를 사용하면 다항식 $f(x)$를 일차식 $x-\alpha$로 나누었을 때의 나머지는 쉽게 구할 수 있으나, 그 몫은 구할 수 없다.

이제 x에 대한 다항식 $f(x)$를 $x-\alpha$로 나누었을 때의 몫 $Q(x)$와 나머지 R을 실제로 나눗셈을 하지 않고서도 간편하게 구하는 방법을 알아보자.

$$f(x)=a_0x^n+a_1x^{n-1}+\cdots+a_{n-1}x+a_n$$

이라 하고

$$Q(x)=b_0x^{n-1}+b_1x^{n-2}+\cdots+b_{n-2}x+b_{n-1}$$

이라 두면, $f(x)=(x-\alpha)Q(x)+R$은

$$a_0x^n + a_1x^{n-1} + \cdots + a_{n-1}x + a_n$$
$$= (x-\alpha)(b_0x^{n-1} + b_1x^{n-2} + \cdots + b_{n-2}x + b_{n-1})$$

로 된다. 이때 양변의 계수를 비교하면

$$a_0 = b_0,\ a_1 = b_1 - \alpha b_0,\ \cdots,\ a_{n-1} = b_{n-1} - \alpha b_{n-2},\ a_n = R - \alpha b_{n-1}$$

즉

$$b_0 = a_0,\ b_1 = a_1 + \alpha b_0,\ \cdots,\ b_{n-1} = a_{n-1} + \alpha b_{n-2},\ R = a_n + \alpha b_{n-1}$$

을 얻는다. 따라서 $Q(x)$의 계수와 R이 결정된다. 이를 도식으로 나타내면, 다음 표와 같다.

	a_0	a_1	a^2	$\cdots$	a_{n-1}	a_n
α		αb_0	αb_1	$\cdots$	αb_{n-2}	αb_{n-1}
	b_0	b_1	b^2	$\cdots$	b_{n-1}	R

이와 같은 방법으로 다항식을 일차식으로 나눌 때의 몫과 나머지를 구하는 방법을 **조립제법**(synthetic division)이라고 한다. 조립제법에서는 다항식을 내림차순으로 정리하고, 다항식은 계수에 의하여 결정되므로 계수 0도 반드시 써야 한다.

예제 7 다항식 $3x^4 + 4x^2 - 10x - 1$을 $x+2$로 나누었을 때 몫과 나머지를 구하시오.

풀이 조립제법을 사용하면

	3	0	4	−10	−1
−2		−6	12	−32	84
	3	−6	16	−42	83

이므로, 몫은 $3x^3 - 6x^2 + 16x - 42$이고 나머지는 83이 된다. ■

참고 모닉인 다항식을 0이라 둔 방정식의 정수근을 구할 때, 상수항의 약수를 대입해 보는 방법이 있다. 만약 그 때의 값이 0이 되면, 그 대입한 정수가 방정식의 근이 된다. [2.5(정리 2) 참조]

예 3 방정식 $f(x) = x^3 - 3x^2 - 4x + 12 = 0$의 정수근을 구해 보자. 상수항 12의 약수는 ± 1, ± 2, ± 3, ± 6와 ± 12이다. 그런데 $f(2) = 0$을 만족하므로, 나머지 정리에 의하여 $f(x)$는 $x-2$로 나누어 떨어진다. 즉

$$f(x) = (x^2 - x - 6)(x - 2)$$

가 성립한다. 따라서

$$f(x) = (x-3)(x+2)(x-2)$$

이므로, $f(x) = 0$의 모든 정수근은 -2, 2, 3으로 주어진다.

다음에 미분적분학에서 취급하는 함수 $f(x)$의 테일러 전개를 대수학적으로 설명해 보자. $f(x)$를 $x-\alpha$로 나누었을 때 몫을 $Q(x)$, 나미지를 R이라 하면

$$f(x) = (x-\alpha)\,Q(x) + R$$

이 된다. 또한 $Q(x)$를 $x-\alpha$로 나누어 몫을 $Q_1(x)$, 나머지를 R_1이라 하면

$$Q(x) = (x-\alpha)\,Q_1(x) + R_1$$

이 된다. 따라서

$$f(x) = (x-\alpha)^2\,Q_1(x) + R_1(x-\alpha) + R$$

을 얻는다. 다시 $Q_1(x)$를 $x-\alpha$로 나누어 몫을 $Q_2(x)$, 나머지를 R_2라 하면

$$Q_1(x) = (x-\alpha)\,Q_2(x) + R_2$$

가 되므로

$$f(x) = (x-\alpha)^3 Q_2(x) + R_2(x-\alpha)^2 + R_1(x-\alpha) + R$$

이 성립한다. 이를 되풀이하면 $\deg f(x) = n$일 때

$$f(x) = R_n(x-\alpha)^n + R_{n-1}(x-\alpha)^{n-1} + \cdots + R_1(x-\alpha) + R$$

이 된다. 이 식을 $f(x)$의 $x-\alpha$에 관한 **테일러 전개식**(Taylor's expansion)이라 한다. 이 과정으로부터 $R_1, R_2, \cdots, R_n$은 조립제법을 되풀이하여 사용함으로써 구할 수 있음을 알 수 있다.

예 4 $2x^3 + x^2 - 28x - 7$일 때, $x-3$에 관한 테일러 전개식을 구해 보자.

	2	1	−28	−7
3		6	21	−21
	2	7	−7	−28
		6	39	
	2	13	32	
		6		
	2	19		
	2			

이므로, $f(x) = 2(x-3)^3 + 19(x-3)^2 + 32(x-3) - 28$이 된다.

4. 소인수분해와 일의성의 정리

$R[x]$의 두 다항식 $f(x)$와 $g(x)$ (단, $g(x) \neq 0$)에 대하여

$$f(x) = g(x)h(x)$$

인 $h(x)$가 존재할 때, 즉 $f(x)$가 $g(x)$로 나누어 떨어질 때 $f(x)$를 $g(x)$의 **배수**(multiple)라 하고, $g(x)$는 $f(x)$의 **약수**(divisor)라 한다.

두 다항식 $f_1(x)$와 $f_2(x)$의 공통된 배수를 **공배수**(common multiple), 공통된 약수

를 **공약수**(common divisor)라 하고, 공배수 가운데 차수가 최저인 것을 **최소공배수**(least common multiple), 공약수 가운데 차수가 최고인 것을 **최대공약수**(greatest common divisor)라 한다.

일반적으로 두 다항식 $f_1(x)$와 $f_2(x)$의 최소공배수를 $[f_1(x),\ f_2(x)]$로 표시하고, 최대공약수를 $(f_1(x),\ f_2(x))$로 표시한다.

예제 8 최고차항의 계수가 1인 두 이차식의 최대공약수가 $x+1$이고 최소공배수가 x^3-7x-6일 때, 두 이차식을 구하시오.

풀이 조립제법에 의하여

$$x^3-7x-6=(x+1)(x+2)(x-3)$$

이 된다. 최대공약수가 $x+1$이므로, 두 이차식을 $a(x+1)$과 $b(x+1)$ (단, a와 b는 서로소)로 놓으면

$$ab(x+1)=x^3-7x-6=(x+1)(x+2)(x-3)$$

이 성립한다. 따라서 $ab=(x+2)(x-3)$이므로

$$a=x+2,\ b=x-3 \text{ 또는 } a=x-3,\ b=x+2$$

를 얻는다. 그러므로 구하는 두 이차식은

$$(x+2)(x+1),\ (x-3)(x+1),\ \text{즉 } x^2+3x+2,\ x^2-2x-3$$

으로 주어진다. ■

이제 두 다항식 $f(x)$와 $g(x)$의 최대공약수를 구할 때 사용하는 유클리드 호제법에 대해 서술한다. 먼저

$$0<\deg\ g(x)\leqq \deg\ f(x)$$

라 하고, 아래와 같이 나눗셈을 한다.

(1) $f(x)=g(x)q(x)+r_1(x)\ (\deg\ r_1(x)<\deg\ g(x))$

(2) $g(x)=r_1(x)q_1(x)+r_2(x)\ (\deg\ r_2(x)<\deg\ r_1(x))$

(3) $r_1(x) = r_2(x)q_2(x) + r_3(x)$ $(\deg\ r_3(x) < \deg\ r_2(x))$

$$\vdots$$

(4) $r_{n-2}(x) = r_{n-1}(x)q_{n-1}(x) + r_n(x)$ $(\deg\ r_n(x) < \deg\ r_{n-1}(x))$

(5) $r_{n-1}(x) = r_n(x)q_n(x)$$(\deg\ r_n(x) < \deg\ r_{n-1}(x))$

여기서

$$\deg\ r_n(x) < \cdots < \deg\ r_2(x) < \deg\ r_1(x) < \deg\ g(x)$$

이므로, 결국 (5)에 도달하게 된다. 따라서 $r_n(x)$는 $f(x)$와 $g(x)$의 공약수가 된다. 역으로 $p(x)$를 $f(x)$와 $g(x)$의 공약수라 하면, $p(x)$는 $r_n(x)$의 약수가 된다. 그런데 $p(x)$는 $f(x)$와 $g(x)$의 임의의 공약수이고

$$\deg\ p(x) < \deg\ r_n(x)$$

이므로, $r_n(x)$는 $f(x)$와 $g(x)$의 공약수 가운데 차수가 가장 높게 된다. 이것을 기호로 나타내면

$$(f(x),\ g(x)) = (g_1(x),\ r_1(x)) = (r_1(x),\ r_2(x)) = \cdots = (r_{n-1}(x),\ r_n(x)) = r_n(x)$$

가 된다. 이렇게 하여 두 다항식 $f(x)$와 $g(x)$의 최대공약수 $(f(x),\ g(x))$를 구하는 방법을 **유클리드 호제법**(Euclid's algorithm)이라 한다.

예 5 다항식 x^3+2x^2-2x+3과 x^3+x^2-x+2의 최대공약수를 구해 보자. 유클리드 호제법을 이용하면

1	x^3+2x^2-2x+3	x^3+x^2-x+2	x
	x^3+x^2-x+2	x^3-x^2+x	
	x^2-x+1	$2x^2-2x+2$	2
		$2x^2-2x+2$	
		0	

이므로, 최대공약수는 x^2-x+1이 된다.

참고 490과 231의 최대공약수를 구해 보자.

2	490	231	8
	462	224	
4	28	7	
	28		
	0		최대공약수 7

정리 8

두 다항식 $f(x)$와 $g(x)$의 최대공약수를

$$d(x) = (f(x),\ g(x))$$

라 하면

$$d(x) = p(x)f(x) + b(x)g(x)$$

를 만족하는 두 다항식 $p(x)$와 $b(x)$가 존재한다.

예제 9 두 다항식 $f(x)$와 $g(x)$가 상수 이외의 공약수를 갖지 않으면, 즉 서로소이면

$$p(x)f(x) + b(x)g(x) = 1$$

을 만족하는 두 다항식 $p(x)$와 $b(x)$가 존재한다.

증명 두 다항식 $f(x)$와 $g(x)$의 최대공약수를

$$(f(x),\ g(x)) = c\ (\text{단, } c\text{는 상수})$$

라 하면

$$c = p_1(x)f(x) + b_1(x)g(x)$$

를 만족하는 두 다항식 $p_1(x)$와 $b_1(x)$가 존재하므로, 양변을 c로 나눈 다음

$$p(x) = \frac{1}{c}\,p_1(x),\quad b(x) = \frac{1}{c}\,b_1(x)$$

라 두면 된다. ■

다항식 $f(x)$가 상수 또는 그 자신 이외에는 다른 약수를 가지지 않을 때, 즉 $f(x)$의 차수보다 낮은 두 개의 다항식의 곱의 형태로 분해되지 않을 때 **기약**(irreducible)이라 하고, 그렇지 않을 때 **가약**(reducible)이라 한다.

정수 전체의 집합 Z에서는 **소수**(prime number)가 **기약다항식**(irreducible polynomial)에 해당하고, **합성수**(composite number)가 **가약다항식**(reducible polynomial)에 해당한다.

예 6 유리수 전체의 집합을 Q, 복소수 전체의 집합을 C라 하면 $2x^2+6x+7$은 $Q[x]$ 내에서는 기약이지만, $R[x]$ 내에서는

$$2x^2+6x+7=(x+3+\sqrt{2})(x+3-\sqrt{2})$$

로 분해되니 가약이 된다.

다항식 $f(x)$를 몇 개의 정식의 곱으로 표현하는 것을 $f(x)$를 **인수분해**(factorization)한다고 하고, 그 각각의 다항식을 $f(x)$의 **인수**(factor)라 한다. 인수 가운데 기약인 것을 **소인수**(prime factor)라 한다.

예 7 x^3+1을 $R[x]$와 $C[x]$에서 소인수분해하면, 각각

$$x^3+1=(x+1)(x^2-x+1)$$
$$x^3+1=(x+1)\left(x-\frac{1}{2}-\frac{\sqrt{3}}{2}i\right)\left(x-\frac{1}{2}+\frac{\sqrt{3}}{2}i\right)$$

가 된다.

정리 9

두 다항식 $f(x)$와 $g(x)$의 곱 $f(x)g(x)$가 기약인 다항식 $p(x)$로 나누어 떨어지면, $f(x)$ 또는 $g(x)$는 $p(x)$로 나누어 떨어진다.

증명 $f(x)$가 $p(x)$로 나누어 떨어지지 않는다면 $p(x)$가 기약이므로, $f(x)$와 $p(x)$의 최대공약수는 1이 된다. 따라서

$$a(x)f(x)+b(x)p(x)=1$$

을 만족하는 두 다항식 $a(x)$와 $b(x)$가 존재한다. 양변에 $g(x)$를 곱하면

$$a(x)f(x)g(x)+b(x)p(x)g(x)=g(x)$$

가 된다. 그런데 좌변이 $p(x)$로 나누어 떨어지므로, 우변 $g(x)$도 $p(x)$로 나누어 떨어진다. ■

정리 10 (소인수분해의 일의성)

다항식 $f(x)$는 상수배와 곱하는 순서를 생각하지 않으면 일의적으로 유한개의 소인수의 곱으로 분해된다.

연습문제

1 ≫ 다항식 $f(x)$를 $x-2$로 나누었을 때의 나머지는 -3이고, $x-3$으로 나누었을 때의 나머지는 2이다. 다항식 $f(x)$를 $(x-2)(x-3)$으로 나누었을 때, 나머지를 구하시오.

2 ≫ 다항식 $f(x)=x^3+ax^2-bx+4$가 x^2+3x+2로 나누어 떨어질 때, $a+b$ 값을 구하시오.

3 ≫ n차의 다항식 $f(x)$가 n개의 서로 다른 x의 값 α_1, α_2, $\cdots$, α_n에 대하여 0이 된다면, $f(x)$는

$$f(x)=a(x-\alpha_1)(x-\alpha_2)\cdot\cdots\cdot(x-\alpha_n)$$

인 형태로 인수분해가 됨을 보이시오. 여기서 a는 상수이다.

2.3 유리식과 무리식

1. 유리식

두 다항식

$$f(x) = a_0 x^n + a_1 x^{n-1} + \cdots + a_{n-1}x + a_n$$
$$g(x) = b_0 x^m + b_1 x^{m-1} + \cdots + b_{m-1}x + b_m$$

에 대하여

$$\frac{f(x)}{g(x)} = \frac{a_0 x^n + a_1 x^{n-1} + \cdots + a_{n-1}x + a_n}{b_0 x^m + b_1 x^{m-1} + \cdots + b_{m-1}x + b_m} \quad (\text{단, } g(x) \neq 0)$$

인 형태로 나타내어지는 식을 x에 관한 **유리식**(rational expression)이라 하고, 유리식 전체의 집합을 $R(x)$로 나타낸다.

유리식은 유리수와 마찬가지로 다음 성질을 가진다.

정리 1 (유리식의 성질)

유리식 $\frac{A}{B}$(단, $B \neq 0$)에 대하여 C가 0이 아닌 다항식일 때, 다음이 성립한다.

(1) $\frac{A}{B} = \frac{A \times C}{B \times C}$ (2) $\frac{A}{B} = \frac{A \div C}{B \div C}$

다항식이 아닌 유리식을 **분수식**이라고 하며, 분자와 분모가 서로소인 분수식을 **기약분수식**이라고 한다. 또한 분수식의 분자와 분모를 그들의 공약수로 나누어 간단한 식으로 고치는 것을 **약분**한다고 한다. 분수식에서 분자와 분모의 최대공약수를 약분하면 기약분수식을 얻는다.

두 개 이상의 분수식을 분모가 같은 분수식으로 고치는 것을 이들 분수식을 통분한다고 한다. 분수식을 통분할 때는 분수를 통분할 때와 마찬가지로 분모의 최소공배수를 공통분모로 하는 분수식으로 고친다.

(1) 유리식의 덧셈과 뺄셈

유리식의 덧셈, 뺄셈은 유리수의 덧셈, 뺄셈과 같은 방법으로 한다.

정리 2 (유리식의 덧셈과 뺄셈)

두 유리식 $\frac{B}{A}$, $\frac{C}{A}$(단, $A \neq 0$)에 대하여, 다음이 성립한다.

(1) $\frac{B}{A}+\frac{C}{A}=\frac{B+C}{A}$　　(2) $\frac{B}{A}-\frac{C}{A}=\frac{B-C}{A}$

두 유리식의 덧셈과 뺄셈을 한 결과는 유리식이 되므로, 유리식 전체의 집합은 덧셈과 뺄셈에 대하여 각각 닫혀 있다.

(2) 유리식의 곱셈과 나눗셈

유리식의 곱셈과 나눗셈은 다음과 같은 방법으로 구한다.

정리 3 (유리식의 곱셈과 나눗셈)

두 유리식 $\frac{B}{A}$, $\frac{D}{C}$ (단, A, $C \neq 0$)에 대하여, 다음이 성립한다.

(1) $\frac{B}{A}\times\frac{D}{C}=\frac{B\times D}{A\times C}$　　(2) $\frac{B}{A}\div\frac{D}{C}=\frac{B}{A}\times\frac{C}{D}$

두 유리식을 곱하거나 나누어도 그 결과는 유리식이다. 따라서 유리식 전체의 집합은 곱셈에 대하여 닫혀 있고, 0이 아닌 식으로 나누는 나눗셈에 대하여도 닫혀 있다.

(3) 부분분수 전개

이제 $R(x)$ 내의 유리식에 대한 부분분수 전개에 대하여 살펴본다. 유리식 $\dfrac{f(x)}{g(x)}$ 에 있어서 분자의 차수가 분모의 차수보다 낮지 않을 때, 그 몫을 $q(x)$, 나머지를 $r(x)$라 하면

$$f(x) = q(x)g(x) + r(x), \quad \text{즉} \quad \frac{f(x)}{g(x)} = q(x) + \frac{r(x)}{g(x)}$$

가 된다. 이와 같이 임의의 분수식은 정식 $q(x)$와 진분수식 $\dfrac{r(x)}{g(x)}$의 합으로 표시된다. 따라서 앞으로의 이론적 설명에는 진분수식만 고려하면 된다.

정리 4

진분수식 $\dfrac{f(x)}{g(x)}$의 분모가 $g(x) = g_1(x)\, g_2(x)$로 분해되고, $g_1(x)$와 $g_2(x)$가 서로 소이면

$$\frac{f(x)}{g(x)} = \frac{f_1(x)}{g_1(x)} + \frac{f_2(x)}{g_2(x)}$$

인 형태가 된다. 여기서 우변의 분수식은 모두 진분수식이며, 이런 표시 방법은 일의적이다.

예 8 $\dfrac{1}{x^3+1}$을 부분분수로 전개해 보자.

$$x^3 + 1 = (x+1)(x^2 - x + 1)$$

이므로

$$\frac{1}{x^3+1} = \frac{A}{x+1} + \frac{Bx+C}{x^2-x+1}$$

라 두고, 상수 A, B와 C를 결정하면 된다. 우변을 통분하여

$$1 = (A+B)x^2 + (C-A+B)x + (A+C)$$

를 얻고, 계수를 비교하면

$$A+B=0,\ \ C-A+B=0,\ \ A+C=1$$

이 성립한다. 따라서

$$A=\frac{1}{3},\ B=-\frac{1}{3},\ C=\frac{2}{3}$$

이므로

$$\frac{1}{x^3+1}=\frac{1}{3(x+1)}-\frac{x-2}{3(x^2-x+1)}$$

로 전개된다.

참고 $g(x)$가 모닉이고

$$g(x)=(x-\alpha)^k(x-\beta)^l\cdots$$

로 인수분해되면

$$\frac{f(x)}{g(x)}=\frac{f_1(x)}{(x-\alpha)^k}+\frac{f_2(x)}{(x-\beta)^l}+\cdots$$

와 같이 진분수식의 합으로 표시된다. 여기서 α, β, $\cdots$는 서로 다른 상수이고 $f_1(x)$, $f_2(x)$, $\cdots$의 차수는 k, l, $\cdots$보다 낮다.

$x-\alpha$에 관하여 $f_1(x)$의 테일러 전개는

$$f_1(x)=c_1(x-\alpha)^{k-1}+c_2(x-\alpha)^{k-2}+\cdots+c_k$$

로 주어지므로

$$\frac{f_1(x)}{(x-\alpha)^k}=\frac{c_1}{x-\alpha}+\frac{c_2}{(x-\alpha)^2}+\cdots+\frac{c_k}{(x-\alpha)^k}$$

가 된다.

2. 제곱근

(1) 제곱근의 성질

a가 양수이면 그 제곱근은 양수인 것과 음수인 것 두 개가 있으며, 양의 제곱근은 $\sqrt{a}$, 음의 제곱근은 $-\sqrt{a}$로 나타낸다. 또한 $a=0$이면 그 제곱근은 0 하나뿐이고, a가 음수이면 그 제곱근은 실수의 범위에서는 존재하지 않는다.

참고 모든 실수 a에 대하여 $a^2 \geqq 0$이므로, a^2의 제곱근은 항상 존재하며, 그 중 양의 제곱근은

$$\sqrt{a^2} = \begin{cases} a\ , & a \geqq 0 \\ -a\ , & a < 0 \end{cases}, \quad 즉 \quad \sqrt{a^2} = |a|$$

으로 주어진다.

정리 5 (제곱근의 성질)

$a > 0$, $b > 0$일 때, 다음이 성립한다.

(1) $\sqrt{a}\sqrt{b} = \sqrt{ab}$ (2) $\dfrac{\sqrt{a}}{\sqrt{b}} = \sqrt{\dfrac{a}{b}}$

증명 여기서는 (1)만 증명하고, (2)는 독자에게 남긴다.

$$(\sqrt{a}\sqrt{b})^2 = (\sqrt{a})^2(\sqrt{b})^2 = ab$$

이므로, $\sqrt{a}\sqrt{b}$는 ab의 제곱근이다. 그런데 $\sqrt{a} > 0$, $\sqrt{b} > 0$이므로, $\sqrt{a}\sqrt{b}$는 ab의 양의 제곱근이다. 즉 $\sqrt{a}\sqrt{b} = \sqrt{ab}$가 성립한다. ■

(2) 이중근호

이중근호를 간단히 하면 다음과 같다.

정리 6 (이중근호의 변형)

$a>0$, $b>0$일 때, 다음이 성립한다.

(1) $\sqrt{(a+b)+2\sqrt{ab}} = \sqrt{a}+\sqrt{b}$

(2) $\sqrt{(a+b)-2\sqrt{ab}} = \sqrt{a}-\sqrt{b}$ (단, $a>b$)

3. 무리식

근호 속에 문자가 포함되어 있는 식 중에서 유리식으로 나타낼 수 없는 것을 그 문자에 대한 **무리식**(irrational expression)이라 한다. 무리식의 계산은 무리수의 계산과 같은 방법으로 한다.

참고 무리식에 실수를 대입하여 계산한 값이 실수가 되려면, 근호 안의 값이 0 또는 양수가 되어야 한다. 따라서 무리식을 계산할 때는 근호 안의 값이 0 이상이 되도록 문자의 값을 제한해야 한다. 또한 분모가 0이 되는 값도 제외해야 한다.

예제 10 $0<a<1$이고 $x=a+\dfrac{1}{a}$일 때, $\sqrt{x-2}$를 a의 식으로 나타내시오.

풀이

$$\sqrt{x-2}=\sqrt{\left(a+\frac{1}{a}\right)-2}=\sqrt{\frac{a^2+1-2a}{a}}$$
$$=\frac{\sqrt{(a-1)^2}}{\sqrt{a}}=\frac{|a-1|}{\sqrt{a}}$$

이 된다. 그런데 $0<a<1$이므로

$$|a-1|=-(a-1)=1-a$$

이다. 따라서 $\sqrt{x-2}=\dfrac{1-a}{\sqrt{a}}=\dfrac{\sqrt{a}-a\sqrt{a}}{a}$로 주어진다. ■

연습문제

1 ≫ 다음 부등식이 성립하기 위한 최소의 자연수 n을 구하시오.

$$\frac{1}{1+\sqrt{2}}+\frac{1}{\sqrt{2}+\sqrt{3}}+\cdots+\frac{1}{\sqrt{n}+\sqrt{n+1}} \geqq 100$$

2 ≫ $x^2+kx+1=0$일 때, $x^3+\dfrac{1}{x^3}$의 값을 k로 나타내시오.

3 ≫ $x=\dfrac{4a}{a^2+4}$일 때, $\sqrt{1+x}-\sqrt{1-x}$를 다음 각각의 경우에 a로 나타내시오.

(1) $a<-2$　　(2) $a \geqq 2$

2.4 복소수

1. 복소수의 뜻

실수를 제곱하면 0 또는 양수이므로, 방정식 $x^2=-1$의 해가 되는 실수 x는 존재하지 않는다. 즉 제곱하여 음이 되는 실수는 존재하지 않는다. 제곱하여 음이 되는 수를 정의하기 위하여, 오일러(Euler)는 제곱하여 -1이 되는 새로운 수

$$i=\sqrt{-1}$$

을 최초로 사용하였다. 이 수 i를 **허수단위**(imaginary unit)라고 한다. 또한 b가 0이 아닌 실수일 때, bi(또는 ib)를 **순허수**(pure imaginary number)라고 한다. 순허수끼리의 계산은 i를 문자로 하는 단항식의 계산과 같이 하고, i^2을 -1로 바꾼다.

임의의 두 실수 a, b에 대하여

$$a+bi$$

형태로 나타낸 수를 **복소수**(complex number)라 하고, a를 **실수부분**(real part), b를 **허수부분**(imaginary part)이라고 한다. 복소수 $a+bi$에서 $b \neq 0$이면 이 복소수는 실수가 아니며, 실수가 아닌 복소수를 **허수**(imaginary number)라 한다.

참고 복소수 $a+bi$에서 $a=0$이고 $b \neq 0$이면 $a+bi=bi$이므로 이 복소수는 순허수이고, $b=0$이면 $a+bi=a$이므로 이 복소수는 실수이다. 따라서 실수의 집합은 복소수의 집합의 부분집합이다.

정의 1

a, b, c, d가 실수일 때

$$a+bi=c+di \Leftrightarrow a=c \text{ 이고 } b=d$$

이다. 특히

$$a+bi=0 \Leftrightarrow a=0 \text{ 이고 } b=0$$

복소수 $a+bi$에 대하여 허수부분의 부호를 바꾸어 놓은 복소수 $a-bi$를 $a+bi$의 **켤레복소수**(conjugate complex number)라고 하고, $z=a+bi$일 때 $\bar{z}=a-bi$로 나타낸다. 이때 $z+\bar{z}=2a$, $z\bar{z}=a^2+b^2$과 $\bar{\bar{z}}=z$가 성립한다.

2. 복소수의 연산

(1) 복소수의 덧셈과 뺄셈

복소수의 덧셈과 뺄셈은 허수단위 i를 문자로 본 식의 덧셈, 뺄셈과 마찬가지로 구한다.

정의 2 (복소수의 덧셈과 뺄셈)

(1) $(a+bi)+(c+di)=(a+c)+(b+d)i$

(2) $(a+bi)-(c+di)=(a-c)+(b-d)i$

(2) 복소수의 곱셈과 나눗셈

복소수의 곱셈은 허수단위 i를 문자로 본 식의 곱셈과 마찬가지로 하며, 분배법칙을 이용하여 전개한 다음 i^2을 -1로 바꾼다.

정의 3 (복소수의 곱셈)

$$(a+bi)(c+di)=(ac-bd)+(ad+bc)i$$

복소수 $z=a+bi$에 켤레복소수 $\bar{z}=a-bi$를 곱하면

$$z\bar{z}=a^2+b^2$$

과 같이 실수가 된다. 이때 $z\bar{z}$의 제곱근을 z(또는 $\bar{z}$)의 절대값이라 하고 $|z|=|\bar{z}|$, 즉

$$|z|=\sqrt{a^2+b^2}=|\bar{z}|$$

으로 나타낸다. 한편 $a+bi\neq 0$일 때 $a^2+b^2\neq 0$이므로, 이것을 이용하면 복소수의 나눗셈을 다음과 같이 정의할 수 있다.

정의 4 (복소수의 나눗셈)

$$\frac{c+di}{a+bi}=\frac{ac+bd}{a^2+b^2}+\frac{ad-bc}{a^2+b^2}i \quad (\text{단, } a+bi\neq 0)$$

복소수의 집합 C는 덧셈, 뺄셈, 곱셈에 대하여 닫혀 있고, 0이 아닌 수로 나누는 나눗셈에 대하여도 닫혀 있다.

복소수의 덧셈, 곱셈에 대하여 실수의 덧셈, 곱셈과 마찬가지로 다음 기본성질이 성립한다.

정리 5 (복소수의 덧셈과 곱셈의 기본 성질)

임의의 복소수 a, b, c에 대하여, 다음이 성립한다.

(1) 교환법칙: $a+b=b+a,\ ab=ba$

(2) 결합법칙: $(a+b)+c=a+(b+c),\ (ab)c=a(bc)$

(3) 분배법칙: $a(b+c)=ab+ac$

(4) 항등원: $a+0=0+a=a,\ a\cdot 1=1\cdot a=a$

(5) 역원: $a+(-a)=(-a)+a=0,\ a(\frac{1}{a})=(\frac{1}{a})a=1$ (단, $a\neq 0$)

연습문제

1 ≫ 집합 $A=\{z \mid z=a(1+i)+b(1-i)\}$일 때, $-3+i\in A$이기 위한 실수 a와 b의 값을 구하시오.

2 ≫ 양의 실수 a, b에 대하여, 다음 등식이 성립함을 보이시오.

(1) $\sqrt{-a}\sqrt{-b}=-\sqrt{ab}$ (2) $\dfrac{\sqrt{a}}{\sqrt{-b}}=-\sqrt{-\dfrac{a}{b}}$

3 ≫ $x^2+x+1=0$의 한 근을 ω라 할 때, $(\omega+2\omega^2)^2+(2\omega+\omega^2)^2$의 값을 구하시오.

2.5 방정식

이차방정식을 푸는 문제가 고대 이집트 시대의 파피루스라고 불리는 종이에 실려 있었으나, 풀이 과정은 체계적인 것이 아니었다.

9세기경에 이차방정식의 일반해가 제시되었으며, 16세기에는 영국인 실베스터(Sylvester)가 이차방정식 $x^2+bx+c=0$의 근의 공식

$$x = \frac{-b \pm \sqrt{b^2-4c}}{2}$$

를 구하였다. 삼차 및 사차방정식의 풀이법도 여러 수학자에 의하여 연구되었으며, 수의 사칙연산과 거듭제곱근을 이용(대수적 연산)하여 나타낸 근의 공식을 구하였다. 그러나 오차 이상의 방정식은 대수적 연산만으로 구할 수 없음이 밝혀졌다.

1. 대수방정식

일반적으로 $C[x]$ 내의 다항식

$$f(x) = a_0x^n + a_1x^{n-1} + \cdots + a_{n-1}x + a_n \ (\text{단, } a_0 \neq 0)$$

을 0이라 둔 것, 즉

$$f(x) = a_0x^n + a_1x^{n-1} + \cdots + a_{n-1}x + a_n = 0 \ (\text{단, } a_0 \neq 0)$$

을 **n차의 대수방정식**(algebraic equation of nth degree) 또는 간단히 **n차방정식**(equation of nth degree)이라 한다. 복소수 α에 대하여

$$f(\alpha) = 0$$

일 때, α를 $f(x)=0$의 근이라 하고, $f(x)=0$의 모든 근을 구하는 것을 방정식을 푼다고 한다.

참고 대수학의 기본정리 (fundamental theorem of algebra)

복소수를 계수로 갖는 n차방정식은 적어도 하나의 복소근을 갖는다.

정리 1

n차방정식은 반드시 n개의 근을 갖는다.

증명 대수학의 기본정리에 의하여, n차방정식

$$f(x)=a_0x^n+a_1x^{n-1}+\cdots+a_{n-1}x+a_n=0 \quad (\text{단, } a_0\neq 0)$$

은 적어도 하나의 근 α_1을 가지므로, 나머지 정리에 의하여

$$f(x)=(x-\alpha_1)f_1(x)$$

로 주어지고, $f_1(x)$는 $n-1$차의 다항식이 된다. $f_1(x)$에 다시 대수학의 기본정리를 사용하면, $f_1(x)=0$은 적어도 하나의 근 α_2를 갖게 되고, $f_1(x)=(x-\alpha_2)f_2(x)$이므로

$$f(x)=(x-\alpha_1)(x-\alpha_2)f_2(x)$$

가 성립한다. 이를 되풀이하면

$$f(x)=c(x-\alpha_1)(x-\alpha_2)\cdot\cdots\cdot(x-\alpha_n)$$

이 되고, $c=a_0$를 얻는다. $x=\alpha_i(i=1, 2, \cdots, n)$는 기약 다항식이며 소인수분해의 일의성에 의해 $\alpha_1, \alpha_2, \cdots, \alpha_n$은 $f(x)=0$의 근이 된다. 그런데 n차방정식은 서로 다른 n개 이상의 근을 가질 수 없으므로 반드시 n개의 근을 갖는다. ■

$f(x)=0$의 근 $\alpha_1, \alpha_2, \cdots, \alpha_n$이 모두 다르면 이들을 **단근**(simple root)이라 하고, 이들 가운데 k개가 모두 α로서 같으면 α를 k**중근**(k-fold multiple roots)이라 한다. 단, $k=2$인 이중근은 간단히 중근으로 표기하기로 한다.

α가 $f(x)=0$의 k중근이면, $f(x)$는 $(x-\alpha)^k$으로 나누어 떨어진다.

예 9 방정식 $x^4-4x^3+5x^2-4x+4=0$에서 $x=2$는 중근이고, 다른 근은 i와 $-i$가 된다.

참고 α가 n차방정식 $f(x)=0$의 k중근이 되기 위한 조건은

$$f(\alpha)=f'(\alpha)=\cdots=f^{(k-1)}(\alpha)=0,\ f^{k}(\alpha)\neq 0$$

이라는 것이 미분학에 의하여 증명된다. 이 사실은 $f(x)$의 $x-\alpha$에 관한 테일러 전개식에서도 알 수 있다.

정리 2

정수를 계수로 갖는 모닉인 방정식

$$x^n+a_1x^{n-1}+\cdots+a_{n-1}x+a_n=0\ (\text{단, } a_n\neq 0)$$

이 유리수근을 갖는다면, 그것은 정수근이며 상수항 a_n의 약수가 된다.

증명 유리수근 α를 기약분수 $\alpha=\dfrac{p}{q}$로 나타낸다. 이것을 방정식에 대입하고, 양변에 q^n을 곱하면

$$p^n+a_1p^{n-1}q+a_2p^{n-2}q^2+\cdots+a_{n-1}pq^{n-1}+a_nq^n=0$$

즉

$$p^n=-(a_1p^{n-1}+a_2p^{n-2}q+\cdots+a_{n-1}pq^{n-2}+a_nq^{n-1})q$$

를 얻는다. 따라서 p^n은 q로 나누어 떨어진다. 그런데 p와 q가 서로소이므로 $q=\pm 1$이 된다. 즉 $\alpha=\pm p$이다. 따라서 α는 정수가 된다. 한편 α가 방정식의 근이므로

$$\alpha^n+a_1\alpha^{n-1}+\cdots+a_{n-1}\alpha+a_n=0$$

에서

$$a_n=-\alpha(\alpha^n+a_1\alpha^{n-1}+\cdots+a_{n-1})$$

이 성립한다. 따라서 α는 a_n의 약수가 된다. ■

예 10 방정식 $x^3-2x-4=0$의 정수근은 $x=2$이다.

일반적으로 실수 α에 대하여 $\overline{\alpha}=\alpha$이므로 실수계수의 방정식

$$f(x)=a_0x^n+a_1x^{n-1}+\cdots+a_{n-1}x+a_n=0 \ (\text{단}, \ a_0 \neq 0)$$

과 복소수 α에 대하여 $\overline{f(\alpha)}=f(\overline{\alpha})$가 성립한다.

정리 3

복소수 $\alpha=a+bi$가 실수계수 방정식 $f(x)=0$의 근이면, α의 공액복소수 $\overline{\alpha}=a-bi$도 $f(x)=0$의 근이 된다.

증명 α가 복소수이므로, $f(\alpha)$도 복소수가 된다. 따라서 $f(\alpha)=p+qi$ (단, p와 q는 실수)인 형태로 나타낼 수 있다. 그런데 α가 $f(x)=0$의 근이므로 $p+qi=0$이 성립한다. 즉 $p=q=0$이 된다. 따라서

$$f(\overline{\alpha})=\overline{f(\alpha)}=\overline{p+qi}=0$$

을 만족하므로, $\overline{\alpha}$는 $f(x)=0$의 근이 된다. ■

정리 4

실수계수의 다항식 $f(x)$를 소인수분해하면, 그 소인수는 $x-c$ 또는 $(x-\alpha)^2+\beta^2$인 형태가 된다. 여기서 c와 α, β는 실수이다.

$C[x]$에서 기약다항식은 $x+\alpha$인 형태이고, $R[x]$에서 기약다항식은 $x+c$이거나 x^2+ax+b인 형태로 주어진다.

참고 실수계수 방정식에서 허근의 개수는 짝수이고, 홀수 차수를 갖는 실수계수 방정식은 적어도 하나의 실근을 갖는다. 따라서 홀수 차수를 갖는 다항식으로 주어진 함수는 $(-\infty, \infty)$에서 적어도 한 번은 x축과 만나게 된다.

(1) 이차방정식

① 이차방정식의 풀이

이차방정식의 근을 구할 때는, 인수분해와 근의 공식을 이용한다.

(i) 인수분해에 의한 풀이: 이차식이 쉽게 인수분해되는 경우에는 실수의 성질

$$ab = 0 \Leftrightarrow a = 0 \text{ 또는 } b = 0$$

을 이용하여 이차방정식을 푼다.

(ii) 근의 공식에 의한 풀이: 실수계수의 이차방정식 $ax^2 + bx + c = 0$의 근은

$$x = \frac{-b \pm \sqrt{b^2 - 4ac}}{2a}$$

로 주어진다.

참고 예로부터 황금비$(1 : 1.618)$로 불리는 비례는 가장 균형 잡힌 아름다운 비례로서 건축과 회화, 그리고 조각 등에서 널리 이용되고 있다. 황금비는 이차방정식의 근의 공식을 이용하여 구할 수 있다.

② 판별식

계수가 실수인 이차방정식 $ax^2 + bx + c = 0$의 근은 $D = b^2 - 4ac$의 부호만 가지고도 실근인지 허근인지를 판별할 수 있으므로, $D = b^2 - 4ac$를 이차방정식의 **판별식**(discriminant)이라 한다.

정리 5 (이차방정식의 근의 판별)

실수계수의 이차방정식 $ax^2 + bx + c = 0$의 판별식을 D라 하면

(1) $D = b^2 - 4ac > 0 \Leftrightarrow$ 서로 다른 두 실근

(2) $D = b^2 - 4ac = 0 \Leftrightarrow$ 중근(실근)

(3) $D = b^2 - 4ac < 0 \Leftrightarrow$ 서로 다른 두 허근

③ 근과 계수와의 관계

(i) 이차방정식의 근과 계수와의 관계: 이차방정식 $ax^2+bx+c=0$의 두 근을 α, β라 하면

$$\alpha+\beta=-\frac{b}{a},\ \alpha\beta=\frac{c}{a}$$

를 만족한다.

(ii) 근을 이용한 이차식의 인수분해: 이차방정식 $ax^2+bx+c=0$의 두 근을 α, β라 하면

$$ax^2+bx+c=a(x-\alpha)(x-\beta)$$

를 만족한다.

(iii) 주어진 두 수를 근으로 하는 이차방정식: α, β를 두 근으로 하는 이차방정식은

$$x^2-(\alpha+\beta)x+\alpha\beta=0$$

으로 주어진다.

(2) 삼차방정식

다항식 $P(x)$가 삼차식일 때 방정식 $P(x)=0$을 삼차방정식이라 한다. 인수정리와 조립제법을 이용하여, 다항식 $P(x)$가 일차식과 이차식으로 인수분해되는 경우는 쉽게 근을 구할 수 있으므로, 여기서는 삼차방정식

$$ax^3+bx^2+cx+d=0$$

의 근을 구하는 일반적인 방법을 알아보자. 먼저 주어진 방정식에 $x=y-\dfrac{b}{3a}$를 대입하면, 이차항이 소거된

$$y^3+3py+q=0$$

의 형태가 된다. 이제 $y=z+u$로 놓으면

$$y^3 = 3zu(z+u) + z^3 + u^3$$

이므로, $y^3 + 3py + q = 0$은

$$3(zu+p)(z+u) + z^3 + u^3 + q = 0$$

으로 변형된다. 그런데 z와 u를 $zu+p=0$과 $z^3+u^3+q=0$을 만족하도록 정한다면

$$z^3 + u^3 = -q, \quad z^3u^3 = -p^3$$

이므로, z^3과 u^3은 이차방정식

$$t^2 + qt - p^3 = 0$$

의 근이 된다. 이것을 풀면

$$z^3 = -\frac{q}{2} + \frac{\sqrt{q^2+4p^3}}{2}, \quad u^3 = -\frac{q}{2} - \frac{\sqrt{q^2+4p^3}}{2}$$

을 얻는다. 한편

$$m = \left\{-\frac{q}{2} + \frac{\sqrt{q^2+4p^3}}{2}\right\}^{\frac{1}{3}}, \quad n = \left\{-\frac{q}{2} - \frac{\sqrt{q^2+4p^3}}{2}\right\}^{\frac{1}{3}}$$

이라 두면, 이항방정식의 해법에 의하여

$$z = m,\ m\omega,\ m\omega^2, \quad u = n,\ n\omega,\ n\omega^2$$

이 된다. 여기서 $\omega = \dfrac{-1+\sqrt{3}i}{2}$이다. z와 u는 $z^3+u^3=-q$와 $z^3u^3=-p^3$을 만족하여야 하므로, $y^3+3py+q=0$의 세 근은

$$y = m+n,\ m\omega+n\omega^2,\ m\omega^2+n\omega$$

가 된다. 그런데 $x = y - \frac{b}{3a}$ 이므로, $ax^3 + bx^2 + cx + d = 0$의 모든 근은

$$x = m+n-\frac{b}{3a},\ m\omega + n\omega^2 - \frac{b}{3a},\ m\omega^2 + n\omega - \frac{b}{3a}$$

로 주어진다. 이와 같은 방법으로 삼차방정식의 근을 구하는 것을 **카르다노**(Cardano) **해법**이라 한다.

예제 11 삼차방정식 $x^3 - 3x^2 - 3x - 1 = 0$의 근을 구하시오.

풀이 $x = y - \frac{-3}{3 \cdot 1} = y+1$을 주어진 방정식에 대입하면

$$y^3 - 6y - 6 = 0$$

으로 변형된다. 그런데 $p = -2,\ q = -6$으로부터 $\sqrt{q^2 + 4p^3} = 2$이므로

$$m = \sqrt[3]{3+1} = \sqrt[3]{4},\ n = \sqrt[3]{3-1} = \sqrt[3]{2}$$

을 얻는다. 그러므로 $y^3 - 6y - 6 = 0$의 모든 근은

$$y = \sqrt[3]{4} + \sqrt[3]{2},\ \sqrt[3]{4}\,\omega + \sqrt[3]{2}\,\omega^2,\ \sqrt[3]{4}\,\omega^2 + \sqrt[3]{2}\,\omega$$

로 주어진다. 따라서 주어진 방정식의 모든 근은

$$x = 1 + \sqrt[3]{4} + \sqrt[3]{2},\ 1 + \sqrt[3]{4}\,\omega + \sqrt[3]{2}\,\omega^2,\ 1 + \sqrt[3]{4}\,\omega^2 + \sqrt[3]{2}\,\omega$$

가 된다. 여기서 $\omega = \frac{-1+\sqrt{3}i}{2}$ 이다. ■

(3) 사차방정식

다항식 $P(x)$가 사차식일 때, 방정식 $P(x) = 0$을 사차방정식이라 한다. 인수정리와 조립제법을 이용하여, 다항식 $P(x)$가 인수분해되는 경우는 쉽게 근을 구할 수 있으므로, 여기서는 사차방정식의 근을 구하는 일반적인 방법을 알아보자. 사차방정식

$$x^4 + ax^3 + bx^2 + cx + d = 0$$

의 양변에 $l^2x^2 + 2lmx + m^2 = (lx+m)^2$을 더하면

$$x^4 + ax^3 + (b+l^2)x^2 + (c+2lm)x + d + m^2 = (lx+m)^2$$

이 된다. 이제 좌변을

$$\left(x^2 + \frac{a}{2}x + \lambda\right)^2 = x^4 + ax^3 + \left(\frac{a^2}{4} + 2\lambda\right)x^2 + a\lambda x + \lambda^2$$

의 형태로 변형하고, 계수를 비교하면

$$b + l^2 = \frac{a^2}{4} + 2\lambda,\ \ c + 2lm = a\lambda,\ \ d + m^2 = \lambda^2$$

이 된다. 이로부터 l과 m을 소거하여

$$\left(2\lambda + \frac{a^2}{4} - b\right)(\lambda^2 - d) = \frac{1}{4}(a\lambda - c)^2$$

인 λ의 삼차방정식을 얻는다. 이것을 **분해방정식**(resolvent)이라 한다. 이 분해방정식의 한 실근을 λ라 하면, 사차방정식 $x^4 + ax^3 + bx^2 + cx + d = 0$은

$$\left(x^2 + \frac{a}{2}x + \lambda\right)^2 = (lx+m)^2,\ \text{즉}\ x^2 + \frac{a}{2}x + \lambda = \pm(lx+m)$$

이 된다. 이것을 풀어서 네 개의 근을 구한다. 이와 같은 방법으로 사차방정식의 근을 구하는 것을 **페라리(Ferrari) 해법**이라 한다.

참고 x 항과 x^3 항의 계수가 0인 사차방정식을 **복이차방정식**이라 한다. 복이차방정식은 $x^2 = X$로 치환하여 이차방정식으로 변형하여 근을 구한다.

(4) 연립방정식

① 연립일차방정식

미지수가 n개인 연립일차방정식도 미지수를 하나씩 소거하여 푼다. 이때 미지수를 소거하는 순서와 관계없이 방정식의 해는 같다. 한편 연립방정식의 해가 존재하지 않을 때 주어진 연립방정식을 **불능**이라고 하고, 해가 무수히 많이 존재할 때 주어진 연립방정식을 **부정**이라고 한다.

② 연립이차방정식

연립방정식에서 차수가 가장 높은 방정식이 이차방정식일 때, 이것을 연립이차방정식이라고 한다. 연립이차방정식을 풀 때도 미지수를 소거하여 해를 구한다.

(i) 일차방정식과 이차방정식의 연립방정식: 일차식에서 한 문자를 다른 문자에 대하여 정리한 후 이차식에 대입한다.

(ii) 이차방정식이 두 개인 연립이차방정식: 두 개의 이차방정식으로 이루어진 연립방정식을 풀 때, 하나의 이차방정식이 일차방정식의 곱으로 인수분해되는 경우에는, 인수분해된 각각의 일차방정식과 다른 이차방정식의 연립방정식을 풀면 된다.

2. 분수방정식

분모에 미지수를 포함한 분수식이 들어 있는 방정식을 **분수방정식**이라 하고, 다항식만으로 이루어진 방정식(정방정식)과 분수방정식을 통틀어 **유리방정식**이라 한다. 정방정식은 일차방정식과 이차방정식, 그리고 고차방정식(삼차 이상의 정방정식)으로 구분된다.

참고 분수방정식의 분모를 통분하여 다항식만으로 이루어진 방정식으로 고쳐서 풀었을 때, 구한 근 중에서 분모를 0이 되게 하는 근을 **무연근**(extraneous root)이라 한다.

예제 12 분수방정식 $\dfrac{x-5}{x^2-1}+\dfrac{2}{x-1}=a$가 실근을 가질 조건을 구하시오.

풀이 분모를 인수분해하면

$$\frac{x-5}{(x+1)(x-1)}+\frac{2}{x-1}=a$$

이므로, 양변에 분모의 최소공배수인 $(x+1)(x-1)$을 곱하여 다항식만으로 이루어진 방정식으로 고치면 $ax^2-3x+3=0$, 즉

$$(ax+a-3)(x-1)=0 \qquad (*)$$

을 얻는다.

(i) $a=0$일 때, $(*)$의 실근은 $x=1$ 뿐이지만 분모를 0이 되게 하므로 근이 아니다. 따라서 $a\neq 0$이어야 한다.

(ii) $a\neq 0$일 때, $x=\dfrac{3-a}{a}$이고, 이 값이 실근이기 위해서는 $\dfrac{3-a}{a}\neq \pm 1$, 즉 $3-a\neq \pm a$이어야 한다. 따라서 $a\neq\dfrac{3}{2}$이 되어야 한다.

(i), (ii)에서 구하는 조건은 $a\neq 0$ 또는 $a\neq\dfrac{3}{2}$이다. ■

참고 (분수방정식의 특수 형태)

복잡한 분수방정식은 주어진 방정식을 변형하여 차수가 낮은 형태로 나타내어 근을 구한다. 차수가 낮은 형태로 변형하는 방법에는

(1) 결합형 : 항이 네 개이고 분자가 1인 형태는 두 항씩 결합하여 통분한다.

(2) 치환형 : 방정식 중 같은 부분이 있을 때 한 문자로 치환한다.

(3) 분리형 : 분자의 차수가 분모의 차수보다 높거나 같을 때 분자의 차수를 낮추어 대분수 형태로 변형한다.

가 있다.

예제 13 분수방정식 $\dfrac{x^2+4x}{9(x-1)}+\dfrac{8(x-1)}{x(x+4)}=2$의 근을 구하시오.

풀이 $\dfrac{x^2+4x}{x-1}=t$로 놓으면

$$\frac{t}{9} + \frac{8}{t} = 2 \qquad (*)$$

이므로, 양변에 $9t$를 곱하여 정리하면 $t^2 - 18t + 72 = 0$이 된다. 이것을 풀면 $t = 6$ 또는 $t = 12$를 얻는다. 이들은 (*)의 분모를 0이 되게 하지 않으므로 (*)의 근이 된다. 그러므로 $t = 6$일 때 $x = 1 \pm \sqrt{5}i$, $t = 12$일 때 $x = 2$ 또는 $x = 6$을 얻는다. 따라서 구하는 근은 $x = 2$ 또는 6 또는 $1 \pm \sqrt{5}i$이다. ■

3. 무리방정식

미지수에 관한 무리식을 포함한 방정식을 **무리방정식**이라 한다. 무리방정식은 실수의 범위에서만 생각하기로 한다.

참고 무리방정식을 다항식만으로 이루어진 방정식으로 고쳐서 풀었을 때, 구한 근 중에서 무리방정식을 만족하지 않는 근을 무연근이라 한다.

예제 14 무리방정식 $2x + \sqrt{x(x-3)} = 6$의 근을 구하시오.

풀이 $\sqrt{x(x-3)} = 6 - 2x$로 변형하여 양변을 제곱하면, $x^2 - 7x + 12 = 0$이 된다. 이것을 풀면 $x = 3$ 또는 $x = 4$를 얻는다. 그런데 $x = 4$는 무연근이므로, 구하는 근은 $x = 3$이다. ■

참고 (복잡한 경우의 무리방정식)

(1) 근호가 두 개 있을 때: 주어진 식을 $\sqrt{A} = \sqrt{B} + C$ 형태로 만들어 양변을 제곱하여 정리한 다음 다시 양변을 제곱한다.

(2) 근호가 네 개 있을 때: 주어진 식을 적당히 이항하여 양변에 항을 두 개씩 놓고 양변을 제곱하여 정리한 후 다시 양변을 제곱한다.

(3) 공통부분이 있을 때: $\sqrt{f(x)} = t$로 치환한다. 이때 $t \geqq 0$임에 주의한다.

예제 15 무리방정식 $\sqrt{x+9} - \dfrac{10}{\sqrt{x+9}} = 3$의 근을 구하시오.

풀이 $\sqrt{x+9}=t$ (단, $t \geqq 0$)로 놓으면

$$t-\frac{10}{t}=3, \text{ 즉 } t^2-3t-10=0$$

이 된다. 이것을 풀면 $t=5$이므로, $\sqrt{x+9}=5$로부터 $x=16$을 얻는다. 그런데 이것은 주어진 방정식을 만족한다. 따라서 구하는 근은 $x=16$이다. ■

연습문제

1 ≫ 정삼각형 $\triangle ABC$ 모양의 트랙을 형인 병우는 점 A를 출발하여 시계 바늘이 도는 방향으로 달리고, 동시에 동생인 병호는 점 B를 출발하여 시계 바늘이 도는 방향과 반대 방향으로 달리고 있다. 형이 80 m 달린 후 두 사람이 처음 만났고, 동생이 B 지점에서 20 m를 남겨 놓고 두 번째로 만났다고 할 때, 형과 동생이 달리는 속력 v_A와 v_B의 비를 구하시오. 단, 두 사람이 달리는 속력은 일정하다고 한다.

2 ≫ 어떤 다항식 $f(x)$가 $x-\alpha$와 $x-\beta$로 각각 나누어 떨어질 때, $f(x)$는 $(x-\alpha)(x-\beta)$로 나누어 떨어짐을 보이시오.

3 ≫ 다항식 $f(x)$를 $(x-a)(x-b)$로 나눈 나머지를 구하시오. (단, $a \neq 0$)

4 ≫ 삼차 이상의 다항식 $f(x)$에 대하여 $f(1)=1$과 $f(2)=2$이고, $f(x)$를 $(x-1)(x-2)$로 나누었을 때 몫이 $Q(x)$라 하자. $f(x)$를 $x-3$으로 나눌 때 나머지를 구하시오.

5 ≫ 두 다항식 $f(x)$와 $g(x)$에 대하여

$$p(x)f(x)+b(x)g(x)=1$$

을 만족하는 두 다항식 $p(x)$와 $b(x)$를 구하시오.

6 ≫ 두 다항식 $f(x)=x^3-1$과 $g(x)=x^4+x^3+2x^2+x+1$의 최대공약수를 구하시오.

7 ≫ (소인수분해의 일의성) 다항식 $f(x)(\neq 0)$는 상수배와 곱하는 순서를 생각하지 않으면 일의적으로 유한개의 소인수의 곱으로 분해됨을 보이시오.

8 ≫ 다음 분수식을 부분분수로 전개하시오.

(1) $\dfrac{6x^2+13x+4}{(x+1)^3(x-2)}$　　　(2) $\dfrac{x^5}{x^4-1}$

9 ≫ 정수계수 방정식

$$a_0x^n+a_1x^{n-1}+\cdots+a_{n-1}x+a_n=0 \ (\text{단, } a_0,\ a_n\neq 0)$$

이 유리수근을 갖는다고 하자. 이 유리수근을 기약분수 $\dfrac{p}{q}$로 나타낼 때, p는 a_n의 약수, q는 a_0의 약수가 됨을 보이시오. 이를 이용하여

$$2x^3-3x^2+2x-3=0$$

의 유리수근을 구하시오.

10 ≫ 두 집합 $A=\{x \mid x^2-3x+2>0\}$, $B=\{x \mid ax^2-3x+b\leqq 0\}$에 대하여

$$A\cap B=\varnothing,\quad A\cup B=R$$

이 성립할 때, $a+b$ 값을 구하시오.

11 ≫ 이차방정식 $x^2-2mx+10x+2m^2-4m-2=0$의 두 실근을 α, β라 할 때, $\alpha\beta$의 최대값을 구하시오.

12 ≫ 이차방정식 $x^2-ax+b=0$의 두 근을 α, β라 할 때, 방정식 $x^2+bx+a=0$의 두 근이 $\alpha-1, \beta-1$이라 하자. 이때 다음 물음에 답하시오.

(1) a^2-b^2 값을 구하시오.

(2) 집합 $A=\{x \mid x=\alpha^n+\beta^n,\ n\text{은 자연수}\}$의 원소의 개수를 구하시오.

13 ≫ 방정식 $x^3=1$의 허근 중 하나를 ω라고 할 때, 다음 값을 구하시오.

(1) $\omega^{20}+\omega^{10}$ (2) $\omega^{10}+\omega^{8}+2$ (3) $\dfrac{1}{1+\omega}-\dfrac{1}{\omega}$

14 ≫ 다음 삼차방정식의 근을 구하시오.

(1) $x^3-3x^2-10x+24=0$ (2) $x^3-6x+9=0$

15 ≫ 삼차방정식 $x^3+2x^2-1=0$의 세 근을 α, β와 γ라 할 때, $\alpha\beta$, $\beta\gamma$와 $\gamma\alpha$를 세 근으로 하는 삼차방정식을 구하시오.

16 ≫ 다음 사차방정식의 근을 구하시오.

(1) $x^4-4x^3+4x^2-4x+3=0$ (2) $x^4+x^2-4x-3=0$

17 ≫ 다음 분수방정식의 근을 구하시오.

(1) $\dfrac{2x-5}{x^2+3x+2}+\dfrac{4}{x^2-4}=\dfrac{1}{x-2}$ (2) $\dfrac{1}{x}+\dfrac{1}{x+1}+\dfrac{1}{x+2}+\dfrac{1}{x+3}=0$

(3) $\dfrac{4x-9}{x-3}-\dfrac{x-2}{x-5}=\dfrac{4x-25}{x-7}-\dfrac{x-6}{x-9}$

18 ≫ 다음 무리방정식의 근을 구하시오.

(1) $\sqrt{3+x}-\sqrt{3-x}=\sqrt{x}$

(2) $\sqrt{7x-5}+\sqrt{4x-1}=\sqrt{7x-4}+\sqrt{4x-2}$

2.6 부등식

1. 부등식의 성질

복소수에 대하여는 실수와 같은 대소 관계를 생각할 수 없으므로, 부등식에서는 실수만 다룬다.

정리 1 (부등식의 성질)

a, b, c, d가 실수일 때, 다음 부등식이 성립한다.

(1) $a>b$이고 $b>c$이면, $a>c$

(2) $a<b$이면, $a+c<b+c$, $a-c<b-c$

(3) $a<b$이고 $c<d$이면, $a+c<b+d$

(4) $a<b$이고 $c>0$이면, $ac<bc$, $\frac{a}{c}<\frac{b}{c}$

(5) $a<b$이고 $c<0$이면, $ac>bc$, $\frac{a}{c}>\frac{b}{c}$

(6) $0<a<b$이면, $\frac{1}{a}>\frac{1}{b}>0$

증명 여기서는 (1)과 (3)만 증명하고, 나머지는 독자에게 남긴다.

(1) $a>b$이고 $b>c$이면, $a-b>0$이고 $b-c>0$이므로

$$a-c=(a-b)+(b-c)>0$$

이 된다. 따라서 $a>c$가 성립한다.

(3) $a<b$에서 $a+c<b+c$이고, $c<d$에서 $b+c<b+d$이므로, $a+c<b+d$가 성립한다. ■

예제 16 $a>b$이고 $c>d$일 때, 다음이 성립함을 보이시오.

$$b>0,\ d>0\text{이면, } ac>bd$$

증명 $c>d$이고 $d>0$이므로, $c>0$이 된다. $a>b$의 양변에 c를 곱하면 $ac>bc$이고, $c>d$의 양변에 b를 곱하면 $bc>bd$이므로, $ac>bd$가 성립한다. ■

2. 이차부등식

(1) 이차부등식의 해법

이차부등식의 풀이법을, 이차방정식 $ax^2+bx+c=0$의 판별식 $D=b^2-4ac$가 $D>0$, $D=0$, $D<0$인 세 경우로 나누어 알아보자.

이차방정식 $ax^2+bx+c=0$ (단, $a>0$)의 두 근을 α, β(단, $\alpha \leqq \beta$)라고 할 때, 이차부등식의 해는 다음으로 주어진다.

① $ax^2+bx+c>0$인 경우

(i) $D>0$이면, $x<\alpha$, $x>\beta$

(ii) $D=0$이면, $x \neq \alpha$인 모든 실수

(iii) $D<0$이면, 모든 실수

② $ax^2+bx+c<0$인 경우

(i) $D>0$이면, $\alpha<x<\beta$

(ii) $D=0$이면, 해는 존재하지 않는다.

(iii) $D<0$이면, 해는 존재하지 않는다.

(2) 연립이차부등식

연립부등식에서 차수가 가장 높은 부등식이 이차부등식이면, 이 부등식을 연립이차부등식이라 한다. 연립이차부등식을 풀 경우에는 각 부등식을 풀어 그 해를 구하고, 이들 해의 공통부분을 구하면 된다.

3. 고차부등식

부등식의 모든 항을 좌변으로 이항하여

$$f(x)>0,\ f(x)<0,\ f(x) \geqq 0,\ f(x) \leqq 0$$

의 형태가 되었을 때, $f(x)$가 삼차의 다항식이면 삼차부등식이라 하고 사차의 다항식이면 사차부등식이라 한다. 또한 삼차 이상의 부등식을 통틀어 **고차부등식**이라 한다.

일반적으로 고차부등식은 다음 순서로 푼다.

(1) 부등식의 모든 항을 좌변으로 이항하여

$$f(x)>0,\ f(x)<0,\ f(x)\geq 0,\ f(x)\leq 0$$

의 형태로 정리한다. 이때 $f(x)$의 최고차항의 계수가 양이 되도록 한다.

(2) 계수가 실수인 범위에서 $f(x)$를 인수분해한다.

(3) x의 값에 따라 $f(x)$의 부호를 수직선으로 조사하여 주어진 부등식의 해를 구한다. 이때 $f(x)>0$이면 x축 위쪽 범위이고, $f(x)<0$이면 x축 아래쪽 범위를 나타낸다.

참고 부등식을 풀기 위하여 삼차 이상의 다항식을 인수분해할 때는 인수정리와 조립제법을 이용하면 편리하다.

예제 17 부등식 $x^3-4x^2-x+4\leq 0$의 해를 구하시오.

풀이 $f(x)=x^3-4x^2-x+4$로 놓고, $f(x)$를 인수분해하면

$$f(x)=(x-4)(x+1)(x-1)\leq 0$$

이 된다. 이때 $x=-1,\ 1,\ 4$를 수직선에 나타내고, 이들을 경계

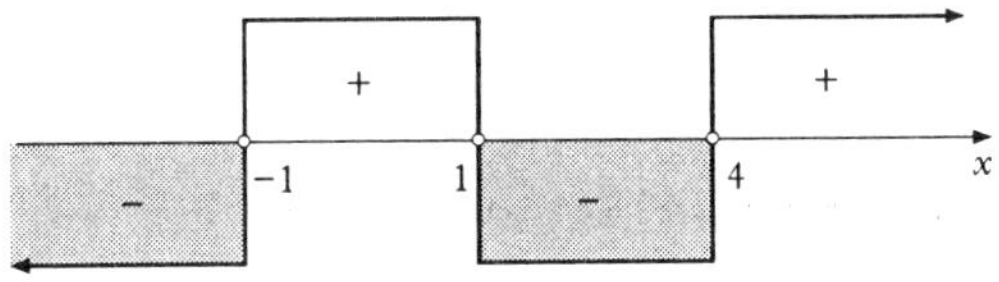

[그림 2.2]

로 $f(x)\leq 0$이 되는 x 값의 범위를 구하면

$$x\leq -1 \quad 또는 \quad 1\leq x\leq 4$$

가 된다. ■

예제 18 부등식 $x^4 - x^3 - 11x^2 + 9x + 18 > 0$의 해를 구하시오.

풀이 $f(x) = x^4 - x^3 - 11x^2 + 9x + 18$로 놓고, $f(x)$를 인수분해하면

$$f(x) = (x+3)(x+1)(x-2)(x-3) > 0$$

이 된다. 이때 $x = -3, -1, 2, 3$을 수직선에 나타내고, 이들을 경계로

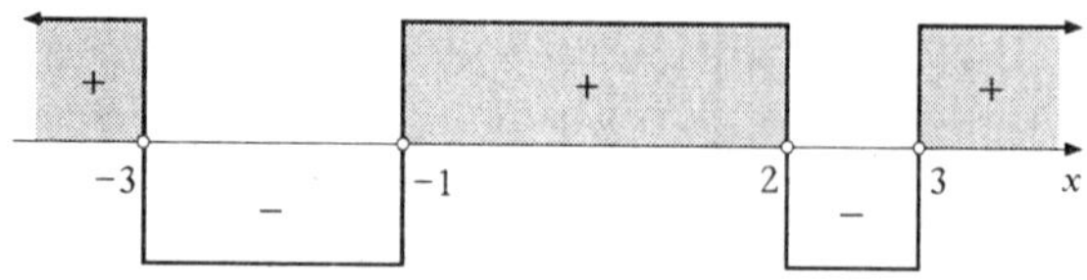

[그림 2.3]

$f(x) > 0$이 되는 x의 값의 범위를 구하면

$$x < -3 \quad \text{또는} \quad -1 < x < 2 \quad \text{또는} \quad x > 3$$

이 된다. ■

예제 19 [제곱인수가 있는 부등식] 부등식 $x^4 - 4x^3 + 5x^2 - 2x \leqq 0$의 해를 구하시오.

풀이 $f(x) = x^4 - 4x^3 + 5x^2 - 2x$로 놓고, $f(x)$를 인수분해하면

$$f(x) = x(x-2)(x-1)^2 \leqq 0$$

이 된다. $(x-1)^2 \geqq 0$이므로, 주어진 부등식은 $x = 1$ 또는 $x(x-2) \leqq 0$과 동치이다. 따라서 $f(x) \leqq 0$이 되는 x 값의 범위를 구하면

$$0 \leqq x \leqq 2$$

가 된다. ■

연립부등식(simultaneous inequalities)의 해는 각 부등식 해의 공통 범위이다.

예제 20 다음 연립부등식의 해를 구하시오.

$$\begin{cases} x^3 - 3x^2 - x + 3 > 0 \\ x^4 - 3x^2 - 4 \leqq 0 \end{cases}$$

풀이 (i) $x^3 - 3x^2 - x + 3 > 0$에서 $(x-1)(x+1)(x-3) > 0$이므로

x 값의 범위를 구하면

$$-1 < x < 1 \text{ 또는 } x > 3$$

(ii) $x^4 - 3x^2 - 4 \leqq 0$에서 $(x^2+1)(x-2)(x+2) \leqq 0$이 된다. 그런데 $x^2+1 > 0$이므로, $(x-2)(x+2) \leqq 0$을 만족하는 x 값의 범위를 구하면

$$-2 \leqq x \leqq 2$$

가 된다. 따라서 (i), (ii)의 공통 범위는

$$-1 < x < 1$$

이다. ■

예제 21 두 부등식 $x^3 - 8x^2 + 19x - 12 > 0$, $2x^2 + (4a-3)x - 6a < 0$을 동시에 만족시키는 정수가 $x=2$ 밖에 없을 때, a 값의 범위를 구하시오.

풀이 $x^3 - 8x^2 + 19x - 12 > 0$에서 $(x-1)(x-3)(x-4) > 0$이므로, x 값의 범위를 구하면

$$1 < x < 3 \quad \text{또는} \quad x > 4 \qquad \text{(i)}$$

이다. 한편, $2x^2 + (4a-3)x - 6a < 0$에서

$$(2x-3)(x+2a) < 0 \qquad \text{(ii)}$$

이므로, (i), (ii)를 동시에 만족시키는 정수 x가 $x=2$ 밖에 없기 위해서는

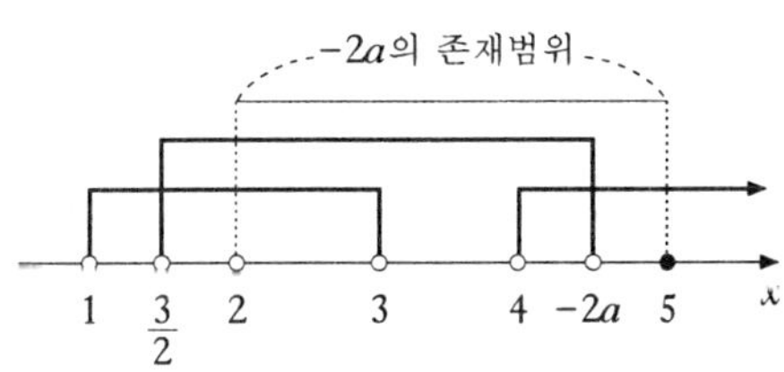

[그림 2.4]

$2 < -2a \leqq 5$를 만족하여야 한다. 따라서 a 값의 범위는

$$-\frac{5}{2} \leqq a < -1$$

로 주어진다. ■

문자계수가 있는 고차부등식은 문자가 취하는 값에 따라 각각의 경우로 나누어 생각한다.

예제 22 [문자계수가 있는 부등식] 부등식 $(x-a)(x-2a)(x-3a)<0$의 해를 구하시오.

풀이 $(x-a)(x-2a)(x-3a)<0$에서

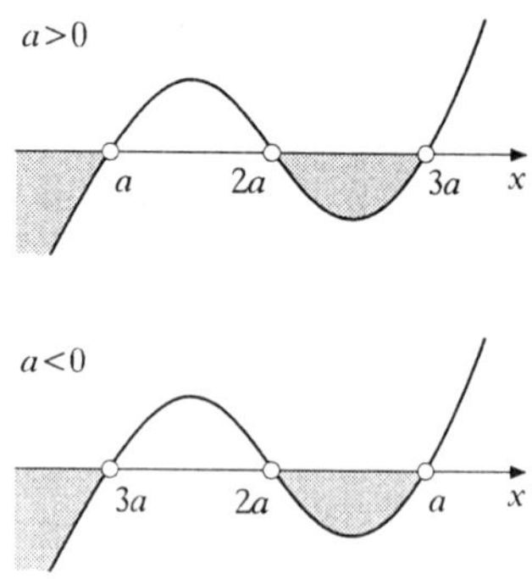

[그림 2.5]

(i) $a>0$일 때, $x<a$ 또는 $2a<x<3a$

(ii) $a=0$일 때, $x<0$

(iii) $a<0$일 때, $x<3a$ 또는 $2a<x<a$ ■

4. 절대부등식

부등식의 문자에 임의의 실수를 대입하여도 항상 성립하는 부등식을 **절대부등식**이라 하고, 어떤 한정된 범위의 값을 대입할 때만 성립하는 부등식을 **조건부등식**이라 한다. 주어진 부등식이 절대부등식임을 증명할 때는 다음 실수의 성질이 자주 이용된다.

정리 2 (실수의 성질)

임의의 실수 a, b에 대하여, 다음 부등식이 성립한다.

(1) $a^2 \geq 0$, $a^2+b^2 \geq 0$

(2) $a^2+b^2=0 \Leftrightarrow a=0$, $b=0$

(3) $a>0$, $b>0$일 때, $a \geq b \Leftrightarrow a^2 \geq b^2$

예제 23 $a \geqq 0,\ b \geqq 0$일 때, 다음 부등식이 성립함을 보이시오.

$$\sqrt{a}+\sqrt{b} \geqq \sqrt{a+b}$$

증명 $(\sqrt{a}+\sqrt{b})^2-(\sqrt{a+b})^2 = a+2\sqrt{a}\sqrt{b}+b-(a+b)$

$$= 2\sqrt{a}\sqrt{b} \geqq 0$$

이므로

$$(\sqrt{a}+\sqrt{b})^2 \geqq (\sqrt{a+b})^2$$

이 된다. 그런데 $\sqrt{a}+\sqrt{b} \geqq 0,\ \sqrt{a}+\sqrt{b} \geqq 0$이므로

$$\sqrt{a}+\sqrt{b} \geqq \sqrt{a+b}$$

가 성립한다. ■

정리 3 (절대부등식)

a, b, c, x와 y가 실수일 때, 다음 부등식이 성립한다.

(1) $a^2 \pm 2ab+b^2 \geqq 0$ (2) $a^2+b^2+c^2 \geqq ab+bc+ca$

(3) $(a^2+b^2)(x^2+y^2) \geqq (ax+by)^2$

(4) $\dfrac{a+b}{2} \geqq \sqrt{ab} \geqq \dfrac{2ab}{a+b}$ (단, $a, b>0$)

예제 24 a, b, x, y가 실수이고 $a^2+b^2=2$와 $x^2+y^2=8$일 때, $ax+by$의 최대값과 최소값을 구하시오.

풀이 $(a^2+b^2)(x^2+y^2) \geqq (ax+by)^2$으로부터 $(ax+by)^2 \leqq 16$이므로

$$-4 \leqq ax+by \leqq 4$$

를 얻는다. 따라서 최대값은 4이고, 최소값은 -4가 된다. ■

정리 4

다음 부등식이 성립한다.

(1) $a>0,\ b>0$일 때, $\sqrt{a}+\sqrt{b} \leqq \sqrt{2(a+b)}$

(2) $a>0,\ b>0,\ c>0$일 때, $a^3+b^3+c^3 \geqq 3abc$

(3) $a \geqq 0,\ b \geqq 0$일 때, $a^3-b^3 \leqq 3a^2(a-b)$

5. 분수부등식

부등식의 모든 항을 좌변으로 이항하여

$$f(x)>0,\ f(x)<0,\ f(x)\geqq 0,\ f(x)\leqq 0$$

의 형태로 정리하였을 때, $f(x)$가 분수식인 것을 **분수부등식**이라 하고, 일차부등식, 이차부등식, 고차부등식, 분수부등식을 통틀어서 **유리부등식**이라 한다.

일반적으로 분수부등식은 다음 순서로 푼다.

(1) 주어진 부등식을 이항하여

$$\frac{f(x)}{g(x)}>0,\ \frac{f(x)}{g(x)}<0,\ \frac{f(x)}{g(x)}\geqq 0,\ \frac{f(x)}{g(x)}\leqq 0$$

의 형태로 변형한다.

(2) 다음 동치관계를 이용하여 다항식만으로 이루어진 부등식으로 고쳐서 푼다.

① $\frac{f(x)}{g(x)}>0 \Leftrightarrow f(x)g(x)>0$ ② $\frac{f(x)}{g(x)}<0 \Leftrightarrow f(x)g(x)<0$

③ $\frac{f(x)}{g(x)}\geqq 0 \Leftrightarrow f(x)g(x)\geqq 0$이고 $g(x)\neq 0$

④ $\frac{f(x)}{g(x)}\leqq 0 \Leftrightarrow f(x)g(x)\leqq 0$이고 $g(x)\neq 0$

예제 25 부등식 $\frac{x^2-x-6}{x-1}\geqq 0$의 해를 구하시오.

풀이 분자를 인수분해하면 $\frac{(x+2)(x-3)}{x-1}\geqq 0$으로 변형된다. 여기서 $x\neq 0$이므로 양변에 $(x-1)^2$을 곱하면

$$(x+2)(x-3)(x-1)\geqq 0,\ x\neq 0$$

이 된다. 따라서 구하는 부등식의 해는

$$-2 \leqq x < 1 \quad 또는 \quad x \geqq 3$$

이 된다. ■

절대값을 포함한 분수부등식의 풀이는 다음을 이용한다.

① $\dfrac{f(x)}{|g(x)|} < 0 \Leftrightarrow f(x) < 0$ (단, $g(x) \neq 0$)

② $\dfrac{|f(x)|}{g(x)} \geqq 0 \Leftrightarrow g(x) > 0$ 또는 $f(x) = 0$ (단, $g(x) \neq 0$)

③ $\dfrac{|f(x)|}{g(x)} \leqq 0 \Leftrightarrow g(x) < 0$ 또는 $f(x) = 0$ (단, $g(x) \neq 0$)

예제 26 부등식 $\dfrac{|x^2-1|}{x^2-2x} > 0$의 해를 구하시오.

풀이 $|x^2-1| \geqq 0$이므로 $x^2 \neq 1$, 즉 $x \neq \pm 1$일 때

$$x^2-2x > 0, \text{ 즉 } x(x-2) > 0$$

이 된다. 따라서 $x < 0$ 또는 $x > 2$를 얻는다. 그러므로 구하는 부등식의 해는

$$x < -1 \text{ 또는 } -1 < x < 0 \text{ 또는 } x > 2$$

이다. ■

예제 27 두 집합 $A = \{x \mid x(x+1)(x-2) \leqq 0\}$, $B = \{x \mid x^2+ax+b < 0\}$에 대하여

$$A \cap B = \left\{x \,\middle|\, \frac{x(x+1)}{(x+2)(x-1)} \leqq 0\right\}, \ A \cup B = \{x \mid x \leqq 2\}$$

일 때, $a+b$의 값을 구하시오.

풀이 $A = \{x \mid x \leqq -1,\ 0 \leqq x \leqq 2\}$이고

$$A \cap B = \{x \mid -2 < x \leqq -1,\ 0 \leqq x < 1\},\ A \cup B = \{x \mid x \leqq 2\}$$

이면서 $A \cap B$의 범위를 나타내기 위해서 집합 B는

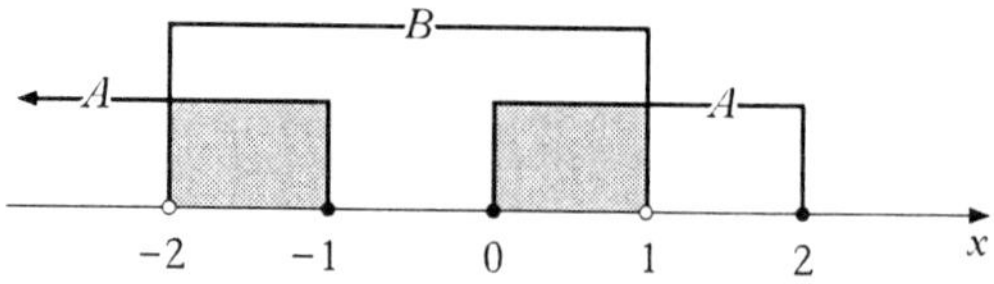

[그림 2.6]

$$B = \{x \mid -2 < x < 1\}$$

이 되어야 한다. 즉 $x^2+x-2<0$을 만족하여야 한다. 따라서 $a+b=-1$이 된다. ■

연습문제

1 ≫ 다음 분수방정식의 근을 구하시오.

(1) $\dfrac{1}{x+1}+\dfrac{1}{x+7}=\dfrac{1}{x+3}+\dfrac{1}{x+5}$ (2) $x^2-2x+\dfrac{45}{x^2-2x}=18$

2 ≫ 다음 분수방정식이 근을 갖지 않을 때, a 값을 구하시오.

(1) $\dfrac{a}{2x+4}=\dfrac{3}{x}-\dfrac{x+a}{x^2+2x}$ (2) $\dfrac{2a}{x^2-a^2}+\dfrac{1}{x+a}=\dfrac{x}{x-a}-a$

(3) $\dfrac{1}{x+1}+\dfrac{2}{x-2}=\dfrac{x+a}{x^2-x-2}$

3 ≫ 분수방정식 $\dfrac{x^2+x+a-3}{x-1}=a+3$의 해가 한 개가 되도록 하는 모든 a 값의 합을 구하시오.

4 ≫ 분수방정식 $x^2+\dfrac{1}{4x^2}=x+1+\dfrac{1}{2x}$의 한 허근을 α라고 할 때, $\alpha^2+\alpha$ 값을 구하시오.

5 ≫ 실수 a, b에 대하여, 분수방정식 $\dfrac{2}{x-a}-\dfrac{x}{x-b}=0$의 한 근이 $\dfrac{2}{1+i}$일 때 $a+b$ 값을 구하시오.

6 ≫ 이차방정식 $x^2-4x-8a=0$과 분수방정식 $\dfrac{1}{x-a}-\dfrac{1}{x}=\dfrac{1}{8}$이 공통근을 갖도록 하는 상수 a를 구하고, 공통근을 구하시오.

7 ≫ 분수방정식 $\dfrac{x+a}{x-1}+\dfrac{ax+b}{x+1}=1$이 근을 갖지 않기 위한 a, b 값에 대하여 $a+b$ 값을 구하시오. (단, $a>0$)

8 ≫ 강물의 속력이 2 km/h인 강을 따라 6 km의 거리를 배로 왕복하는데 1시간 36분이 걸렸다고 할 때, 이 배의 잔잔한 강물에서의 속력을 구하시오.

9 ≫ 다음 무리방정식의 근을 구하시오.

(1) $\sqrt{3x-2}-\sqrt{x}=2$ (2) $2x^2-14x+3\sqrt{x^2-7x+10}=-18$

(3) $\sqrt{x-\sqrt{x-1}}=\sqrt{3}$

10 ≫ 무리방정식의 $\sqrt{x+3}=x+k$가 다음 조건을 만족할 때, k 값 또는 범위를 구하시오.

(1) 서로 다른 두 실근을 갖는다. (2) 한 실근을 갖는다.

(3) 실근을 갖지 않는다.

11 ≫ 다음 물음에 답하시오.

(1) 무리방정식 $x^2-\sqrt{x^2-1}=3$의 두 근을 α, β라 할 때, $\alpha^2+\beta^2$ 값을 구하시오.

(2) 무리방정식 $\sqrt{x^2+\dfrac{1}{x^2}+2}=x-\dfrac{1}{x}+2$의 두 실근을 α, β라 할 때, $\alpha\beta$ 값을 구하시오.

(3) 무리방정식 $\sqrt{x}+\sqrt{x-2\sqrt{1-x}}=\sqrt{2}$의 해가 $\dfrac{n}{m}$ (m, n은 서로소인 정수)일 때, $m+n$ 값을 구하시오.

(4) 무리방정식 $\sqrt{5-x}-\sqrt{3+x}=2$의 근을 $a+b\sqrt{3}$이라 할 때, $a+b$ 값을 구하시오.

(5) 무리방정식 $\sqrt{(a-3)x+a+1}=x-1$의 해가 존재할 때, 실수 a의 최소값을 구하시오.

12 ≫ 다음 물음에 답하시오.

(1) $2 \leqq x \leqq 3$을 만족하는 임의의 x에 대하여 $\dfrac{x+1}{x-1} \leqq ax$가 성립할 때, a의 최소값을 구하시오.

(2) 연립방정식

$$\sqrt{x+y}=6-(x+y),\ x^2-y^2=8$$

의 근을 구하시오.

13 ≫ 갑, 을, 병 세 사람이 공동으로 일하면 x일만에 완공될 공사가 있다. 이 공사를 갑, 을, 병이 혼자서 일하면 각각 $x+6$일, $x+15$일, $2x$일이 걸린다고 할 때, 이 일을 갑이 혼자서 할 경우 며칠 후에 완공되겠는가?

14 ≫ 다음 부등식의 해를 구하시오.

(1) $x^4-4x^2+5<x^2+1$　　(2) $x^4-5x^3+x^2+21x-18>0$

15 ≫ 다음 연립부등식의 해를 구하시오.

$$\frac{2x-3}{x-1} \leqq x-1 \leqq -x^2+5x-4$$

16 ≫ 다음 부등식의 해를 구하시오.

(1) $(x-a)(x-3)(x+2)>0$

(2) $a(x+1)(x-1)(x-2) \geqq 0$ (단, $a \neq 0$)

17 ≫ 다음 물음에 답하시오.

(1) 두 부등식 $2x^2+(5+2a)x+5a<0$, $(x-2)(x+1)>0$을 동시에 만족시키는 정수가 $x=-2$ 밖에 없을 때, a 값의 범위를 구하시오.

(2) a가 실수일 때, 부등식 $(x+1)(x-1)(x-a) \leqq 0$을 만족시키는 양의 정수가 4개가 되도록 하는 a의 최소값을 구하시오.

(3) 실수 a에 대하여 부등식 $(x-8)(x-15)(x-a)<0$을 만족시키는 자연수 x의 개수를 $f(a)$라고 할 때, $f(a)$의 최소값을 구하시오.

18 ≫ $x^3-ax^2-bx-c>0$의 해가 $-1<x<2$ 또는 $x>4$일 때, a, b와 c의 값을 구하시오.

19 ≫ 다음 부등식의 해를 구하시오.

(1) $\dfrac{2x^2-x-2}{x^2+x+1} \leqq 1$ (2) $\dfrac{x+3}{x-1} < \dfrac{x+4}{2x-1}$

20 ≫ 다음 부등식의 해를 구하시오.

(1) $\dfrac{x-3}{|x-4|} < 2$ (2) $\dfrac{x^2-3x+2}{|x^2-2x-3|} < 0$

21 ≫ 다음 연립부등식의 해를 구하시오.

(1) $-2 \leqq \dfrac{2x+1}{x+4} \leqq 4$ (2) $\dfrac{2x-1}{x+2} < 1 \leqq \dfrac{2x+1}{x}$

22 ≫ 임의의 실수 x에 대하여 연립부등식 $\dfrac{1}{3} < \dfrac{x^2-ax+a^2}{x^2+x+1} < 3$이 성립할 때, a 값의 범위를 구하시오.

23 ≫ 두 부등식 $x-5+\dfrac{8}{x+1} \geqq 0$, $\dfrac{1}{x-1}-\dfrac{1}{x-a}<0$을 동시에 만족시키는 정수가 단 하나 뿐일 때, a 값의 범위를 구하시오.

24 ≫ 부등식 $\left(x+\dfrac{1}{x}\right)(x^2-|x|-2) \leqq 0$의 해를 구하시오.

25 ≫ 두 부등식 $(x-1)(x+1)(x+3) \geqq 0$, $\dfrac{(x-4)(x-6)}{x-1} \leqq 0$을 동시에 만족시키는 x의 최대값과 최소값을 각각 M과 m이라 할 때, $M-m$ 값을 구하시오.

26 ≫ 두 집합 $A=\{x \mid \dfrac{24}{x-4} \leqq x-6\}$, $B=\{x \mid x^2-3ax+2a^2=0\}$에 대하여 $A \cap B=\varnothing$이 되도록 하는 실수 a 값의 범위를 구하시오.

27 ≫ $A=\left\{x \,\middle|\, \dfrac{1}{x}+\dfrac{1}{x-1} \leqq \dfrac{3}{2}\right\}$, $B=\{x \mid |x| \geqq a\}$일 때, $B \subset A$를 만족하는 양수 a의 최소값을 구하시오.

28 ≫ 부등식 $x<\alpha$와 $x<\beta$가 각각 $x^3-6x^2+11x-6<0$이 성립하기 위한 필요조건과 충분조건일 때, $|\alpha-\beta|$의 최소값을 구하시오.

29 ≫ 두 부등식 $\dfrac{|x-2|}{x} \geqq x$, $x^2+3x-10 \leqq 0$을 동시에 만족시키는 정수 x의 개수를 구하시오.

30 ≫ 다음 세 부등식을 동시에 만족하는 x, y에 대하여, $x+2y$의 최대값과 최소값을 각각 구하시오.

$$x-2y \geqq -6,\ 7x-2y \leqq 18,\ x+y \geqq 0$$

제 3 장

초월함수

대수방정식 $y^n + R_1(x)y^{n-1} + R_2(x)y^{n-2} + \cdots + R_n(x) = 0$(단, $R_i(x)$는 유리함수)의 해로 정해지는 함수 y를 **대수적 함수**(algebraic function)라 하고, 대수적 함수가 아닐 경우 **초월함수**(transcendental function)라 한다. 예를 들면 다항식, 유리함수, 무리함수 등이 대수적 함수이고, 지수함수, 로그함수, 삼각함수, 역삼각함수, 쌍곡선함수, 역쌍곡선함수, 타원함수, 감마함수 등이 초월함수이다. ≫

참고 (유리함수와 무리함수)

(1) 다항함수 : 함수 $y = f(x)$에서 $f(x)$가 x에 대한 다항식일 때, 이 함수를 다항함수라고 한다. 특히 c가 상수일 때, 함수 $f(x) = c$도 다항함수이다. 이러한 함수를 상수함수라 한다.

(2) 유리함수 : 함수 $y = f(x)$에서 $f(x)$가 x에 관한 유리식으로 주어질 때, 이 함수를 **유리함수**(rational function)라고 한다. 특히 유리함수 $y = f(x)$에서 $f(x)$가 x에 관한 분수식으로 주어지면, 이 함수를 분수함수라고 한다. 분수함수의 정의역은 실수 전체의 집합에서 그 분모가 0이 되는 수를 제외한 집합이다.

(3) 무리함수 : 함수 $y = f(x)$에서 $f(x)$가 x에 관한 무리식으로 주어질 때, 이 함수를 **무리함수**(irrational function)라고 한다. 무리함수의 정의역은 함수값이 실수가 되는 모든 x의 집합이다.

이 장에서는 초월함수 중에서 삼각함수와 역삼각함수, 지수함수와 로그함수에 관하여 서술한다.

3.1 삼각함수와 역삼각함수

삼각형의 변의 길이, 각의 크기, 넓이 등을 구하는 방법을 연구하는 **삼각법**(trigonometry)은 기원전 150년경 그리스의 수학자 **히파르코스**(Hipparchos)에 의해 체계적으로 연구되기 시작하였고, 인류 기술 문명의 발달과 함께 해 왔다. 특히 천문학, 건축과 토목 기술, 항해술의 발전은 삼각법의 뒷받침 없이는 불가능했을 것이다. 삼각법은 17세기에 이르러서는 삼각함수로 발전하였고, 여러 분야에 응용되었다. 17~18세기에 현의 진동을 연구하던 **달랑베르**(d'Alembert)는 진동의 운동방정식이 삼각급수로 표시됨을 보였으며, 특히 프랑스의 수학자 **푸리에**(Fourier)는 함수를 적당한 범위에서 삼각함수를 이용한 무한합, 즉 푸리에 급수로 표시할 수 있음을 보임으로써 해석학 발전에 기여하였다. 19세기 말에는 호도법의 도입으로 삼각함수는 과학기술 분야뿐만 아니라 수학에서도 매우 중요한 위치를 차지하게 되었다.

1. 일반각과 호도법

각의 크기를 나타내는 방법으로는 육십분법의 '도'와 호도법의 '라디안'이 있다. 이론적인 연구에서는 호도법을 주로 사용한다.

임의로 주어진 원에서 반지름과 같은 호 $\widehat{AB}$를 잡을 때, 호 $\widehat{AB}$에 대한 중심각 $\angle AOB$를 각의 단위로 잡아 1 **라디안**(radian)이라 한다. 이때 단위 라디안은 반지름의 크기와 관계없이 항상 일정하다. 즉

$$\frac{\angle AOB}{360^{\circ}} = \frac{\text{호 } \widehat{AB}}{\text{원 둘레}} = \frac{r}{2\pi r} = \frac{1}{2\pi}$$

이 성립한다. 또한 이로부터

$$\angle AOB = \frac{180^{\circ}}{\pi} \fallingdotseq 57^{\circ}\ 17'\ 45'' = 1 \text{ radian}$$

을 얻는다. 어떤 각이 육십분법으로 x°, 호도법으로 θ 라디안이라 하면, 이들 사이에는

$$x^{\circ} = \frac{180^{\circ}}{\pi}\theta \text{ 또는 } \theta = \frac{\pi}{180^{\circ}}x^{\circ} \text{ 라디안}$$

인 관계가 성립한다.

이와 같이 라디안을 단위로 하여 각의 크기를 나타내는 방법을 **호도법**(circular measure)이라 한다. 호도법에서는 흔히 각의 단위인 라디안을 생략하여 $\frac{1}{2}\pi$, π, 2π, $\cdots$ 등과 같이 실수만으로 각의 크기를 나타낸다.

참고 일반적으로 반지름이 r인 원에서 크기가 θ인 중심각에 대한 호 $\widehat{AB}$의 길이를 l이라 할 때, $\angle AOB$의 크기 θ를

$$\frac{l}{r} \text{ 라디안(radian)}$$

으로 나타낸다.

평면 위의 두 반직선 OX와 OP에 의하여 $\angle XOP$가 정해진다. 이 각은 반직선 OP가 반직선 OX의 위치에서 출발하여 O를 중심으로 회전하여 생긴 것으로 보고, 그 회전량을 각의 크기로 정한다. 또한 반직선 OX를 **시초선**(initial line) 또는 극축, 반직선 OP를 **동경** 또는 동경벡터(radius vector), 점 O를 $\angle XOP$의 꼭지점 또는 극이라 한다.

$\angle XOP$에서 동경 OP가 회전할 때, 시계바늘이 도는 방향과 반대 방향을 양의 방향, 시계 바늘이 도는 방향을 음의 방향이라고 한다. 이때 각의 크기는 동경이 회전한 방향의 양, 음에 따라 각각 양수와 음수를 사용하여 나타낸다.

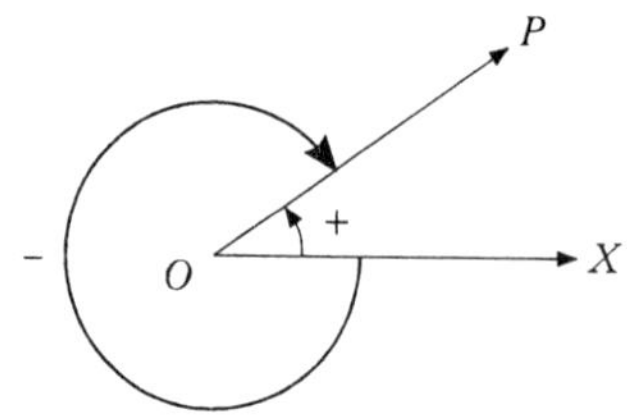

[그림 3.1]

참고 각 $\angle XOP$의 크기가 주어지면 동경 OP의 위치는 하나로 결정된다. 그러나 시초선 OX와 동경 OP의 위치가 주어져도 $\angle XOP$의 크기는 하나로 결정되지 않는다.

동경 OP가 만든 각 $\angle XOP$의 크기 가운데 절대값이 최소인 것을 **주치**(principal value)라 한다. 이는 절대값이 π 라디안 보다 크지 않은 양 또는 음의 각을 뜻한다. 일반적으로 각 $\angle XOP$의 주치를 θ, n을 임의의 정수라 할 때, $\angle XOP$의 크기는

$$\angle XOP = 2n\pi + \theta$$

로 나타낼 수 있다. 이것을 동경 OP가 나타내는 **일반각**(general angle)이라 한다. 여기서 θ는 보통

$$0 \leqq \theta < 2\pi \quad \text{또는} \quad -\pi < \theta \leqq \pi$$

범위의 값을 사용한다.

정리 1 (부채꼴의 호의 길이와 면적)

반지름이 r이고 중심각이 θ(라디안)인 부채꼴에서 호의 길이를 l, 부채꼴의 면적을 S라 할 때, 다음이 성립한다.

$$l = r\theta, \quad S = \frac{1}{2}r^2\theta = \frac{1}{2}rl$$

2. 삼각함수

(1) 일반각의 삼각함수

좌표평면에서 x축의 양의 부분을 시초선으로 잡고, 동경 OP가 나타내는 일반각을 θ(라디안), $\overline{OP}=r$(단, $r\neq 0$), P의 좌표를 $P(x, y)$라 할 때

$$\sin\theta=\frac{y}{r}\text{(sine)},\qquad \cos\theta=\frac{x}{r}\text{(cosine)},\qquad \tan\theta=\frac{y}{x}\text{(tangent)}$$

$$\operatorname{cosec}\theta=\frac{r}{y}\text{(cosecant)},\qquad \sec\theta=\frac{r}{x}\text{(secant)},\qquad \cot\theta=\frac{x}{y}\text{(cotangent)}$$

로 정의한다. 여기서 $r\neq 0$이면, 이들 여섯 개의 실수값은 θ의 값에 따라 각각 하나씩 결정된다. 따라서 $\sin\theta$, $\cos\theta$, $\tan\theta$, $\operatorname{cosec}\theta$, $\sec\theta$, $\cot\theta$는 각각 θ의 함수이고, 이들을 차례로 θ의 **사인함수**, **코사인함수**, **탄젠트함수**, **코시컨트함수**, **시컨트함수**, **코탄젠트함수**라고 한다. 이들 여섯 가지의 함수를 통틀어 각 θ의 **삼각함수**(trigonometric function)라 한다. 단, $x=0$인 경우에는 $\tan\theta$와 $\sec\theta$는 정의되지 않는다.

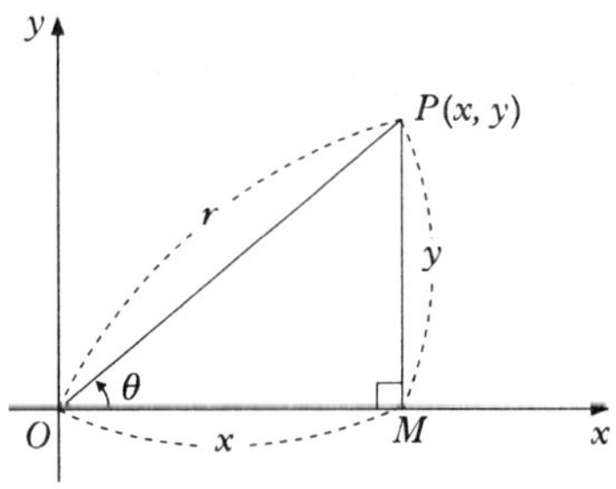

[그림 3.2]

참고 삼각함수는 "삼각형의 각에 대하여 정의한 삼각비"의 개념을 일반각으로 일반화한 것이다. 삼각비에서는 중심각이 180° 보다 크거나 음수인 경우는 생각할 수 없다.

(2) 삼각함수의 성질

정리 2 (삼각함수 사이의 관계)

(1) $\cot\theta = \dfrac{1}{\tan\theta}$, $\sec\theta = \dfrac{1}{\cos\theta}$, $\mathrm{cosec}\,\theta = \dfrac{1}{\sin\theta}$

(2) $\tan\theta = \dfrac{\sin\theta}{\cos\theta}$, $\cot\theta = \dfrac{\cos\theta}{\sin\theta}$

(3) $\sin^2\theta + \cos^2\theta = 1$, $1+\tan^2\theta = \sec^2\theta$, $1+\cot^2\theta = \mathrm{cosec}^2\theta$

예 1 $\sin\theta = \dfrac{\sqrt{6}-\sqrt{2}}{4}$일 때, 나머지 다섯 개 삼각함수의 값을 구해 보자.

$\dfrac{\sqrt{6}-\sqrt{2}}{4} > 0$이므로 θ는 제1사분면 또는 제2사분면의 각이 된다. 따라서

$$\cos\theta = \pm\sqrt{1-\sin^2\theta} = \pm\frac{\sqrt{6}+\sqrt{2}}{4},\quad \tan\theta = \frac{\sin\theta}{\cos\theta} = \pm(2-\sqrt{3})$$

$$\cot\theta = \frac{1}{\tan\theta} = \pm(2+\sqrt{3}),\quad \sec\theta = \frac{1}{\cos\theta} = \pm(\sqrt{6}-\sqrt{2})$$

$$\mathrm{cosec}\,\theta = \frac{1}{\sin\theta} = \sqrt{6}+\sqrt{2}$$

를 얻는다. 여기서 θ가 제1사분면의 각이면 $+$를, 제2사분면의 값이면 $-$를 택한다.

정리 3 (삼각함수의 성질)

(1) $-\theta$의 삼각함수:

$\sin(-\theta) = -\sin\theta$, $\cos(-\theta) = \cos\theta$, $\tan(-\theta) = -\tan\theta$

(2) $\pi \pm \theta$의 삼각함수:

$\sin(\pi\pm\theta) = \mp\sin\theta$, $\cos(\pi\pm\theta) = -\cos\theta$, $\tan(\pi\pm\theta) = \pm\tan\theta$

(3) $\dfrac{\pi}{2}\pm\theta$의 삼각함수:

$\sin(\dfrac{\pi}{2}\pm\theta) = \cos\theta$, $\cos(\dfrac{\pi}{2}\pm\theta) = \mp\sin\theta$, $\tan(\dfrac{\pi}{2}\pm\theta) = \mp\cot\theta$

(4) $2n\pi+\theta$(단, n은 정수)의 삼각함수:

$\sin(2n\pi+\theta) = \sin\theta$, $\cos(2n\pi+\theta) = \cos\theta$, $\tan(n\pi+\theta) = \tan\theta$

참고 $\frac{n\pi}{2} \pm \theta$(단, n은 정수)인 삼각함수에서 sin, cos과 tan는 n이 짝수이면 그대로, 홀수이면 cos, sin과 cot로 각각 바뀜에 유의한다.

예 2 (1) $\sin 150^\circ = \sin(180^\circ - 30^\circ) = \sin 30^\circ = \frac{1}{2}$

(2) $\cos 225^\circ = \sin(180^\circ + 45^\circ) = -\cos 45^\circ = -\frac{1}{\sqrt{2}}$

(3) $\tan 420^\circ = \tan(360^\circ + 60^\circ) = \tan 60^\circ = \sqrt{3}$

참고 (1) 함수 $f(x)$가 모든 x에 대하여 $f(-x) = -f(x)$를 만족할 때 $f(x)$를 **기함수**(odd function), $f(-x) = -f(x)$를 만족할 때 **우함수**(even function)라 한다. $\sin\theta$와 $\tan\theta$는 기함수이고 $\cos\theta$는 우함수이다.

(2) $a \neq 0$일 때, $f(x+a) = f(x)$이면 $f(x)$를 **주기함수**(periodic function)라 하고, a의 값 가운데 최소인 양의 값을 $f(x)$의 **주기**(period)라 한다. $\sin\theta$와 $\cos\theta$의 주기는 2π이고, $\tan\theta$의 주기는 π가 된다.

(3) 삼각함수의 정의로부터 $|\sin\theta| \leq 1$과 $|\cos\theta| \leq 1$이고, $\tan\theta$는 임의의 실수가 된다.

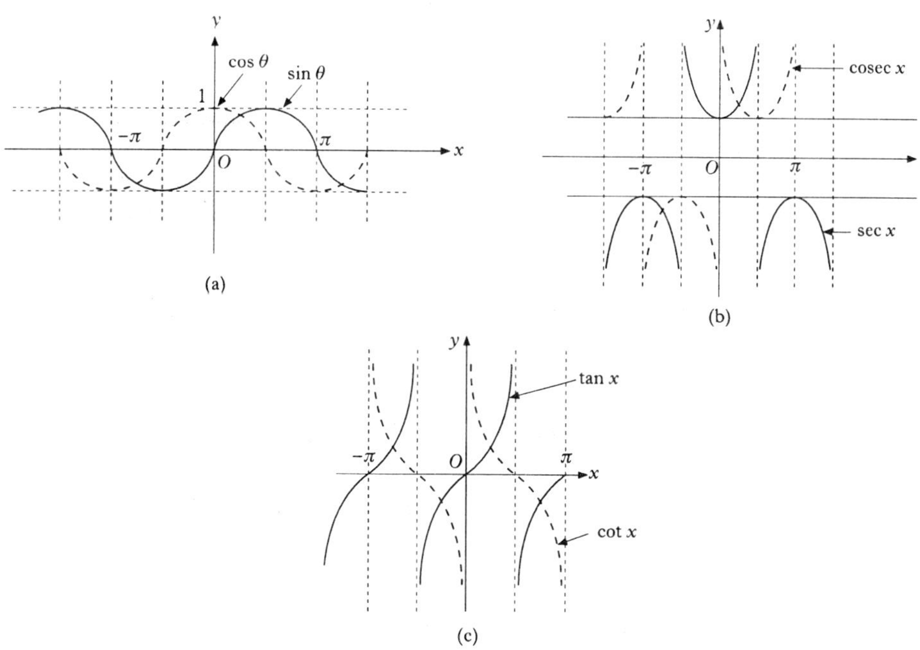

(a) (b) (c)

[그림 3.3]

(3) 삼각함수의 덧셈정리

삼각함수에서 덧셈정리는 매우 중요하며, 삼각함수에 관한 다른 공식들은 대부분이 정리로부터 유도된다.

정리 4 (삼각함수의 덧셈정리 1)

두 개의 각 α, β에 대하여, 다음이 성립한다.

(1) $\sin(\alpha+\beta) = \sin\alpha\cos\beta + \cos\alpha\sin\beta$

(2) $\cos(\alpha+\beta) = \cos\alpha\cos\beta - \sin\alpha\sin\beta$

(3) $\tan(\alpha+\beta) = \dfrac{\tan\alpha + \tan\beta}{1-\tan\alpha\tan\beta}$

증명 먼저 코사인공식 (2)를 증명한다. $\overline{OP''} = \overline{OQ''} - \overline{Q''P''}$이다.
그런데 $\overline{OP''} = \overline{OP}\cos(\alpha+\beta)$, $\overline{OQ''} = \overline{OQ}\cos\alpha$와

$$\overline{Q''P''} = \overline{QP}\cos\left(\frac{\pi}{2}+\alpha\right) = -\overline{QP}\sin\alpha$$

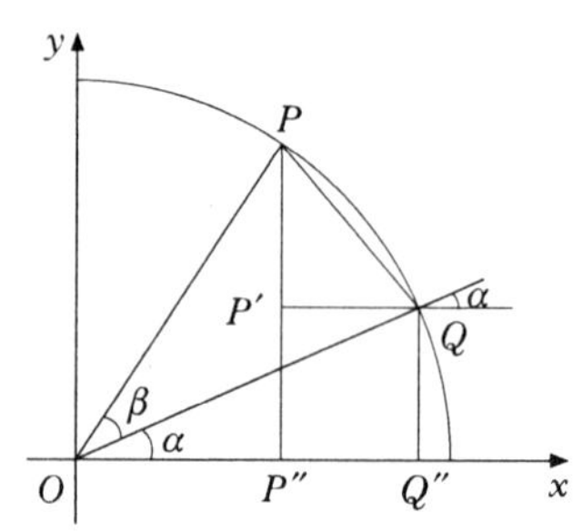

[그림 3.4]

이므로

$$\overline{OP}\cos(\alpha+\beta) = \overline{OQ}\cos\alpha - \overline{QP}\sin\alpha$$

가 성립한다. 그러므로

$$\cos(\alpha+\beta) = \frac{\overline{OQ}}{\overline{OP}}\cos\alpha - \frac{\overline{QP}}{\overline{OP}}\sin\alpha$$

가 된다. 그런데 $\cos\beta = \dfrac{\overline{OQ}}{\overline{OP}}$이고, $\sin\beta = \dfrac{\overline{QP}}{\overline{OP}}$이므로

$$\cos(\alpha+\beta) = \cos\alpha\cos\beta - \sin\alpha\sin\beta$$

가 성립한다.

다음에 α를 $\dfrac{\pi}{2}-\alpha$로, β를 $-\beta$로 바꾸면, 코사인공식 (2)는

$$\cos\left(\frac{\pi}{2}-\alpha-\beta\right)=\cos\left(\frac{\pi}{2}-\alpha\right)\cos(-\beta)-\sin\left(\frac{\pi}{2}-\alpha\right)\sin(-\beta)$$

즉

$$\sin(\alpha+\beta)=\sin\alpha\cos\beta+\cos\alpha\sin\beta$$

로 변형된다. 따라서 사인공식 (1)을 얻는다. 한편

$$\tan(\alpha+\beta)=\frac{\sin(\alpha+\beta)}{\cos(\alpha+\beta)}=\frac{\sin\alpha\cos\beta+\cos\alpha\sin\beta}{\cos\alpha\cos\beta-\sin\alpha\sin\beta}$$

이므로, 우변의 분모, 분자의 각 항을 $\cos\alpha\cos\beta$로 나누어서 탄젠트에 관한 덧셈정리 (3)을 얻는다. ■

따름정리 (삼각함수의 덧셈정리 2)

두 개의 각 α, β에 대하여, 다음이 성립한다.

(1) $\sin(\alpha-\beta)=\sin\alpha\cos\beta-\cos\alpha\sin\beta$

(2) $\cos(\alpha-\beta)=\cos\alpha\cos\beta+\sin\alpha\sin\beta$

(3) $\tan(\alpha-\beta)=\dfrac{\tan\alpha-\tan\beta}{1+\tan\alpha\tan\beta}$

(4) 삼각함수의 합성

삼각함수의 덧셈정리를 이용하여 $a\sin\theta+b\cos\theta$인 형태의 삼각함수를 $r\sin(\theta+\alpha)$ 또는 $r\cos(\theta-\beta)$의 형태로 나타내는 것을 **삼각함수의 합성**이라고 한다. 여기서 $r>0$, $0\leqq\alpha,\ \beta<2\pi$이다.

정리 5 $r\sin(\theta+\alpha)$의 형태

$$a\sin\theta+b\cos\theta=\sqrt{a^2+b^2}\sin(\theta+\alpha)$$

$$\left(\text{단, } \cos\alpha=\frac{a}{\sqrt{a^2+b^2}},\quad \sin\alpha=\frac{b}{\sqrt{a^2+b^2}}\right)$$

증명 $\sin\theta$의 계수 a를 x좌표, $\cos\theta$의 계수 b를 y좌표로 하는 점 $P(a, b)$를 잡고, $\overline{OP}$가 x축의 양의 방향과 이루는 각의 크기를 α라 하면 $\overline{OP} = \sqrt{a^2+b^2}$ 이고

$$\cos\alpha = \frac{a}{\sqrt{a^2+b^2}}, \quad \sin\alpha = \frac{b}{\sqrt{a^2+b^2}}$$

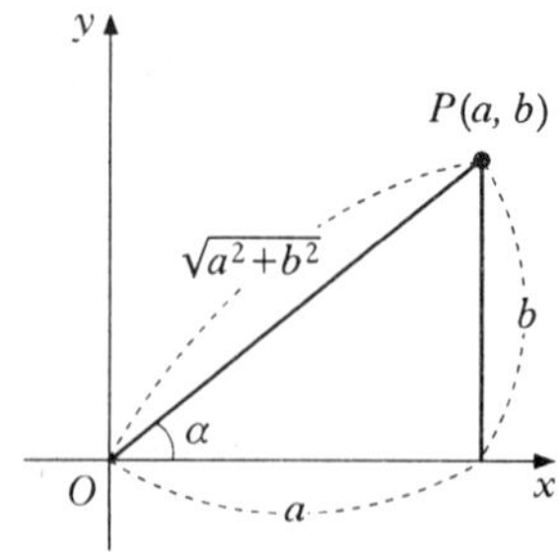

[그림 3.5]

이므로

$$\begin{aligned} &a\sin\theta + b\cos\theta \\ &= \sqrt{a^2+b^2}\left(\frac{a}{\sqrt{a^2+b^2}}\sin\theta + \frac{b}{\sqrt{a^2+b^2}}\cos\theta\right) \\ &= \sqrt{a^2+b^2}\,(\cos\alpha\sin\theta + \sin\alpha\cos\theta) \\ &= \sqrt{a^2+b^2}\,\sin(\theta+\alpha) \end{aligned}$$

가 된다. ■

예제 1 함수 $y = \sin x + \cos x$의 최대값과 최소값을 구하시오.

풀이 $y = r\sin(\theta+\alpha)$ 형태로 변형하면

$$y = \sin x + \cos x = \sqrt{2}\sin\left(x+\frac{\pi}{4}\right)$$

를 얻는다. 이때 $-1 \leqq \sin\left(x+\frac{\pi}{4}\right) \leqq 1$이므로

$$-\sqrt{2} \leqq \sqrt{2}\sin\left(x+\frac{\pi}{4}\right) \leqq \sqrt{2}$$

가 된다. 따라서 최대값은 $\sqrt{2}$, 최소값은 $-\sqrt{2}$로 주어진다. ■

정리 6 $r\cos(\theta-\beta)$의 형태

$$a\sin\theta + b\cos\theta = \sqrt{a^2+b^2}\cos(\theta-\beta)$$

$$\left(\text{단, } \sin\beta = \frac{a}{\sqrt{a^2+b^2}}, \quad \cos\beta = \frac{b}{\sqrt{a^2+b^2}}\right)$$

증명 $\cos\theta$의 계수 b를 x좌표, $\sin\theta$의 계수 a를 y좌표로 하는 점 $Q(b,\ a)$를 잡고, $\overline{OQ}$와 x축의 양의 방향이 이루는 각의 크기를 β라 하면 $\overline{OQ} = \sqrt{a^2+b^2}$ 이고

$$\cos\beta = \frac{b}{\sqrt{a^2+b^2}},\quad \sin\beta = \frac{a}{\sqrt{a^2+b^2}}$$

이므로

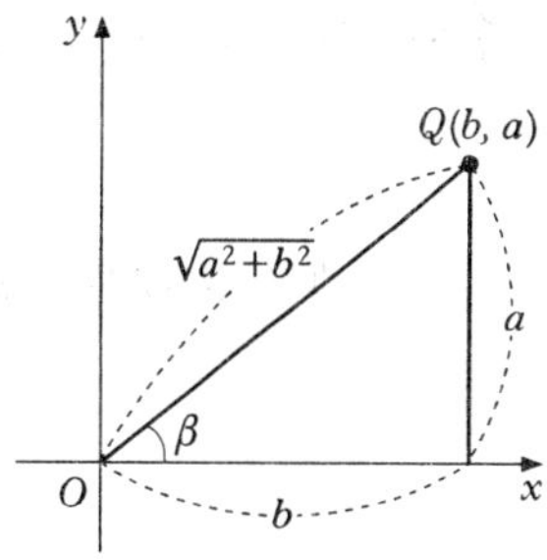

[그림 3.6]

$$\begin{aligned} a\sin\theta + b\cos\theta &= \sqrt{a^2+b^2}\left(\frac{a}{\sqrt{a^2+b^2}}\sin\theta + \frac{b}{\sqrt{a^2+b^2}}\cos\theta\right) \\ &= \sqrt{a^2+b^2}\,(\sin\beta\sin\theta + \cos\beta\cos\theta) \\ &= \sqrt{a^2+b^2}\,\cos(\theta-\beta) \end{aligned}$$

가 된다. ■

(5) 삼각함수의 공식

삼각함수의 덧셈정리를 이용하면 여러 가지 다른 공식, 즉 배각공식과 반각공식, 곱을 합 또는 차로 바꾸는 공식, 합 또는 차를 곱으로 바꾸는 공식 등을 쉽게 유도할 수 있다. 이 공식들은 삼각함수로 나타내어진 함수를 미분하거나 적분하는데 반드시 필요하므로 꼼꼼하게 익혀 두어야 한다.

① 배각공식

삼각함수의 덧셈정리를 이용하여 $\sin 2\alpha$, $\cos 2\alpha$, $\tan 2\alpha$를 $\sin\alpha$, $\cos\alpha$, $\tan\alpha$의 형태로 나타낼 수 있다.

정리 7 (배각공식)

(1) $\sin 2\alpha = 2\sin\alpha\cos\alpha$

(2) $\cos 2\alpha = \cos^2\alpha - \sin^2\alpha = 2\cos^2\alpha - 1 = 1 - 2\sin^2\alpha$

(3) $\tan 2\alpha = \dfrac{2\tan\alpha}{1-\tan^2\alpha}$

증명 여기서는 (1)만 증명하고, 나머지는 독자에게 남긴다. 삼각함수의 덧셈정리

$$\sin(\alpha+\beta) = \sin\alpha\cos\beta + \cos\alpha\sin\beta$$

에서 β 대신 α를 대입하면

$$\begin{aligned}\sin 2\alpha &= \sin(\alpha+\alpha) = \sin\alpha\cos\alpha + \cos\alpha\sin\alpha \\ &= 2\sin\alpha\cos\alpha\end{aligned}$$

를 얻는다. ■

배각공식

$$\sin 2\alpha = 2\sin\alpha\cos\alpha, \quad \cos 2\alpha = 2\cos^2\alpha - 1 = 1 - 2\sin^2\alpha$$

를 이용하여, 다음 삼배각공식을 유도한다.

정리 8 (삼배각공식)

(1) $\sin 3\alpha = 3\sin\alpha - 4\sin^3\alpha$ (2) $\cos 3\alpha = 4\cos^3\alpha - 3\cos\alpha$

(3) $\tan 3\alpha = \dfrac{3\tan\alpha - \tan^3\alpha}{1-3\tan^3\alpha}$

증명 여기서는 (1)만 증명하고, 나머지는 독자에게 남긴다.

$$\begin{aligned}\sin 3\alpha &= \sin(\alpha+2\alpha) = \sin\alpha\cos 2\alpha + \cos\alpha\sin 2\alpha \\ &= \sin\alpha(1-2\sin^2\alpha) + \cos\alpha \cdot \sin\alpha\cos\alpha \\ &= \sin\alpha(1-2\sin^2\alpha) + 2\sin\alpha(1-\sin^2) \\ &= 3\sin\alpha - 4\sin^3\alpha\end{aligned}$$

가 성립한다. ■

참고 배각공식과 삼배각공식을 변형하여 다음을 얻는다.

$$\sin^2\alpha = \frac{1-\cos 2\alpha}{2}, \qquad \cos^2\alpha = \frac{1+\cos 2\alpha}{2}$$

$$\sin^3\alpha = \frac{3\sin\alpha - \sin 3\alpha}{4}, \quad \cos^3\alpha = \frac{3\cos\alpha + \cos 3\alpha}{4}$$

예제 2 함수 $y = \sin^2 x + \sqrt{3}\sin x\cos x - 1$의 최대값과 최소값을 구하시오.

풀이 $y = \sin^2 x + \sqrt{3}\sin x\cos x - 1 = \dfrac{1-\cos 2x}{2} + \dfrac{\sqrt{3}}{2}\sin 2x - 1$

$$= \sin\left(2x - \frac{\pi}{6}\right) - \frac{1}{2}$$

이므로, 최대값은 $\frac{1}{2}$이고 최소값은 $-\frac{3}{2}$이 된다. ■

② 반각공식

반각공식은 삼각함수의 배각공식을 이용하여, $\sin^2\frac{\alpha}{2}$, $\cos^2\frac{\alpha}{2}$, $\tan^2\frac{\alpha}{2}$를 $\cos\alpha$에 대한 식으로 나타내는 것이다.

정리 9 (반각공식)

(1) $\sin^2\dfrac{\alpha}{2} = \dfrac{1-\cos\alpha}{2}$ (2) $\cos^2\dfrac{\alpha}{2} = \dfrac{1+\cos\alpha}{2}$

(3) $\tan^2\dfrac{\alpha}{2} = \dfrac{1-\cos\alpha}{1+\cos\alpha}$

증명 여기서는 (1)만 증명하고, 나머지는 독자에게 남긴다. 삼각함수의 배각공식 $\cos 2\alpha = 1-2\sin^2\alpha$로부터

$$\sin^2\alpha = \frac{1-\cos 2\alpha}{2}$$

이고, 여기에 α 대신 $\frac{\alpha}{2}$를 대입하면

$$\sin^2\frac{\alpha}{2} = \frac{1-\cos\alpha}{2}$$

를 얻는다. ■

③ 삼각함수의 곱을 합 또는 차로 고치는 공식

삼각함수의 덧셈정리를 이용하여, 삼각함수의 곱을 합 또는 차로 고치는 공식을 유도한다.

정리 10 (삼각함수의 곱을 합 또는 차로 고치는 공식)

두 개의 각 α와 β에 대하여, 다음이 성립한다.

(1) $\sin\alpha\cos\beta = \frac{1}{2}\{\sin(\alpha+\beta)+\sin(\alpha-\beta)\}$

(2) $\cos\alpha\sin\beta = \frac{1}{2}\{\sin(\alpha+\beta)-\sin(\alpha-\beta)\}$

(3) $\cos\alpha\cos\beta = \frac{1}{2}\{\cos(\alpha+\beta)+\cos(\alpha-\beta)\}$

(4) $\sin\alpha\sin\beta = -\frac{1}{2}\{\cos(\alpha+\beta)-\cos(\alpha-\beta)\}$

증명 여기서는 (1)만 증명하고, 나머지는 독자에게 남긴다. [정리 4]의 두 식

$$\sin(\alpha+\beta) = \sin\alpha\cos\beta + \cos\alpha\sin\beta$$
$$\sin(\alpha-\beta) = \sin\alpha\cos\beta - \cos\alpha\sin\beta$$

를 더하면

$$\sin(\alpha+\beta)+\sin(\alpha-\beta) = 2\sin\alpha\cos\beta$$

이므로, $\sin\alpha\cos\beta$에 대하여 정리하면

$$\sin\alpha\cos\beta = \frac{1}{2}\{\sin(\alpha+\beta)+\sin(\alpha-\beta)\}$$

를 얻는다. ■

④ 삼각함수의 합 또는 차를 곱으로 고치는 공식

삼각함수의 곱을 합 또는 차로 고치는 공식을 이용하여, 그 반대의 경우인 삼각함수의 합 또는 차를 곱으로 고치는 공식을 얻는다.

정리 11 (삼각함수의 합 또는 차를 곱으로 고치는 공식)

두 개의 각 A와 B에 대하여, 다음이 성립한다.

(1) $\sin A + \sin B = 2\sin\frac{A+B}{2}\cos\frac{A-B}{2}$

(2) $\sin A - \sin B = 2\cos\frac{A+B}{2}\sin\frac{A-B}{2}$

(3) $\cos A + \cos B = 2\cos\frac{A+B}{2}\cos\frac{A-B}{2}$

(4) $\cos A - \cos B = -2\sin\frac{A+B}{2}\sin\frac{A-B}{2}$

증명 여기서는 (2)와 (4)만을 증명하고, 나머지는 독자에게 남긴다. 삼각함수의 덧셈정리에서 $\alpha+\beta=A$, $\alpha-\beta=B$라 하면

$$\alpha=\frac{A+B}{2},\quad \beta=\frac{A-B}{2}$$

이므로

$$\sin A-\sin B=2\cos\frac{A+B}{2}\sin\frac{A-B}{2}$$

가 된다. 마찬가지로

$$\cos A-\cos B=-2\sin\frac{A+B}{2}\sin\frac{A-B}{2}$$

를 얻는다. ■

3. 삼각방정식과 삼각부등식

(1) 삼각방정식

각의 크기가 미지수인 삼각함수를 포함하는 방정식을 **삼각방정식**이라 하고, 그 각을 미지각이라 한다. 삼각방정식을 만족하는 미지각의 값을 구하는 것을 삼각방정식을 푼다고 하고, 그 값을 근 또는 해라 한다. 이때 다항방정식과 유리방정식, 무리방정식과는 달리 삼각방정식은 삼각함수가 갖는 주기적인 성질 때문에 일반적으로 해가 무수히 많이 존재함에 유의하여야 한다. 해 가운데 특정한 범위에서 구한 해를 **특수해**($0\leq\theta<2\pi$인 범위의 해)라 하고, 일반각으로 나타낸 해를 **일반해**라 한다.

참고 삼각방정식은 주어진 방정식을 한 종류의 삼각함수로 통일하여 인수분해한 후, $\sin x=a$, $\cos x=b$와 $\tan x=c$인 형태로 나타내어 푼다.

정리 12 (삼각방정식의 일반해)

삼각방정식을 만족하는 특수해를 α라 하고, n을 임의의 정수라 할 때

(1) 삼각방정식 $\sin x = a$ (단, $|a| \leq 1$)의 일반해는

$$x = n\pi + (-1)^n\alpha$$

(2) 삼각방정식 $\cos x = a$ (단, $|a| \leq 1$)의 일반해는

$$x = 2n\pi \pm \alpha$$

(3) 삼각방정식 $\tan x = a$ (단, a는 임의의 실수)의 일반해는

$$x = n\pi + \alpha$$

로 주어진다.

증명 여기서는 (1)만 증명하고, 나머지는 독자에게 남긴다. $\sin x = a$이므로 n이 짝수일 때는 $\sin(n\pi + (-1)^n\alpha) = \sin\alpha = a$, n이 홀수일 때는 $\sin(n\pi + (-1)^n\alpha) = -\sin(-\alpha) = a$가 된다. 따라서 $x = n\pi + (-1)^n\alpha$는 $\sin x = a$의 해가 된다. ■

참고 (삼각방정식의 해를 구하는 방법)

(1) 여러 종류의 삼각함수를 한 종류의 삼각함수에 대한 삼각방정식으로 변형하여 해를 구한다.

(2) 삼각함수의 합성을 이용하여 해를 구한다.

(3) 삼각함수의 합 또는 차를 곱으로 변형하여 해를 구한다.

예제 3 삼각방정식 $2\sin^2\theta + 3\sin\theta - 2 = 0$의 해를 구하시오.

풀이 주어진 방정식은 $(2\sin\theta - 1)(\sin\theta + 2) = 0$으로 변형된다. 이때 $\sin\theta + 2 \neq 0$이므로 $2\sin\theta - 1 = 0$이 된다. 따라서 $\sin\theta = \frac{1}{2}$이며 이것의 한 특수해는 $\alpha = \frac{\pi}{6}$이다. 그러므로 일반해는 n을 정수라 할 때, $\theta = n\pi + (-1)^n\frac{\pi}{6}$가 된다. ■

예제 4 삼각방정식 $\sqrt{3}\sin x - \cos x = \sqrt{2}$의 해를 구하시오.

풀이 주어진 방정식의 좌변을 삼각함수의 합성을 이용하여 변형하면

$$2\left(\frac{\sqrt{3}}{2}\sin x-\frac{1}{2}\cos x\right)=\sqrt{2}$$

즉

$$2\left(\cos\frac{\pi}{6}\sin x-\sin\frac{\pi}{6}\cos x\right)=\sqrt{2}$$

이므로

$$\sin\left(x-\frac{\pi}{6}\right)=\frac{\sqrt{2}}{2},\ \text{즉}\ x-\frac{\pi}{6}=n\pi+(-1)^n\frac{\pi}{4}$$

가 된다. 따라서 구하는 방정식의 해는

$$x-\frac{\pi}{6}=n\pi+\frac{\pi}{6}+(-1)^n\frac{\pi}{4}\quad(\text{단, } n\text{은 정수})$$

로 주어진다. ■

(2) 삼각부등식

삼각함수의 각의 크기를 미지수로 하는 부등식을 **삼각부등식**이라 한다. 삼각부등식을 풀 때는 단위원을 이용하거나, 삼각함수의 그래프를 이용한다.

예 3 삼각부등식 $\sin x \geqq \frac{1}{2}$을 풀어보자. 주어진 범위에서 $\sin x=\frac{1}{2}$인 x 값은 $\frac{\pi}{2}$, $\frac{5}{6}\pi$이므로, $y=\sin x$의 그래프가 $y=\frac{1}{2}$보다 윗부분에 있는 x 값의 범위는 $\frac{\pi}{6}\leqq x\leqq\frac{5}{6}\pi$가 된다.

4. 삼각함수의 응용

참고 (삼각형의 여섯 요소)

삼각형 $\triangle ABC$에서 $\angle A$, $\angle B$, $\angle C$의 크기를 각각 A, B, C로 나타내고, 변 $\overline{BC}$, $\overline{CA}$, $\overline{AB}$의 길이를 각각 a, b, c로 나타낸다. 이때 A, B, C, a, b, c를 **삼각형의 여섯 요소**라 한다.

(1) 사인법칙과 코사인법칙

① 사인법칙

삼각형 $\triangle ABC$에서 $\angle A$, $\angle B$, $\angle C$의 크기를 각각 A, B, C로 나타내고, 이들의 대변의 길이를 각각 a, b, c로 나타내자. 이때 $\triangle ABC$의 세 각 A, B, C의 사인과 세 변 a, b, c 사이에 다음의 사인법칙이 성립한다.

정리 13 (사인법칙)

삼각형 $\triangle ABC$의 외접원의 반지름이 R일 때, 다음 관계식이 성립한다.

$$\frac{a}{\sin A} = \frac{b}{\sin B} = \frac{c}{\sin C} = 2R \ (\text{단, } \angle A + \angle B + \angle C = 2\pi)$$

증명 예각삼각형 $\triangle ABC$의 한 변을 $2R$로 잡는다. 여기서 R은 외접원의 반지름이다. $\angle C = \frac{\pi}{2}$이므로

$$\sin A = \frac{a}{2R}, \text{ 즉 } \frac{a}{\sin A} = 2R$$

이 된다. 같은 방법으로

$$\frac{b}{\sin B} = 2R, \quad \frac{c}{\sin C} = 2R$$

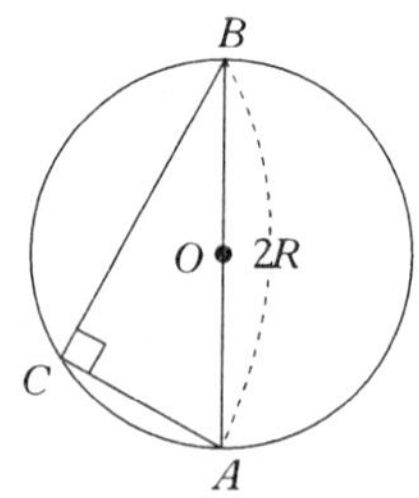

[그림 3.7]

을 얻는다. 둔각삼각형에 대한 증명은 독자에게 남긴다. ■

예제 5 $\sin^2 A = \sin^2 B + \sin^2 C$이면, 삼각형 $\triangle ABC$는 직각삼각형임을 보이시오.

증명 $\frac{a}{\sin A} = \frac{b}{\sin B} = \frac{c}{\sin C} = k$라 하면, $\sin^2 A = \sin^2 B + \sin^2 C$이므로

$$\left(\frac{a}{k}\right)^2 = \left(\frac{b}{k}\right)^2 + \left(\frac{c}{k}\right)^2, \text{ 즉 } a^2 = b^2 + c^2$$

이 된다. 따라서 $\triangle ABC$는 $\angle A = 90°$인 직각삼각형이다. ■

② 코사인법칙

삼각형의 세 변의 길이와 내각의 코사인에 대하여, 다음 법칙이 성립한다.

정리 14 (제일코사인법칙)

삼각형 $\triangle ABC$에서 두 변의 길이와 그 대각의 크기가 주어졌을 때, 다음이 성립한다.

(1) $a = b\cos C + c\cos B$ (2) $b = c\cos A + a\cos C$

(3) $c = a\cos B + b\cos A$

증명 $\triangle ABC$가 예각삼각형일 경우

$$\overline{BC} = \overline{BM} + \overline{CM}$$

가 된다. 그런데 $\triangle ABM$ 에서 $\overline{BM} = c\cos B$ 이고, $\triangle ACM$ 에서 $\overline{CM} = b\cos C$ 이므로

$$a = \overline{BC} = b\cos C + c\cos B$$

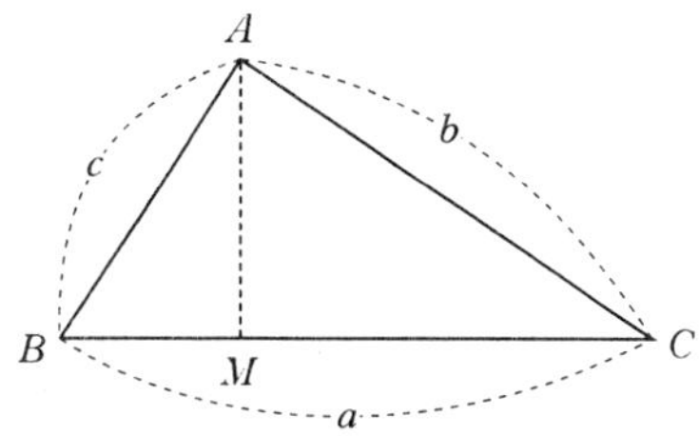

[그림 3.8]

가 성립한다.

같은 방법으로 (2)와 (3)도 증명된다. 한편 $\triangle ABC$가 둔각삼각형일 경우

$$\overline{BC} = \overline{CM} - \overline{BM}$$

이다.

그런데 $\triangle ABM$에서

$$\overline{BM} = c\cos(\pi - B) = -c\cos B$$

이고, $\triangle ACM$에서 $\overline{CM} = b\cos C$이므로

$$a = \overline{BC} = b\cos C + c\cos B$$

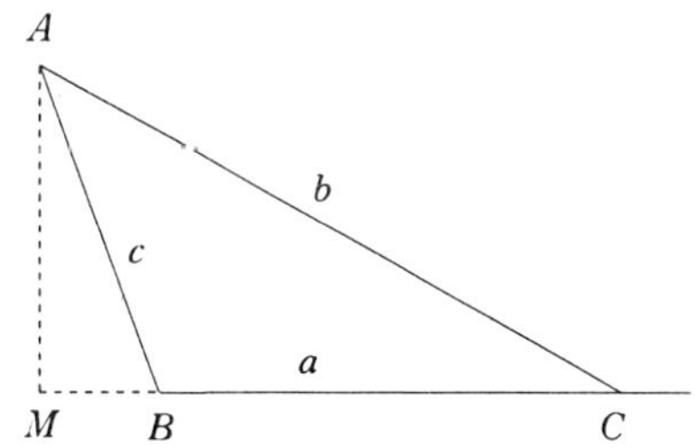

[그림 3.9]

가 성립한다.

같은 방법으로 (2)와 (3)도 증명된다. ■

일반적인 삼각형의 변과 각에 대하여 다음의 제이코사인법칙이 성립하며, 피타고라스 정리는 이 법칙의 특별한 경우이다.

정리 15 (제이코사인법칙)

삼각형 $\triangle ABC$에서 두 변의 길이와 그 사잇각이 주어졌을 때, 다음이 성립한다.

(1) $a^2 = b^2 + c^2 - 2bc\cos A$ (2) $b^2 = a^2 + c^2 - 2ac\cos B$

(3) $c^2 = a^2 + b^2 - 2ab\cos C$

증명 $\triangle ABC$가 예각삼각형일 경우

$$b^2 = \overline{AM}^2 + \overline{MC}^2$$

이 된다. 그런데 $\overline{AM} = c\cos B$이고, $\overline{MC} = a - \overline{BM} = a - c\cos B$이므로

$$\begin{aligned} b^2 &= c^2\sin^2 B + (a - c\cos B)^2 \\ &= c^2(\sin^2 B + \cos^2 B) - 2ac\cos B + a^2 \\ &= a^2 + c^2 - 2ac\cos B \end{aligned}$$

가 성립한다. 같은 방법으로 (2)와 (3)도 증명된다. 한편 $\triangle ABC$가 둔각삼각형일 경우

$$b^2 = \overline{AM}^2 + \overline{MC}^2$$

이 된다. 그런데 $\overline{AM} = c\sin(\pi - B) = c\sin B$이고

$$\overline{MC} = a + \overline{MB} = a + c\cos(\pi - B) = a - c\cos B$$

이므로

$$\begin{aligned} b^2 &= c^2\sin^2 B + (a - c\cos B)^2 \\ &= c^2(\sin^2 B + \cos^2 B) - 2ac\cos B + a^2 \\ &= a^2 + c^2 - 2ac\cos B \end{aligned}$$

가 성립한다. 같은 방법으로 (2)와 (3)도 증명된다. ■

(2) 삼각형의 면적

① 두 변의 길이와 그 사잇각을 알 때

삼각형에서 이웃한 두 변의 길이와 그 끼인각, 그리고 외접원의 반지름이 주어졌을 때, 삼각형의 면적을 구하는 공식은 다음과 같다.

정리 16 (삼각형의 면적)

삼각형 $\triangle ABC$의 세 변을 a, b, c라 하고 R을 외접원의 반지름이라고 할 때, $\triangle ABC$의 면적 S는

$$S = \frac{1}{2}ab\sin C = \frac{1}{2}bc\sin A = \frac{1}{2}ca\sin B$$
$$= 2R^2 \sin A \sin B \sin C$$

로 주어진다.

② 세 변의 길이를 알 때

세 변의 길이가 각각 a, b, c인 삼각형 $\triangle ABC$의 면적을 S라 하면, 제이코사인 법칙으로부터 다음을 얻는다. 이 공식을 **헤론(Heron)의 공식**이라고 한다.

정리 17 (헤론의 공식)

삼각형 $\triangle ABC$의 세 변을 a, b, c라 하고 $s = \dfrac{a+b+c}{2}$라 할 때, $\triangle ABC$의 면적 S는

$$S = \sqrt{s(s-a)(s-b)(s-c)}$$

로 주어진다.

증명 제이코사인법칙으로부터

$$\sin^2 A = (1+\cos A)(1-\cos A)$$
$$= \frac{1}{(2bc)^2}\{(a+b+c)(b+c-a)(a+b-c)(a-b+c)\}$$

를 얻는다. 그러나 $\sin A \geqq 0$ (단, $0 \leqq A \leqq \pi$)이므로

$$\sin A = \frac{1}{2bc}\sqrt{(a+b+c)(b+c-a)(a+b-c)(a-b+c)}$$

가 성립한다. 그런데 $2s = a+b+c$이므로

$$\sin A = \frac{2}{bc}\sqrt{s(s-a)(s-b)(s-c)}$$

가 된다. 따라서 [정리 16]에 의하여, $\triangle ABC$의 면적 S는

$$S = \sqrt{s(s-a)(s-b)(s-c)}$$

로 주어진다. ■

참고 $\triangle ABC$의 세 변을 a, b, c라 하고, R과 r을 각각 외접원과 내접원의 반지름, 그리고 $2s = a+b+c$라 하자. 이때 $\triangle ABC$의 면적 S는

(1) 세 변의 길이와 r을 알면, $S = rs$

(2) 세 변의 길이와 R을 알면, $S = \dfrac{abc}{4R}$

로 각각 주어진다.

5. 역삼각함수

삼각함수는 주기함수이므로 R에서 역함수를 갖지 못한다. 그러나 정의역을 제한함으로써 역함수를 갖도록 할 수 있다.

함수 $y = \sin x$는 R에서 역함수를 갖지 않는다. 그러나 정의역을 닫힌구간 $\left[-\frac{\pi}{2}, \frac{\pi}{2}\right]$로 제한하면, 닫힌구간 $[-1, 1]$에서 정의된 연속인 역함수를 갖는다. 이 역함수를 $y = \sin^{-1}x$ 또는 $y = \arcsin x$로 나타내고, **역사인함수**(inverse sine function)라고 한다. 이때 $-\frac{\pi}{2} \leq y \leq \frac{\pi}{2}$를 x에 대한 **주치**라 한다.

역코사인 함수 $y = \cos^{-1}x$는 정의역 $[-1, 1]$과 치역 $[0, \pi]$를 갖는 연속함수이다.

마찬가지 방법으로 $y = \tan^{-1}x$, $y = \cot^{-1}x$, $y = \sec^{-1}x$, $y = \csc^{-1}x$도 정의된다. 이 여섯 가지의 역함수를 **역삼각함수**(inverse trigonometric function)라고 한다.

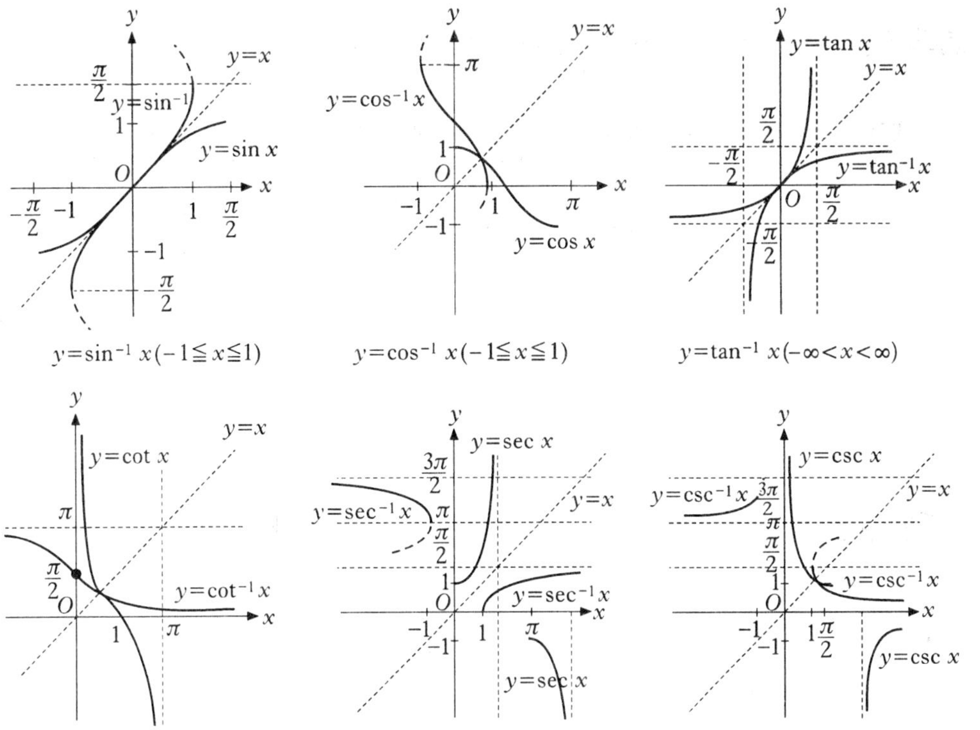

$y=\sin^{-1}x(-1\leqq x\leqq 1)$ $y=\cos^{-1}x(-1\leqq x\leqq 1)$ $y=\tan^{-1}x(-\infty<x<\infty)$

$y=\cot^{-1}x(-\infty<x<\infty)$ $y=\sec^{-1}x(|x|\geqq 1)$ $y=\csc^{-1}x(|x|\geqq 1)$

[그림 3.10]

정의 18 (역삼각함수)

(1) $y=\sin^{-1}x$ (단, $-1\leqq x\leqq 1$) $\Leftrightarrow$ $x=\sin y$ (단, $-\frac{\pi}{2}\leqq y\leqq\frac{\pi}{2}$)

(2) $y=\cos^{-1}x$ (단, $-1\leqq x\leqq 1$) $\Leftrightarrow$ $x=\cos y$ (단, $0\leqq y\leqq\pi$)

(3) $y=\tan^{-1}x$ (단, $x\in R$) $\Leftrightarrow$ $x=\tan y$ (단, $-\frac{\pi}{2}<y<\frac{\pi}{2}$)

(4) $y=\csc^{-1}x$ (단, $|x|\geqq 1$) $\Leftrightarrow$ $x=\csc y$ (단, $0<y\leqq\frac{\pi}{2}$, $\pi<y\leqq\frac{3\pi}{2}$)

(5) $y=\sec^{-1}x$ (단, $|x|\geqq 1$) $\Leftrightarrow$ $x=\sec y$ (단, $0\leqq y<\frac{\pi}{2}$, $\pi\leqq y<\frac{3\pi}{2}$)

(6) $y=\cot^{-1}x$ (단, $x\in R$) $\Leftrightarrow$ $x=\cot y$ (단, $0<y<\pi$)

예제 6 $\sin^{-1}(-1)+\cos^{-1}\dfrac{1}{\sqrt{2}}$의 값을 구하시오.

풀이 $\sin^{-1}(-1)=\alpha$와 $\cos^{-1}\dfrac{1}{\sqrt{2}}=\beta$라 두면 $\alpha=-\dfrac{\pi}{2}$이고 $\beta=\dfrac{\pi}{4}$이므로

$$\sin^{-1}(-1)+\cos^{-1}\frac{1}{\sqrt{2}}=\alpha+\beta=-\frac{\pi}{4}$$

가 된다. ■

연습문제

1 함수 $f(x)=\dfrac{ax+b}{x+2}$의 그래프가 점 $(1,1)$을 지나고 $f^{-1}(x)=f(x)$를 만족할 때, 상수 a,b 값을 구하시오.

2 곡선 $y=\sqrt{4x-8}$과 직선 $y=x+b$가 서로 다른 두 점에서 만나도록 b 값의 범위를 구하시오.

3 삼각형 $\triangle ABC$에서 $\angle A$, $\angle B$와 $\angle C$의 크기를 각각 A, B와 C로 나타낼 때, $A:B:C=1:2:3$이면 $a:b:c=1:\sqrt{3}:2$임을 보이시오.

4 다음 두 개의 식

$$\tan\theta+\sin\theta=m,\quad \tan\theta-\sin\theta=n$$

에서 θ를 소거하면, $(m^2-n^2)^2=16mn$이 됨을 보이시오.

5 삼각형 $\triangle ABC$에서

$$\sin B+\sin C>\sin A>\sin B-\sin C$$

가 성립함을 보이시오.

6 ≫ 다음 삼각방정식의 일반해를 구하시오.

(1) $2\cos^2\theta - 7\sin\theta + 2 = 0$ (2) $\sin^2\theta + \cos\theta = \dfrac{5}{4}$

7 ≫ $\sin\theta$는 $\sin A$와 $\cos A$의 등차중항이고 $\sin\phi$는 $\sin A$와 $\cos A$의 등비중항일 때, $2\cos 2\theta = \cos 2\phi$임을 보이시오.

8 ≫ $\cos\alpha = \dfrac{24}{25}\left(\dfrac{3\pi}{2} < \alpha < 2\pi\right)$일 때, $\cos\dfrac{\alpha}{2}$, $\sin\dfrac{\alpha}{2}$와 $\tan\dfrac{\alpha}{2}$ 값을 구하시오.

9 ≫ 반지름이 12 cm인 원주를 3 : 4 : 5로 나누는 분점을 각각 A, B, C라 할 때, 삼각형 $\triangle ABC$의 면적을 구하시오.

10 ≫ $2(bc\cos A + a^2) - (ab + bc + ca) = 0$을 만족하는 삼각형 $\triangle ABC$는 정삼각형임을 보이시오.

11 ≫ 삼각형 $\triangle ABC$에서 $\sin B = 2\sin A\cos C$가 성립할 때, $\triangle ABC$는 $\overline{AB} = \overline{BC}$인 이등변삼각형임을 보이시오.

12 ≫ $-1 \leqq x \leqq 1$일 때, 다음 등식이 성립함을 보이시오.

$$\sin^{-1}x + \cos^{-1}x = \frac{\pi}{2}$$

13 ≫ $\cos 3\alpha = 4\cos^3\alpha - 3\cos\alpha$를 이용하여 $\sin 18^\circ$, $\cos 36^\circ$ 값을 구하시오.

3.2 복소평면

1. 극형식

복소수 $a+ib$를 실수의 순서쌍 (a, b)와 대응시키면, 복소수 전체와 실수의 순서쌍 (a, b)의 모임과는 일대일로 대응된다.

평면 위에서 두 수직선을 각각의 원점 O에서 수직으로 만나도록 하여 가로의 수직선을 x축, 세로의 수직선을 y축이라 하면, (a, b)에는 평면 위의 한 점 P가 대응된다. 즉 평면 위의 점과 복소수와는 일대일로 대응됨을 알 수 있다. 이와 같이 좌표축이 정해진 좌표평면을 **가우스(Gauss) 평면** 또는 **복소평면**(complex plane)이라 한다. 이때 실수 a는 x축 위의 점이고, 순허수 ib는 y축 위의 점으로 표시된다. x축과 y축을 각각 실수축과 허수축이라 한다.

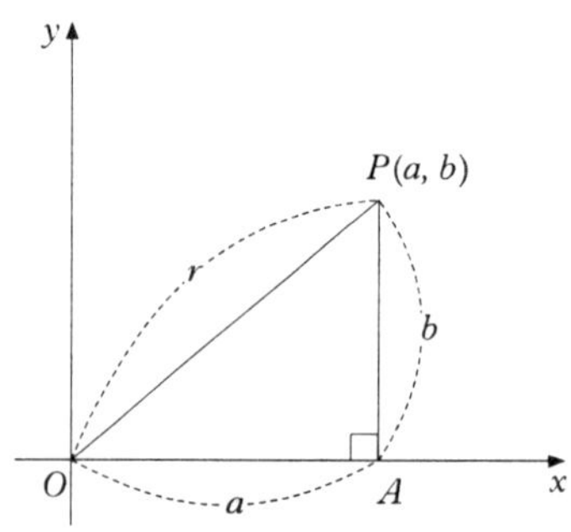

[그림 3.11]

복소수 $z=a+ib$를 나타내는 점을 P라고 하고 $\overline{OP}=r$, $\angle AOP=\theta$라고 두면

$$a=r\cos\theta,\ b=r\sin\theta$$
$$r=\sqrt{a^2+b^2},\ \ \theta=\tan^{-1}\frac{b}{a}$$

인 관계가 있다. 이때

$$z=r(\cos\theta+i\sin\theta)$$

를 z 의 **극형식**(polar form) 또는 극표시라고 하고, 이에 대하여 $a+ib$를 z의 직각표시라고 한다. 여기서 r을 z의 절대값, θ를 z의 **편각**(argument)이라 한다.

예 4 1의 극형식은 $\cos 0 + i\sin 0$ 이다.

복소평면 위의 두 복소수를 $z_1 = a+ib$, $z_2 = c+id$라 두면

$$z_1 + z_2 = (a+c) + i(b+d)$$

이므로, $\triangle OPP_1$과 $\triangle RQS$가 합동인 것을 생각하면 $z_1 + z_2$를 나타내는 점은 R임을 안다.

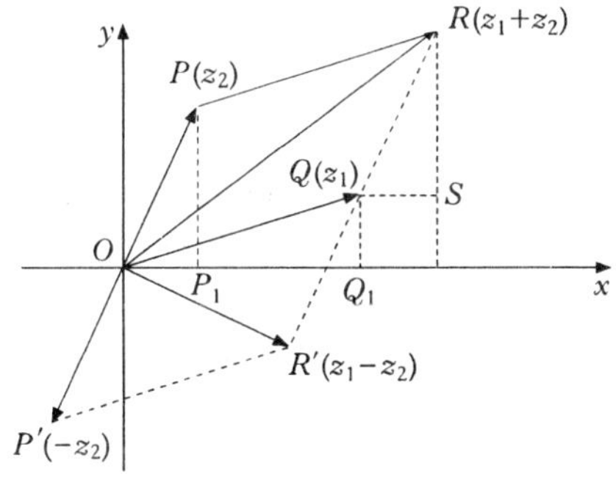

[그림 3.12]

한편

$$z_1 - z_2 = z_1 + (-z_2)$$

이므로 R'이 $z_1 - z_2$를 나타내는 점이 되고, $\overline{OR'}$과 $\overline{PQ}$는 평행이므로 z_1에서 z_2에 이르는 거리는 R'의 절대값과 같다. 따라서

$$\overline{PQ} = |z_1 - z_2|, \quad \overrightarrow{PQ} = z_1 - z_2$$

를 얻는다.

참고 두 복소수 z_1과 z_2가 극형식

$$z_1 = r_1(\cos\theta_1 + i\sin\theta_1),\quad z_2 = r_2(\cos\theta_2 + i\sin\theta_2)$$

로 표현될 때

(1) $z_1 z_2 = r_1 r_2[\cos(\theta_1+\theta_2) + i\sin(\theta_1+\theta_2)]$

(2) $\dfrac{z_1}{z_2} = \dfrac{r_1}{r_2}[\cos(\theta_1-\theta_2) + i\sin(\theta_1-\theta_2)]$

가 성립된다.

2. 이항방정식

정리 1 (드 무아브르 정리)

n이 임의의 정수일 때, 다음 등식이 성립한다.

$$(\cos\theta + i\sin\theta)^n = \cos n\theta + i\sin n\theta$$

참고 드 무아브르 정리(De Moivre's theorem)는 n이 유리수일 때도 성립한다.

예 5 $(1+\sqrt{3}i)^{10} + (1-\sqrt{3}i)^{10}$을 간단히 하여 보자.

$$1+\sqrt{3}i = 2\left(\cos\frac{\pi}{3} + i\sin\frac{\pi}{3}\right)$$

$$1-\sqrt{3}i = 2\left\{\cos\left(-\frac{\pi}{3}\right) + i\sin\left(-\frac{\pi}{3}\right)\right\}$$

이므로

$$\begin{aligned}
&(1+\sqrt{3}i)^{10} + (1-\sqrt{3}i)^{10} \\
&= 2^{10}\left(\cos\frac{\pi}{3} + i\sin\frac{\pi}{3}\right)^{10} + 2^{10}\left\{\cos\left(-\frac{\pi}{3}\right) + i\sin\left(-\frac{\pi}{3}\right)\right\}^{10} \\
&= 2^{10}\left\{\cos\frac{10}{3}\pi + i\sin\frac{10}{3}\pi + \cos\left(-\frac{10}{3}\pi\right) + i\sin\left(-\frac{10}{3}\pi\right)\right\} \\
&= 2^{11}\cos\frac{10}{3}\pi = -2^{10}
\end{aligned}$$

을 얻는다.

x^n의 항과 상수항만으로 이루어진 n차방정식, 즉

$$x^n - \alpha = 0 \text{ (단, } \alpha\text{는 복소수)}$$

형태의 n차방정식을 **이항방정식**(binomial equation)이라 한다. 이제 이항방정식의 근을 구하는 방법을 알아보자. 이항방정식 $x^n - \alpha = 0$의 한 근을

$$R(\cos\phi + i\sin\phi)$$

라고 하면

$$R^n(\cos n\phi + i\sin n\phi) = r(\cos\theta + i\sin\theta)$$

로 된다. 여기서 $\alpha = r(\cos\theta + i\sin\theta)$이다. 이것으로부터

$$R = {}^n\sqrt{r},\ n\phi = \theta + 2k\pi \text{ (단, } k\text{는 정수)}$$

가 얻어진다. 따라서 이항방정식 $x^n - \alpha = 0$의 근은

$$\alpha_k = {}^n\sqrt{r}\left(\cos\frac{\theta + 2k\pi}{n} + i\sin\frac{\theta + 2k\pi}{n}\right)$$

로 주어진다. 여기서 k는 임의의 정수이지만, R과 R'의 차가 n의 배수이면 $\alpha_k = \alpha_{k'}$, 그렇지 않으면 $\alpha_k \neq \alpha_{k'}$으로 된다. 따라서 k에 $0, 1, \cdots, n-1$을 대입하여 얻어지는 값 $\alpha_0, \alpha_1, \cdots, \alpha_{n-1}$이 $x^n - \alpha = 0$의 서로 다른 n개의 근이 된다.

예 6 [1의 n 제곱근] $x^n - 1 = 0$의 근은

$$\cos\frac{2k\pi}{n} + i\sin\frac{2k\pi}{n} \text{ (단, } k = 0, 1, \cdots, n-1)$$

로 주어진다. 이것을 1의 n **제곱근**(nth square root)이라 한다. 특히 $k=1$에 대한 근을

$$\omega = \cos\frac{2\pi}{n} + i\sin\frac{2\pi}{n}$$

라 두면, 1의 n제곱근은

$$1, \omega, \omega^2, \cdots, \omega^{n-1}$$

으로 주어진다.

정리 2

이항방정식 $x^n - \alpha = 0$ (단, α는 복소수)의 한 근을

$$\rho = \sqrt[n]{r}\left(\cos\frac{\theta}{n} + i\sin\frac{\theta}{n}\right)$$

라 하면, 모든 근은

$$\rho,\ \rho\omega,\ \rho\omega^2,\ \cdots,\ \rho\omega^{n-1}$$

으로 주어진다. 여기서 $\omega = \cos\frac{2\pi}{n} + i\sin\frac{2\pi}{n}$ 이다.

예 7 i의 세 제곱근을 구해 보자.

$$i = \cos\frac{\pi}{2} + i\sin\frac{\pi}{2}$$

이므로, i의 세 제곱근은

$$\alpha_k = \cos\frac{\frac{\pi}{2} + 2k\pi}{3} + i\sin\frac{\frac{\pi}{2} + 2k\pi}{3} \quad (k = 0, 1, 2)$$

가 된다. 즉

$$\alpha_0 = \cos\frac{\pi}{6} + i\sin\frac{\pi}{6} = \frac{1}{2}(\sqrt{3} + i)$$

$$\alpha_1 = \cos\frac{5}{6}\pi + i\sin\frac{5}{6}\pi = -\frac{1}{2}(\sqrt{3} - i)$$

$$\alpha_2 = \cos\frac{9}{6}\pi + i\sin\frac{9}{6}\pi = -i$$

로 주어진다.

연습문제

1 ≫ A, B와 C가 $\triangle ABC$의 세 각을 나타낼 때

$$(\cos A + i\sin A)(\cos B + i\sin B)(\cos C + i\sin C)$$

의 값을 구하시오.

2 ≫ 다음 복소수들을 극형식으로 나타내시오.

(1) $\sqrt{3}-i$ (2) $-3i$

3 ≫ 다음 이항방정식의 근을 구하시오.

(1) $z^3=-8$ (2) $z^2=1+i$

4 ≫ $z^2+z+1=0$의 한 근을 ω라 할 때, $\omega^n+\omega^{2n}$을 구하시오. 여기서 n은 양의 정수이다.

3.3 지수함수와 로그함수

지수함수와 그의 역함수인 로그함수의 기본개념을 이루는 지수와 로그는 여러 가지 계산에 유용하게 쓰이는 만큼 오래 전에 도입되었다. 지수 기호는 네덜란드의 수학자 **스테빈**(Stevin)이 처음 창안하여 사용한 것으로 알려져 있으며, 영국인 **네이피어**(Napier)는 큰 수들의 계산을 간편하게 하는 방법을 모색하다가 로그를 발견하여 이용하였다고 한다. 우리 주변에서 일어나는 많은 현상을 분석하고 계산하는데 지수함수와 로그함수가 이용된다. 예를 들면 인구 증가, 동물이나 세균의 번식, 복리로 계산하는 원리합계, 방사선 물질의 양의 감소 등은 지수함수를 따르며, 그 계산에 로그함수가 이용된다.

1. 지수함수

(1) 거듭제곱근

n제곱하여 실수 a가 되는 수를 a의 n제곱근이라 하고, 제곱근, 세제곱근, …를 통틀어 거듭제곱근이라고 한다. 이때

$$\sqrt[n]{a^n} = \begin{cases} |a|, & n\text{이 짝수} \\ a, & n\text{이 홀수} \end{cases}$$

로 주어진다. 한편 $\sqrt[n]{a}$는 a의 n제곱근이므로, $(\sqrt[n]{a})^n = a$가 성립한다.

일반적으로 거듭제곱근에 대하여 다음 성질이 성립한다.

정리 1 (거듭제곱근의 성질)

m, n이 양의 정수이고 $a > 0$, $b > 0$일 때, 다음이 성립한다.

(1) $\sqrt[m]{a^n} = a^{\frac{n}{m}}$ (2) $\sqrt[m]{a}\sqrt[m]{b} = \sqrt[m]{ab}$

(3) $\dfrac{\sqrt[m]{b}}{\sqrt[m]{a}} = \sqrt[m]{\dfrac{b}{a}}$ (4) $(\sqrt[m]{a})^n = \sqrt[m]{a^n}$

(5) $\sqrt[m]{\sqrt[n]{a}} = \sqrt[mn]{a}$

증명 여기서는 (4)만 증명한다. $x = (\sqrt[n]{a})^m$으로 놓으면, $x > 0$이다.

$$x^n = \{(\sqrt[n]{a})^m\}^n = (\sqrt[n]{a})^{mn} = \{(\sqrt[n]{a})^n\}^m = a^m$$

이므로 $x = \sqrt[n]{a^m}$이 된다. 따라서

$$(\sqrt[m]{a})^n = \sqrt[m]{a^n}$$

이 성립한다. ■

(2) 지수법칙(exponential law)

거듭제곱근의 성질[정리 1]로부터 $a > 0$과 자연수 m, n에 대하여

$$a^{\frac{m}{n}} = \sqrt[n]{a^m}, \quad a^0 = 1, \quad a^{-\frac{m}{n}} = \frac{1}{\sqrt[n]{a^m}}$$

로 정의(단, 0^0은 정의되지 않음)하면, 모든 유리수 r에 대하여 a^r이 정의된다. 따라서 지수가 유리수일 때에도 다음 지수법칙이 성립한다.

정리 2 (지수법칙 1)

$a>0$, $b>0$이고 m, n이 유리수일 때, 다음이 성립한다.

(1) $a^{m+n}=a^m a^n$ (2) $a^m \div a^n = a^{m-n}$ (3) $(a^m)^n = a^{mn}$

(4) $(ab)^m = a^m b^m$ (5) $\left(\dfrac{a}{b}\right)^m = \dfrac{a^m}{b^m}$

이제 x가 무리수일 때 $a^x = \lim\limits_{r\to x} a^r$ (단, r은 유리수)으로 정의하면, $a>0$일 때 모든 실수 x에 대하여 a^x의 값이 정의된다. 이때에도 다음 지수법칙이 성립한다.

정리 3 (지수법칙 2)

$a>0$, $b>0$이고 x와 y가 실수일 때, 다음이 성립한다.

(1) $a^{x+y}=a^x a^y$ (2) $a^x \div a^y = a^{x-y}$ (3) $(a^x)^y = a^{xy}$

(4) $(ab)^x = a^x b^y$ (5) $\left(\dfrac{a}{b}\right)^x = \dfrac{a^x}{b^x}$

(3) 지수함수

실수 전체의 집합을 정의역으로 하는 함수

$$f(x)=a^x \text{ (단, } a>0,\ a\neq 1)$$

을 생각하여 이 함수를 a를 밑으로 하는 **지수함수**(exponential function)라 한다. 즉 지수함수 $f(x)=a^x$는 정의역 R과 치역 $(0, \infty)$를 갖는 함수이다.

(4) 지수방정식과 지수부등식

지수에 미지수를 포함하고 있는 방정식, 부등식을 각각 **지수방정식**, **지수부등식**이라 한다.

(i) 지수방정식의 해법 :

① $a^{f(x)}=a^{g(x)}$일 때, $f(x)=g(x)$ 또는 $a=1$

② 밑이 다른 경우는 양변에 로그를 취하여 푼다.

③ 세 항 이상일 경우는 $a^x = t$(단, $t > 0$)로 치환하여 푼다.

(ii) 지수부등식의 해법 :

① $a^{f(x)} < a^{g(x)}$일 때, $a > 1$이면 $f(x) < g(x)$이고 $0 < a < 1$이면 $f(x) > g(x)$

② 밑이 다른 경우는 양변에 로그를 취하여 푼다.

③ 세 항 이상일 경우는 $a^x = t$(단, $t > 0$)로 치환하여 푼다.

2. 로그함수

로그(logarithm)라는 말은, 라틴어로 "비율을 나타내는 수"라는 뜻이다. 로그의 이론은 네이피어에 의하여 본격적으로 연구되었다. 그러나 실제로 셈에 이용할 수 있는 편리한 로그표는 네이피어의 친구인 **브리그즈**(Briggs)에 의하여 만들어진 것이다. 브리그스는 밑을 10으로 하는 상용로그를 계산하여 책으로 출간하였으며, 로그의 사용을 일반화하는 데 크게 공헌하였다. 중세 말기에 채용되기 시작한 아라비아식 기수법, 소수 표시법, 그리고 로그계산 등은 유럽 수학을 고대의 전통적인 계산법으로부터 완전히 탈피시켰으며, 그 결과로 수학은 근세 사회에 알맞은 체계를 갖추기에 이르렀다.

(1) 로그와 그 성질

① 로그의 정의

$a > 0$, $a \neq 0$일 때, 지수함수 $y = a^x$은 실수 전체의 집합에서 양수 전체의 집합으로의 일대일 대응이다. 따라서 임의의 양수 b에 대하여

$$a^x = b$$

를 만족하는 실수 x는 유일하게 존재한다. 이것을 a를 밑으로 하는 b의 로그라고 하며

$$x = \log_a b$$

로 나타낸다. 이때 b를 $\log_a b$의 진수라고 한다. $\log_a b$는 $a>0,\ a\neq 0,\ b>0$인 경우에만 정의됨에 유의한다.

② 로그의 성질

정리 4 (로그의 성질)

$x>0,\ y>0$이고 $a>0,\ a\neq 1$일 때, 다음이 성립한다.

(1) $\log_a 1=0,\ \log_a a=1$

(2) $\log_a xy=\log_a x+\log_a y$

(3) $\log_a \dfrac{x}{y}=\log_a x-\log_a y$

(4) $\log_a x^y=y\log_a x$

③ 밑의 변환

정리 5

a, b, c가 1이 아닌 양수이고 x, y가 실수일 때, 다음이 성립한다.

(1) $\log_a b=\dfrac{\log_c b}{\log_c a},\quad \log_a b=\dfrac{1}{\log_b a}$ (밑변환 공식)

(2) $\log_{a^m} b^n=\dfrac{n}{m}\log_a b$

(3) $a^{\log_a b}=b$

(4) $a^{\log_b c}=c^{\log_b a}$

(2) 로그함수

$a\neq 1$인 양수 a에 대하여 지수함수 $f(x)=a^x$의 역함수

$$y=\log_a x$$

가 존재하며, 이것을 a를 밑으로 하는 **로그함수**(logarithmic function)라고 한다. 즉

$$y=\log_a x \Leftrightarrow a^y=x \quad (a>0,\ a\neq 1,\ x>0)$$

이다. 따라서 $a>0$, $a\neq 1$, $x>0$일 때, 로그함수는 의미를 가짐에 유의한다. 이때 a를 밑, x를 진수라 한다.

(3) 로그방정식과 로그부등식의 해법

로그의 진수에 미지수가 들어 있는 방정식, 부등식을 각각 **로그방정식**, **로그부등식**이라 한다.

(i) 로그방정식의 해법 :
로그조건(밑과 진수조건)을 만족하는 범위를 대전제로 하여
① $\log_a f(x)=\log_a g(x)$일 때, $f(x)=g(x)$를 푼다.
② $\log_a f(x)=t$로 치환하여 푼다.
③ 지수에 로그를 포함한 방정식은 양변에 로그를 취하여 푼다.

(ii) 로그부등식의 해법 :
로그조건(밑과 진수조건)을 만족하는 범위를 대전제로 하여
① $\log_a f(x)>\log_a g(x)$일 때, $a>1$이면 $f(x)>g(x)$이고 $0<a<1$이면 $f(x)<g(x)$이다.
② $\log_a f(x)=t$로 치환하여 푼다.
③ 양변에 로그를 취하여 푼다.

수학에서는, 계산부문에서 주로 사용하는 10을 밑으로 하는 **상용로그** $\log_{10} x$와, 이론부문에서 주로 사용하는 e를 밑으로 하는 **자연로그** $\log_e x$로 구분한다. 이때 e를 자연로그의 밑이라고 한다. 미분적분학에서는 주로 자연로그를 사용하고, 기호로는 간단히 $\ln x$로 표시한다.

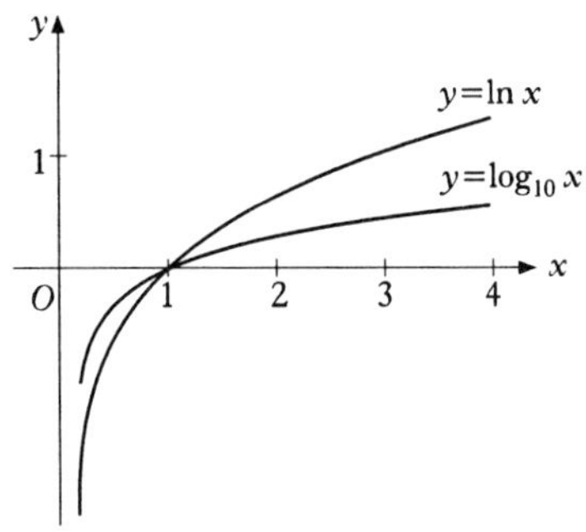

[그림 3.13]

연습문제

1 ≫ $2^a = c,\ \ 2^b = d$일 때, $\left(\dfrac{1}{2}\right)^{2a+b}$값을 구하시오.

2 ≫ 방정식 $x^2 - 2(2 + \log_2 a)x + 1 = 0$이 실근을 가지도록 상수 a의 범위를 구하시오.

3 ≫ 함수 $y = 2^{x-1} - 2^{-x+1}$의 역함수를 구하시오.

4 ≫ 곡선 $y = \log_2 x$와 기울기가 1인 직선이 두 점 A, B에서 만나고 $\overline{AB} = \sqrt{2}$일 때, 두 점 A, B의 좌표를 구하시오.

5 ≫ $x > 1,\ y > 1$일 때, $2\log_x y - 2\log_y x + 3 = 0$이다. 이때 $x^2 - 4y^2$의 최소값을 구하시오.

6 ≫ 방정식 $\log_{\sin x} \cos x + \log_{\cos x} \tan x = 1$의 해를 구하시오. (단, $0 < x < \dfrac{\pi}{2}$)

제 4 장

행렬과 행렬식

4.1 행렬

연립일차방정식의 일반적인 해법이 연구되면서 행렬의 개념이 나타났다. '행렬'은 1850년 영국의 수학자 실베스터(Sylvester)가 직사각형 모양의 수의 배열에 붙인 이름이며, 1858년에 영국의 케일리(Cayley)가 논문 '행렬론'을 출판함으로써 행렬의 이론이 학문적인 체계를 갖추게 되었다. 행렬의 개념은 실생활뿐만 아니라, 수학적 문제를 해결하는 데에도 유용하게 사용할 수 있는 개념으로서, 오늘날에는 사회의 모든 영역에서 중요하게 사용되고 있다.

1. 행렬의 정의

mn개의 수 a_{ij} (단, $i=1, 2, \cdots, m$; $j=1, 2, \cdots, n$)를

$$A = \begin{pmatrix} a_{11} & a_{12} & \cdots & a_{1n} \\ a_{21} & a_{22} & \cdots & a_{2n} \\ \vdots & \vdots & & \vdots \\ a_{m1} & a_{m2} & \cdots & a_{mn} \end{pmatrix} \tag{*}$$

모양으로 배열한 것을 $m \times n$ **행렬**(matrix)이라 하고, a_{ij}를 A의 i행, j열의 **성분**(entry) 또는 (i, j) 성분이라 한다. 이 책을 서술함에 있어서, 행렬의 성분은 항상 실수로 가정한다. 행렬의 크기는 **행**(row)과 **열**(column)의 개수에 의하여 기술되며, **벡터**(vector)는 오직 한 개의 행이나 열을 갖는 행렬이 된다. 행렬은 알파벳의 대문자로 나타내고, 행렬의 성분은 소문자를 이용한다.

일반적으로 $m \times n$ 행렬 (*)를 간단히

$$A = (a_{ij})_{m \times n}$$

로 표기한다. 특히 $m = n$일 경우 n차의 **정사각행렬**(square matrix)이라 하며, 대각선 위의 성분 $a_{ij}(i = j)$를 A의 **주대각성분** 또는 간단히 **대각성분**(diagonal entry)이라 한다.

참고 행렬의 어원은 라틴어의 matri로, 본래의 뜻은 '어머니'이지만 '그 안에 무엇을 만드는 것'을 나타내는 단어로 사용된다. 어원에도 나타나 있듯이 행렬은 수학을 탐구하는 기본적인 도구라고 할 수 있다.

2. 행렬의 연산

행렬의 연산에는 행렬덧셈, 스칼라곱셈과 행렬곱셈이 있다.

(1) 행렬의 상등(equality)

두 행렬 $A = (a_{ij})_{m \times n}$과 $B = (b_{ij})_{m \times n}$이 $m \times n$ 행렬일 때

$$\text{모든 } i, j \text{에 대하여, } a_{ij} = b_{ij}$$

를 만족하면, 두 행렬 A와 B는 '서로 같다' 또는 '상등'이라 하고 $A = B$로 나타낸다.

(2) 행렬덧셈(matrix addition)

두 행렬 $A = (a_{ij})_{m \times n}$과 $B = (b_{ij})_{m \times n}$이 $m \times n$ 행렬일 때, 덧셈 $A + B$는

$$A + B = (a_{ij} + b_{ij})_{m \times n}$$

으로 정의한다. 행렬덧셈에서는 결합법칙과 교환법칙이 성립한다.

(3) 스칼라곱셈(scalar multiplication)

$m \times n$ 행렬 $A = (a_{ij})_{m \times n}$과 스칼라(실수) λ에 대하여, 스칼라곱셈(실수배) λA는

$$\lambda A = (\lambda a_{ij})_{m \times n}$$

으로 정의한다. 또한 $(-1)A$를 간단히 $-A$로 정의한다.

(4) 행렬곱셈(matrix multiplication)

두 행렬 $A = (A_{ij})_{m \times r}$과 $B = (b_{jk})_{r \times n}$의 곱 AB는

$$c_{ik} = \sum_{j=1}^{n} a_{ij} b_{jk} \ (\text{단, } i = 1, 2, \cdots, m \,;\, k = 1, 2, \cdots, p)$$

일 때, 행렬 $C = (c_{ik})_{m \times n}$으로 정의된다. 따라서 A의 열의 개수와 B의 행의 개수가 일치하지 않으면, 곱 AB는 정의할 수 없다. 또한 행렬곱셈에서는 결합법칙과 덧셈에 대해 배분법칙이 성립되지만, 일반적으로 교환법칙은 성립하지 않는다. 즉 $AB \neq BA$이다. 그러나 두 행렬이 역행렬 관계이거나, 두 행렬 중 한 행렬이 단위행렬의 k(실수)배이면, 행렬의 곱셈에서 교환법칙이 성립한다.

참고 행렬의 연산에 있어서 곱셈공식과 인수분해 공식은 일반적으로 성립하지 않는다. 그러나 두 행렬 중 한 행렬이 단위행렬이면 공식이 성립한다.

예 1 n개의 미지수를 가진 연립일차방정식

$$\begin{cases} a_{11}x_1 + a_{12}x_2 + \cdots + a_{1n}x_n = b_1 \\ a_{21}x_1 + a_{22}x_2 + \cdots + a_{2n}x_n = b_2 \\ \qquad\qquad \vdots \\ a_{n1}x_1 + a_{n2}x_2 + \cdots + a_{nn}x_n = b_n \end{cases}$$

을 행렬의 곱으로 나타내면

$$\begin{pmatrix} a_{11} & a_{12} & \cdots & a_{1n} \\ a_{21} & a_{22} & \cdots & a_{2n} \\ \vdots & \vdots & & \vdots \\ a_{n1} & a_{n2} & \cdots & a_{nn} \end{pmatrix} \begin{pmatrix} x_1 \\ x_2 \\ \vdots \\ x_n \end{pmatrix} = \begin{pmatrix} b_1 \\ b_2 \\ \vdots \\ b_m \end{pmatrix}$$

이 된다. 여기서 나타난 행렬을 좌측에서 차례로 A, X, B라 하면, 주어진 연립일차방정식은 $AX = B$로 표시된다. 이때 행렬 A를 연립일차방정식의 **계수행렬**(coefficient matrix)이라 한다.

정사각행렬 A에 대하여

$$A^0 = I,\ A^1 = A,\ A^2 = A \cdot A,\ \cdots,\ A^n = A \cdot A^{n-1}$$

이라 하면, 음이 아닌 정수 n에 대하여 A^n이 정의된다. 그리고 r, s가 정수이면

$$A^r A^s = A^{r+s},\ (A^r)^s = A^{rs}$$

이 성립한다.

참고 (케일리-헤밀턴 정리) 이차정사각행렬

$$A = \begin{pmatrix} a & b \\ c & d \end{pmatrix}$$

에 대하여, $A^2 - (a+d)A + (ad-bc)E = 0$이 성립한다.

3. 행렬의 대수법칙

행렬의 연산에 대하여, 다음의 대수법칙이 성립한다.

정리 1

행렬 A, B와 C가 주어진 연산을 정의할 수 있는 크기일 때, 다음이 성립한다.

(1) $A+B=B+A$ (덧셈의 교환법칙)

(2) $A+(B+C)=(A+B)+C$ (덧셈의 결합법칙)

(3) $A(BC)=(AB)C$ (곱셈의 결합법칙)

(4) $A(B+C)=AB+AC,\ (B+C)A=BA+CA$ (분배법칙)

모든 성분이 0으로 구성된 행렬을 **영행렬**(zero matrix)이라 하고, O으로 표기한다. 임의의 행렬 A에 대하여 O이 A와 크기가 같은 영행렬이면, $A+O=O+A$가 성립한다.

예 2 실수의 연산법칙이 행렬계산에서는 성립하지 않는 경우가 있다. 예를 들면 네 개의 행렬 $A=\begin{pmatrix}0&1\\0&2\end{pmatrix}$, $B=\begin{pmatrix}1&1\\3&4\end{pmatrix}$, $C=\begin{pmatrix}2&5\\3&4\end{pmatrix}$, $A=\begin{pmatrix}3&7\\0&0\end{pmatrix}$에 대하여

(1) $AB=AC$이고 $A\neq O$일지라도, $B=C$가 성립하지 않는다.

(2) $AD=O$이지만, $A\neq O,\ D\neq O$이 된다.

주대각성분이 모두 1이고, 다른 성분은 모두 0인 정사각행렬을 **단위행렬**(identity matrix) 또는 **항등행렬**이라 한다. n차의 단위행렬은 보통 I 또는 I_n으로 나타낸다. 또한 A가 $m\times n$ 행렬일 때, 행을 열로 바꾸어 놓은 $n\times m$ 행렬을 A의 **전치행렬**(transposed matrix)이라 하고, A^t로 표시한다.

참고 A가 $m\times n$ 행렬일 때, $AI_n=A,\ I_mA=A$가 성립한다.

정리 2

행렬 A와 B가 주어진 연산을 정의할 수 있는 크기일 때, 다음이 성립한다.

(1) $(A^t)^t=A$ (2) $(A+B)^t=A^t+B^t$

(3) $(kA)^t=kA^t$ (단, k는 임의의 스칼라)

(4) $(AB)^t=B^tA^t$

정사각행렬 A에 대하여, $AB = BA = I$를 만족하는 정사각행렬 B가 존재할 때 A를 **정칙행렬**(regular matrix)이라 하고, 이때 행렬 B를 행렬 A의 **역행렬**(inverse matrix)이라 하며, A^{-1}로 표시한다.

정리 3

행렬 B와 C가 정칙행렬 A의 역행렬이면, $B = C$이다.

예 3 2×2 행렬 $A = \begin{pmatrix} a & b \\ c & d \end{pmatrix}$에서 $ad - bc \neq 0$일 때

$$A^{-1} = \frac{1}{ad-bc}\begin{pmatrix} d & -b \\ -c & a \end{pmatrix} = \begin{pmatrix} \dfrac{d}{ad-bc} & -\dfrac{b}{ad-bc} \\ -\dfrac{c}{ad-bc} & \dfrac{a}{ad-bc} \end{pmatrix}$$

가 성립한다.

참고 행렬 $A = \begin{pmatrix} a & b \\ c & d \end{pmatrix}$에서 $ad - bc = 0$일 때, A^{-1}는 존재하지 않는다.

정리 4

크기가 같은 정칙행렬 A와 B에 대하여, 다음이 성립한다.

(1) A^{-1}도 정칙행렬이고, $(A^{-1})^{-1} = A$

(2) AB도 정칙행렬이고, $(AB)^{-1} = B^{-1}A^{-1}$

(3) A^n도 정칙행렬이고, $(A^n)^{-1} = (A^{-1})^n \ (n = 0, 1, 2, \cdots)$

(4) $(kA)^{-1} = \dfrac{1}{k}A^{-1}$ (단, k는 0이 아닌 상수)

증명 여기서는 (1)만 증명하고, 나머지는 독자에게 남긴다. $A^{-1}A = AA^{-1} = I$이므로, A^{-1}의 역행렬은 A이다. A^{-1}의 역행렬은 유일하므로, $(A^{-1})^{-1} = A$가 성립한다. 또한 A^{-1}의 역행렬이 존재하므로, A^{-1}는 정칙행렬이 된다. ■

4. 역행렬 구하기

먼저 정칙행렬의 역행렬을 구하는 간단한 방법을 소개한다. 역행렬을 구하는 방법에는 여러 가지가 있다.

행렬에서 다음 세 가지 연산

(1) 한 행에 0이 아닌 상수를 곱한다.
(2) 두 행을 서로 바꾼다.
(3) 한 행에 어떤 수를 곱해서 다른 행에 더한다.

를 행렬의 **기본행연산**(elementary row operation)이라 하고, n차의 단위행렬 I_n에서 1회의 기본행연산에 의하여 얻어지는 행렬을 **기본행렬**(elementary matrix)이라 한다. 단위행렬 I에 기본행연산을 실시하여 기본행렬 E를 얻었듯이, 역으로 E를 I로 환원시키는 기본행연산은 항상 존재한다.

참고 I_m에서 어떤 행의 기본행연산에 의하여 얻어진 기본행렬을 E라 하고 A를 $m\times n$ 행렬이라 할 때, EA는 A에 같은 기본행연산을 행하여 얻어진 $m\times n$ 행렬과 일치한다.

예 4 $A=\begin{pmatrix}1 & 0 & 2 & 3\\ 2 & -1 & 3 & 6\\ 1 & 4 & 4 & 0\end{pmatrix}$에 대하여, I_3의 첫째 행을 세 배 해서 셋째 행에 더한 기본행렬 $E=\begin{pmatrix}1 & 0 & 0\\ 0 & 1 & 0\\ 3 & 0 & 1\end{pmatrix}$을 생각한다. 이때 곱 EA는

$$EA=\begin{pmatrix}1 & 0 & 2 & 3\\ 2 & -1 & 3 & 6\\ 4 & 4 & 10 & 9\end{pmatrix}$$

로 되는데, 이 행렬은 A의 첫째 행을 세 배 해서 셋째 행에 더한 것과 같다.

A의 역행렬을 구하기 위해서는 먼저 A를 기본행연산에 의하여 I_n으로 변형하고, 그것과 같은 조작을 같은 순서로 I_n에 행하면 자동적으로 A^{-1}이 구해진다. 즉 A와

단위행렬 I로 $n\times 2n$ 행렬 $(A \mid I)$를 구성하여 $(I \mid A^{-1})$가 될 때까지 기본행연산을 실시함으로써 A의 역행렬을 구한다.

예제 1 $A=\begin{pmatrix}1&2&3\\2&5&3\\1&0&8\end{pmatrix}$의 역행렬을 구하시오.

풀이 $\left(\begin{array}{ccc|ccc}1&2&3&1&0&0\\2&5&3&0&1&0\\1&0&8&0&0&1\end{array}\right)$이라 놓고 기본행연산을 실시한다.

첫째 행에 -2를 곱해서 둘째 행에 더하고, 첫째 행에 -1을 곱해서 셋째 행에 더한다.

$$\left(\begin{array}{ccc|ccc}1&2&3&1&0&0\\0&1&-3&-2&1&0\\0&-2&5&-1&0&1\end{array}\right)$$

둘째 행에 2를 곱해서 셋째 행에 더한다.

$$\left(\begin{array}{ccc|ccc}1&2&3&1&0&0\\0&1&-3&-2&1&0\\0&0&-1&-5&2&1\end{array}\right)$$

셋째 행에 -1을 곱한다.

$$\left(\begin{array}{ccc|ccc}1&2&3&1&0&0\\0&1&-3&-2&1&0\\0&0&1&5&-2&-1\end{array}\right)$$

셋째 행에 -3을 곱해서 첫째 행에 더하고, 셋째 행에 3을 곱해서 둘째 행에 더한다.

$$\left(\begin{array}{ccc|ccc}1&2&0&-14&6&3\\0&1&0&13&-5&-3\\0&0&1&5&-2&-1\end{array}\right)$$

둘째 행에 -2를 곱해서 첫째 행에 더한다.

$$\left(\begin{array}{ccc|ccc}1&0&0&-40&16&9\\0&1&0&13&-5&-3\\0&0&1&5&-2&-1\end{array}\right)$$

따라서

$$A^{-1}=\begin{pmatrix}-40&16&9\\13&-5&-3\\5&-2&-1\end{pmatrix}$$ ■

5. 연립일차방정식

n개의 미지수를 갖고, m개의 일차방정식으로 이루어진 연립일차방정식

$$\begin{cases} a_{11}x_1 + a_{12}x_2 + \cdots + a_{1n}x_n = b_1 \\ a_{21}x_1 + a_{22}x_2 + \cdots + a_{2n}x_n = b_2 \\ \qquad\qquad\vdots \\ a_{m1}x_1 + a_{m2}x_2 + \cdots + a_{mn}x_n = b_m \end{cases} \qquad (*)$$

을 생각하자. (*)에서 계수와 상수항으로 만들어진 **붙임행렬**(augmented matrix) 또는 확대행렬을

$$\begin{pmatrix} a_{11} & a_{12} & \cdots & a_{1n} & b_1 \\ a_{21} & a_{22} & \cdots & a_{2n} & b_2 \\ \vdots & \vdots & & \vdots & \vdots \\ a_{m1} & a_{m2} & \cdots & a_{mn} & b_m \end{pmatrix}$$

으로 정의한다.

연립일차방정식 (*)의 해를 구하기 위하여 다음 세 가지 연산

(1) 한 방정식의 양변에 0이 아닌 수를 곱한다.
(2) 두 방정식의 자리를 바꾼다.
(3) 한 방정식에 어떤 수를 곱하여 다른 방정식에 더한다.

를 하게 되는데, 이 연산을 붙임행렬에서는 다음 연산

(1) 한 행에 0이 아닌 상수를 곱한다.
(2) 두 행을 서로 바꾼다.
(3) 한 행에 어떤 수를 곱하여 다른 행에 더한다.

로 대응된다. 이 세 연산을 붙임행렬의 기본행연산이라고 한다. 이러한 연산을 이용하여 주어진 연립일차방정식의 해를 구하는 방법을 **가우스 소거법**이라고 한다.

예 5 다음 연립일차방정식의 해를 위의 두 가지 방법으로 구하면서 비교하여 보자.

$$\begin{cases} x+\ \ y+2z=9 \\ 2x+4y-3z=1 \\ 3x+6y-5z=0 \end{cases}$$

첫째 식에 -2를 곱하여 둘째 식에 더한다.

$$\begin{cases} x+\ \ y+2z=\ \ \ 9 \\ \quad 2y-7z=-17 \\ 3x+6y-5z=\ \ \ 0 \end{cases}$$

첫째 행에 -2를 곱하여 둘째 행에 더한다.

$$\begin{pmatrix} 1 & 1 & 2 & 9 \\ 0 & 2 & -7 & -17 \\ 3 & 6 & -5 & 0 \end{pmatrix}$$

첫째 식에 -3을 곱하여 셋째 식에 더한다.

$$\begin{cases} x+\ \ y+\ \ 2z=\ \ \ 9 \\ \quad 2y-\ \ 7z=-17 \\ \quad 3y-11z=-27 \end{cases}$$

첫째 행에 -3을 곱하여 셋째 행에 더한다.

$$\begin{pmatrix} 1 & 1 & 2 & 9 \\ 0 & 2 & -7 & -17 \\ 0 & 3 & -11 & -27 \end{pmatrix}$$

첫째 식에 $\frac{1}{2}$을 곱한다.

$$\begin{cases} x+\ \ y+\ \ 2z=\ \ \ 9 \\ \quad y-\frac{7}{2}z=-\frac{17}{2} \\ \quad 3y-11z=-27 \end{cases}$$

첫째 행에 $\frac{1}{2}$을 곱한다.

$$\begin{pmatrix} 1 & 1 & 2 & 9 \\ 0 & 1 & -\frac{7}{2} & -\frac{17}{2} \\ 0 & 3 & -11 & -27 \end{pmatrix}$$

둘째 식에 -3을 곱하여 셋째 식에 더한다.

$$\begin{cases} x+\ \ y+\ \ 2z=\ \ \ 9 \\ \quad y-\frac{7}{2}z=-\frac{17}{2} \\ \quad -\frac{1}{2}z=-\frac{3}{2} \end{cases}$$

둘째 행에 -3을 곱하여 셋째 행에 더한다.

$$\begin{pmatrix} 1 & 1 & 2 & 9 \\ 0 & 1 & -\frac{7}{2} & -\frac{17}{2} \\ 0 & 0 & -\frac{1}{2} & -\frac{3}{2} \end{pmatrix}$$

셋째 식에 -2를 곱한다.

$$\begin{cases} x+\ \ y+\ \ 2z=\ \ \ 9 \\ \quad y-\frac{7}{2}z=-\frac{17}{2} \\ \quad z=\ \ \ 3 \end{cases}$$

셋째 행에 -2를 곱한다.

$$\begin{pmatrix} 1 & 1 & 2 & 9 \\ 0 & 1 & -\frac{7}{2} & -\frac{17}{2} \\ 0 & 0 & 1 & 3 \end{pmatrix}$$

둘째 식에 -1을 곱하여 첫째 식에 더한다.

$$\begin{cases} x + \dfrac{11}{2}z = \dfrac{35}{2} \\ y - \dfrac{7}{2}z = -\dfrac{17}{2} \\ z = 3 \end{cases}$$

둘째 행에 -1을 곱하여 첫째 행에 더한다.

$$\begin{pmatrix} 1 & 0 & \dfrac{11}{2} & \dfrac{35}{2} \\ 0 & 1 & -\dfrac{7}{2} & -\dfrac{17}{2} \\ 0 & 0 & 1 & 3 \end{pmatrix}$$

셋째 식에 $-\dfrac{11}{2}$을 곱하여 첫째 식에 더하고, 셋째 식에 $\dfrac{7}{2}$을 곱하여 둘째 식에 더한다.

$$\begin{cases} x = 1 \\ y = 2 \\ z = 3 \end{cases}$$

셋째 행에 $-\dfrac{11}{2}$을 곱하여 첫째 행에 더하고, 셋째 행에 $\dfrac{7}{2}$을 곱하여 둘째 행에 더한다.

$$\begin{pmatrix} 1 & 0 & 0 & 1 \\ 0 & 1 & 0 & 2 \\ 0 & 0 & 1 & 3 \end{pmatrix}$$

따라서 구하는 해는 $x=1$, $y=2$, $z=3$이다. 이와 같이 연립일차방정식의 해는 붙임행렬의 기본행연산만으로도 구할 수 있다.

6. 가우스 소거법

연립일차방정식의 해는 계수와 상수항으로 된 행렬을 변형시켜 구할 수 있음을 알 수 있었다. 이제 이 방법을 조금 더 구체적으로 서술한다.

다음 세 가지 성질

(1) 한 행이 모두 0으로 되어 있지 않으면, 행에서 처음으로 0이 아닌 수는 1이다. 이것을 **선두의** 1(leading 1)이라 한다.

(2) 모두가 0으로 된 행이 존재하면, 이들은 행렬의 제일 아래쪽으로 모인다.

(3) 모두가 0은 아닌 임의의 두 연속 행에서 아래 행의 선두의 1은 위 행의 선두의 1 보다도 오른쪽으로 위치해야 한다.

를 만족하는 행렬을 **가우스 행렬**이라 하고, 특히

(4) 선두의 1을 포함한 각 열의 다른 모든 수는 0이다.

를 만족하는 가우스 행렬을 **기약가우스 행렬**이라 한다. 예를 들면

$$(1)\ \begin{pmatrix} 1 & 4 & 3 & 5 \\ 0 & 1 & 3 & 4 \\ 0 & 0 & 1 & 5 \end{pmatrix},\ \begin{pmatrix} 1 & 2 & 0 \\ 0 & 1 & 0 \\ 0 & 0 & 0 \end{pmatrix} \qquad (2)\ \begin{pmatrix} 1 & 0 & 0 & 4 \\ 0 & 1 & 0 & 7 \\ 0 & 0 & 1 & 0 \end{pmatrix},\ \begin{pmatrix} 0 & 0 & 0 \\ 0 & 0 & 0 \\ 0 & 0 & 0 \end{pmatrix}$$

에서 (1)은 가우스 행렬이고, (2)는 기약가우스 행렬이 된다.

예제 2 가우스 소거법을 이용하여, 다음 행렬

$$\begin{pmatrix} 0 & 0 & -2 & 0 & 7 & 12 \\ 2 & 4 & -10 & 6 & 12 & 28 \\ 2 & 4 & -5 & 6 & -5 & -1 \end{pmatrix}$$

을 기약가우스 행렬로 변형하시오.

풀이 첫째 행과 둘째 행을 교환한다.

$$\begin{pmatrix} 2 & 4 & -10 & 6 & 12 & 28 \\ 0 & 0 & -2 & 0 & 7 & 12 \\ 2 & 4 & -5 & 6 & -5 & -1 \end{pmatrix}$$

첫째 행에 $\frac{1}{2}$을 곱한다.

$$\begin{pmatrix} 1 & 2 & -5 & 3 & 6 & 14 \\ 0 & 0 & -2 & 0 & 7 & 12 \\ 2 & 4 & -5 & 6 & -5 & -1 \end{pmatrix}$$

첫째 행에 -2를 곱하여 셋째 행에 더한다.

$$\begin{pmatrix} 1 & 2 & -5 & 3 & 6 & 14 \\ 0 & 0 & -2 & 0 & 7 & 12 \\ 0 & 0 & 5 & 0 & -17 & -29 \end{pmatrix}$$

둘째 행에 $-\frac{1}{2}$를 곱한다.

$$\begin{pmatrix} 1 & 2 & -5 & 3 & 6 & 14 \\ 0 & 0 & 1 & 0 & -\frac{7}{2} & -6 \\ 0 & 0 & 5 & 0 & -17 & -29 \end{pmatrix}$$

둘째 행에 -5를 곱하여 셋째 행에 더한다.

$$\begin{pmatrix} 1 & 2 & -5 & 3 & 6 & 14 \\ 0 & 0 & 1 & 0 & -\dfrac{7}{2} & -6 \\ 0 & 0 & 0 & 0 & \dfrac{1}{2} & 1 \end{pmatrix}$$

셋째 행에 2를 곱한다.

$$\begin{pmatrix} 1 & 2 & -5 & 3 & 6 & 14 \\ 0 & 0 & 1 & 0 & -\dfrac{7}{2} & -6 \\ 0 & 0 & 0 & 0 & 1 & 2 \end{pmatrix}$$

이로써 가우스 행렬로 변형되었다. 이것으로부터 다시 기약가우스 행렬을 구하기 위하여

셋째 행에 $\dfrac{7}{2}$를 곱하여 둘째 행에 더한다.

$$\begin{pmatrix} 1 & 2 & -5 & 3 & 6 & 14 \\ 0 & 0 & 1 & 0 & 0 & 1 \\ 0 & 0 & 0 & 0 & 1 & 2 \end{pmatrix}$$

셋째 행에 -6을 곱하여 첫째 행에 더한다.

$$\begin{pmatrix} 1 & 2 & -5 & 3 & 0 & 2 \\ 0 & 0 & 1 & 0 & 0 & 1 \\ 0 & 0 & 0 & 0 & 1 & 2 \end{pmatrix}$$

둘째 행에 5를 곱하여 첫째 행에 더한다.

$$\begin{pmatrix} 1 & 2 & 0 & 3 & 0 & 7 \\ 0 & 0 & 1 & 0 & 0 & 1 \\ 0 & 0 & 0 & 0 & 1 & 2 \end{pmatrix}$$

를 얻고, 이것이 기약가우스 행렬이다. ■

예제 3 가우스 소거법을 이용하여, 다음 연립일차방정식

$$\begin{cases} x + y + 2z = 9 \\ 2x + 4y - 3z = 1 \\ 3x + 6y - 5z = 0 \end{cases}$$

의 해를 구하시오.

풀이 붙임행렬을 가우스 행렬로 고쳐 나간다.

$$\begin{pmatrix} 1 & 1 & 2 & 9 \\ 2 & 4 & -3 & 1 \\ 3 & 6 & -5 & 0 \end{pmatrix}$$

첫째 행에 -2를 곱하여 둘째 행에 더하고, 다시 첫째 행에 -3을 곱하여 셋째 행에 더한다.

$$\begin{pmatrix} 1 & 1 & 2 & 9 \\ 0 & 2 & -7 & -17 \\ 0 & 3 & -11 & -27 \end{pmatrix}$$

둘째 행에 $\dfrac{1}{2}$를 곱한다.

$$\begin{pmatrix} 1 & 1 & 2 & 9 \\ 0 & 1 & -\dfrac{7}{2} & -\dfrac{17}{2} \\ 0 & 3 & -11 & -27 \end{pmatrix}$$

둘째 행에 -3을 곱하여 셋째 행에 더한다.

$$\begin{pmatrix} 1 & 1 & 2 & 9 \\ 0 & 2 & -\dfrac{7}{2} & -\dfrac{17}{2} \\ 0 & 0 & -\dfrac{1}{2} & -\dfrac{3}{2} \end{pmatrix}$$

셋째 행에 -2를 곱한다.

$$\begin{pmatrix} 1 & 1 & 2 & 9 \\ 0 & 2 & -\dfrac{7}{2} & -\dfrac{17}{2} \\ 0 & 0 & 1 & 3 \end{pmatrix} \qquad (*)$$

이것이 가우스 행렬이다. 이 행렬을 방정식의 형태로 고치면

$$\begin{cases} x + y + 2z = 9 \\ \quad\; y - \dfrac{7}{2}z = -\dfrac{17}{2} \\ \qquad\quad\; z = 3 \end{cases}$$

이 된다. 따라서 구하는 해는 $x = 1,\ y = 2,\ z = 3$이다. ■

참고 (*)에서 셋째 행에 $-\dfrac{11}{2}$을 곱하여 첫째 행에 더하고, 셋째 행에 $\dfrac{7}{2}$을 곱하여 둘째 행에 더하면, 기약가우스 행렬

$$\begin{pmatrix} 1 & 0 & 0 & 1 \\ 0 & 1 & 0 & 2 \\ 0 & 0 & 1 & 3 \end{pmatrix}$$

이 구하여진다. 이 행렬을 방정식의 형태로 고치면

$$\begin{cases} x \qquad\quad = 1 \\ \quad y \qquad = 2 \\ \qquad\quad z = 3 \end{cases}$$

이 된다.

7. 연립일차방정식의 해

n개의 미지수를 갖고, m개의 일차방정식으로 이루어진 연립일차방정식

$$\begin{cases} a_{11}x_1 + a_{12}x_2 + \cdots + a_{1n}x_n = b_1 \\ a_{21}x_1 + a_{22}x_2 + \cdots + a_{2n}x_n = b_2 \\ \qquad\qquad\vdots \\ a_{m1}x_1 + a_{m2}x_2 + \cdots + a_{mn}x_n = b_m \end{cases}$$

에서 세 행렬

$$A = \begin{pmatrix} a_{11} & a_{12} & \cdots & a_{1n} \\ a_{11} & a_{12} & \cdots & a_{1n} \\ \vdots & \vdots & & \vdots \\ a_{11} & a_{12} & \cdots & a_{1n} \end{pmatrix}, \quad X = \begin{pmatrix} x_1 \\ x_2 \\ \vdots \\ x_n \end{pmatrix}, \quad B = \begin{pmatrix} a_{11} & a_{12} & \cdots & a_{1n} & b_1 \\ a_{11} & a_{12} & \cdots & a_{1n} & b_2 \\ \vdots & \vdots & & \vdots & \vdots \\ a_{11} & a_{12} & \cdots & a_{1n} & b_m \end{pmatrix}$$

을 생각하자.

행렬 A의 가우스 행렬(또는 기약가우스 행렬)의 0이 아닌 행의 개수를 행렬의 **행계급**(row rank) 또는 간단히 **계급**이라고 하고, rank A로 표시한다.

예 6 $A = \begin{pmatrix} 1 & 1 & 2 & 9 \\ 0 & 2 & -7 & -17 \\ 3 & 6 & -5 & 0 \end{pmatrix}$의 기약가우스 행렬이 $\begin{pmatrix} 1 & 0 & 0 & 1 \\ 0 & 1 & 0 & 2 \\ 0 & 0 & 1 & 3 \end{pmatrix}$이고, 0이 아닌 행의 개수가 셋이므로 rank $A = 3$이다.

참고 A가 $m \times n$ 행렬일 때, $\text{rank}\, A \leqq m$, $\text{rank}\, A \leqq n$을 만족한다.

정리 5

n개의 미지수를 갖고, m개의 일차방정식으로 이루어진 연립일차방방정식

$$\begin{cases} a_{11}x_1 + a_{12}x_2 + \cdots + a_{1n}x_n = b_1 \\ a_{21}x_1 + a_{22}x_2 + \cdots + a_{2n}x_n = b_2 \\ \quad\vdots \\ a_{m1}x_1 + a_{m2}x_2 + \cdots + a_{mn}x_n = b_m \end{cases}$$

의 계수행렬을 A라고 하고, 연립일차방정식의 붙임행렬을 B라고 할 때, 다음이 성립한다.

(1) $\text{rank}\, A < \text{rank}\, B$이면, 해는 존재하지 않는다.

(2) $\text{rank}\, A = \text{rank}\, B = n$이면, 해는 단 하나 존재한다.

(3) $\text{rank}\, A = \text{rank}\, B < n$이면, 무수히 많은 해가 존재한다.

예제 4 미지수가 세 개인 연립일차방정식

$$\begin{cases} x + y + 2z = 9 \\ 2x + 4y - 3z = 1 \\ 3x + 6y - 5z = 0 \end{cases}$$

은 단 하나의 해를 갖는다.

증명 계수행렬 $A = \begin{pmatrix} 1 & 1 & 2 \\ 2 & 4 & -3 \\ 3 & 6 & -5 \end{pmatrix}$와 붙임행렬 $B = \begin{pmatrix} 1 & 1 & 2 & 9 \\ 2 & 4 & -3 & 1 \\ 3 & 6 & -5 & 0 \end{pmatrix}$의 가우스 행렬로부터 $\text{rank}\, A = \text{rank}\, B = 3$이기 때문에, 주어진 연립일차방정식은 단 하나의 해를 갖는다. ■

8. 정칙행렬과 연립일차방정식

n개의 미지수를 갖고, m개의 일차방정식으로 이루어진 연립일차방정식

$$\begin{cases} a_{11}x_1 + a_{12}x_2 + \cdots + a_{1n}x_n \ = b_1 \\ a_{21}x_1 + a_{22}x_2 + \cdots + a_{2n}x_n \ = b_2 \\ \qquad\qquad\qquad \vdots \\ a_{m1}x_1 + a_{m2}x_2 + \cdots + a_{mn}x_n = b_m \end{cases}$$

에서

$$A = \begin{pmatrix} a_{11} & a_{12} & \cdots & a_{1n} \\ a_{21} & a_{22} & \cdots & a_{2n} \\ \vdots & \vdots & & \vdots \\ a_{m1} & a_{m2} & \cdots & a_{mn} \end{pmatrix}, \quad X = \begin{pmatrix} x_1 \\ x_2 \\ \vdots \\ x_n \end{pmatrix}, \quad B = \begin{pmatrix} a_{11} & a_{12} & \cdots & a_{1n} & b_1 \\ a_{21} & a_{22} & \cdots & a_{2n} & b_2 \\ \vdots & \vdots & & \vdots & \vdots \\ a_{m1} & a_{m2} & \cdots & a_{mn} & b_m \end{pmatrix}$$

이라 하면, 위의 연립일차방정식은 $AX = B$로 표시된다. 여기에서 계수행렬 A가 정칙행렬일 때 해를 구해 보자.

정리 6

$AX = B$로 표현된 연립일차방정식은, A가 정칙행렬이면 단 하나의 해를 갖는다. 이때 $X = A^{-1}B$로 주어진다.

예제 5 다음 연립일차방정식

$$\begin{cases} x + 2y + 3z = 5 \\ 2x + 5y + 3z = 3 \\ x \qquad\ + 8z = 17 \end{cases}$$

의 해를 구하시오.

풀이 $A = \begin{pmatrix} 1 & 2 & 3 \\ 2 & 5 & 3 \\ 1 & 0 & 8 \end{pmatrix}$, $X = \begin{pmatrix} x \\ y \\ z \end{pmatrix}$, $B = \begin{pmatrix} 5 \\ 3 \\ 17 \end{pmatrix}$이라 놓으면, $AX = B$ 형태로 표현된다. 계수행렬 A의 역행렬을 구해 보자.

$$\left(\begin{array}{ccc|ccc} 1 & 2 & 3 & 1 & 0 & 0 \\ 2 & 5 & 3 & 0 & 1 & 0 \\ 1 & 0 & 8 & 0 & 0 & 1 \end{array}\right)$$

이라 놓고, 기본행연산을 실시하면

$$\left(\begin{array}{ccc|ccc} 1 & 0 & 0 & -40 & 16 & 9 \\ 0 & 1 & 0 & 13 & -5 & -3 \\ 0 & 0 & 1 & 5 & -2 & -1 \end{array}\right)$$

이므로

$$A^{-1} = \begin{pmatrix} -40 & 16 & 9 \\ 13 & -5 & -3 \\ 5 & -2 & -1 \end{pmatrix}$$

이 된다. 따라서 연립일차방정식의 해는

$$X = A^{-1}B = \begin{pmatrix} -40 & 16 & 9 \\ 13 & -5 & -3 \\ 5 & -2 & -1 \end{pmatrix}\begin{pmatrix} 5 \\ 3 \\ 17 \end{pmatrix} = \begin{pmatrix} 1 \\ -1 \\ 2 \end{pmatrix}$$

즉 $x = 1$, $y = -1$, $z = 2$가 된다. ■

4.2 행렬식

1. 행렬식

A가 정사각행렬일 때, A의 **행렬식**(determinant)은

$$\det(A) \text{ 또는 } |A|$$

로 표시한다.

이차정사각행렬 $A = \begin{pmatrix} a & b \\ c & d \end{pmatrix}$의 행렬식은

$$\begin{vmatrix} a & b \\ c & d \end{vmatrix} = ad - bc$$

로 정의하고, 삼차정사각행렬 $A = \begin{pmatrix} a_{11} & a_{12} & a_{13} \\ a_{21} & a_{22} & a_{23} \\ a_{31} & a_{32} & a_{33} \end{pmatrix}$의 행렬식은

$$\det(A) = \begin{vmatrix} a_{11} & a_{12} & a_{13} \\ a_{21} & a_{22} & a_{23} \\ a_{31} & a_{32} & a_{33} \end{vmatrix}$$

$$= a_{11}a_{22}a_{33} + a_{12}a_{23}a_{31} + a_{13}a_{21}a_{32} - a_{13}a_{22}a_{31} - a_{12}a_{21}a_{33} - a_{11}a_{23}a_{32}$$

로 정의한다. 이 방법을 **사루스 방법**(Sarrus' method)이라 한다.

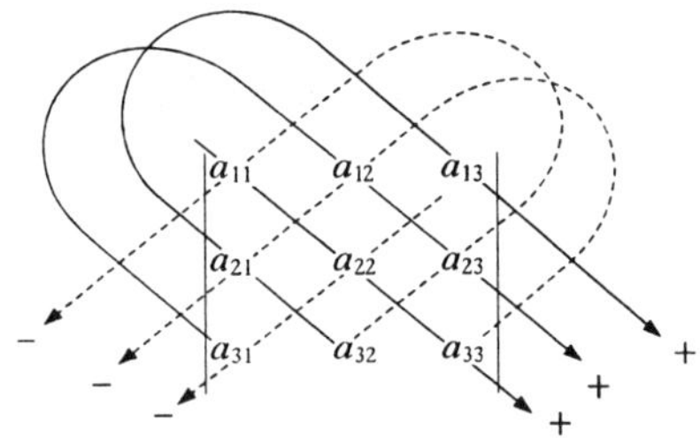

[그림 4.1]

이차와 삼차행렬식은 사루스 방법을 이용하여 값을 구할 수 있으나, 사차 이상의 행렬식의 계산에는 이 방법을 이용할 수 없다.

참고 행렬식에 대한 이론의 근원은 연립일차방정식의 해법을 연구하는 데서 비롯된다. 예를 들면 두 개의 미지수를 갖는 연립일차방정식

$$\begin{cases} a_1 x + b_1 y = c_1 \\ a_2 x + b_2 y = c_2 \end{cases}$$

에서 $a_1 b_2 - a_2 b_1 \neq 0$이면, 그 해는

$$x = \frac{c_1 b_2 - c_2 b_1}{a_1 b_2 - a_2 b_1}, \quad y = \frac{a_1 c_2 - a_2 c_1}{a_1 b_2 - a_2 b_1}$$

이 된다. 그런데 분모를

$$a_1 b_2 - a_2 b_1 = \begin{vmatrix} a_1 & b_1 \\ a_2 & b_2 \end{vmatrix} \qquad (*)$$

라 놓으면

$$x = \frac{\begin{vmatrix} c_1 & b_1 \\ c_2 & b_2 \end{vmatrix}}{\begin{vmatrix} a_1 & b_1 \\ a_2 & b_2 \end{vmatrix}}, \quad y = \frac{\begin{vmatrix} a_1 & c_1 \\ a_2 & c_2 \end{vmatrix}}{\begin{vmatrix} a_1 & b_1 \\ a_2 & b_2 \end{vmatrix}}$$

로 주어진다. 이때

$$\begin{vmatrix} a_1 & b_1 \\ a_2 & b_2 \end{vmatrix}$$

를 **이차의 행렬식**이라 하고, (*)의 좌변을 **이차행렬식의 전개식** 또는 **이차행렬식의 값**이라 한다.

2. 행렬식의 정의

어떤 순서로 배열된 문자 $a, b, c, \cdots$를 다른 순서, 예를 들면 $b, d, a, \cdots$ 등으로 배열하는 것을 **치환**이라고 한다. 윗줄에 원래의 순서를 쓰고, 아랫줄에 고쳐서 배열한 순서를 써서

$$\begin{pmatrix} a & b & c & \cdots \\ b & d & a & \cdots \end{pmatrix}$$

로 나타낸다. 즉 'a는 b', 'b는 d' $\cdots$로 바꿔 놓은 것을 뜻한다.

일반적으로

$$P = \begin{pmatrix} 1 & 2 & 3 & \cdots & n \\ q_1 & q_2 & q_3 & \cdots & q_n \end{pmatrix}$$

으로 주어진 치환을 $P = (q_1, q_2, \cdots, q_n)$으로 정의하고, **순열**(permutation)이라 한다. 특히 $E = (1, 2, \cdots, n)$을 **기본순열**(fundamental permutation)이라 한다. 서로 다른 숫자 $1, 2, \cdots, n$의 순열은 모두 $n!$개 있다.

임의의 한 순열 $P = (p_1, p_2, \cdots, p_n)$에서 임의의 두 숫자로 순서쌍 (p_i, p_j)를 만들 때, $p_i < p_j$(단, $i < j$)이면 p_i, p_j 사이에 **전도**(inversion)가 없다고 하고, $p_i > p_j$

(단, $i < j$)이면 p_i, p_j 사이에 전도가 있다고 한다. 순열 P의 모든 두 수에 대하여 전도수를 조사하여, 그 총수가 짝수일 때 P를 **우순열**(even permutation)이라 하고, 그 총수가 홀수일 때 P를 **기순열**(odd permutation)이라 한다.

$1, 2, \cdots, n$으로 만들어진 순열 중에서 우순열과 기순열은 동수이고 $\frac{n!}{2}$개 있다.

예 7 $1, 2, 3$의 순열에서 $(1, 2, 3)$, $(2, 3, 1)$, $(3, 1, 2)$는 전도의 수가 각각 0, 2, 2이므로 우순열이고, $(3, 2, 1)$, $(2, 1, 3)$, $(1, 3, 2)$는 전도의 수가 각각 3, 1, 1이므로 기순열이다.

한 순열 P로부터 집합 $\{-1, 1\}$로의 함수 ϵ이

$$\epsilon(P) = \begin{cases} 1, & P\text{가 우순열} \\ -1, & P\text{가 기순열} \end{cases}$$

을 만족할 때, 순열의 상 $-1, 1$을 그 순열의 **부호수**(signature)라 한다. 이제 순열의 부호수를 이용하여, 이차와 삼차행렬식의 정의를 n차행렬식으로 일반화한다.

정의 1 (행렬식의 정의)

n^2개의 성분 $a_{ij}\,(i, j = 1, 2, \cdots, n)$를 갖는 n차행렬식

$$\begin{vmatrix} a_{11} & a_{12} & \cdots & a_{1n} \\ a_{21} & a_{22} & \cdots & a_{2n} \\ \vdots & \vdots & & \vdots \\ a_{n1} & a_{n2} & \cdots & a_{nn} \end{vmatrix}$$

의 값을 $\sum \epsilon(i, j, k, \cdots, t)\, a_{1i}\, a_{2j}\, a_{3k} \cdots a_{nt}$로 정의한다. 여기서 $\sum$는 $(i, j, k, \cdots, t)$에 $1, 2, \cdots, n$의 모든 순열을 대입하여 얻은 $n!$개의 합을 나타낸다.

예 8 이차행렬식은

$$\begin{vmatrix} a_{11} & a_{12} \\ a_{21} & a_{22} \end{vmatrix} = \sum \epsilon(i, j)\, a_{1i}\, a_{2j} = a_{11}\, a_{22} - a_{12}\, a_{21}$$

이고, 삼차행렬식은

$$\begin{vmatrix} a_{11} & a_{12} & a_{13} \\ a_{21} & a_{22} & a_{23} \\ a_{31} & a_{32} & a_{33} \end{vmatrix} = \sum \epsilon(i,\ j,\ k) a_{1i}\, a_{2j}\, a_{3k}$$

$$= a_{11}a_{22}a_{33} + a_{12}a_{23}a_{31} + a_{13}a_{21}a_{32} - a_{13}a_{22}a_{31} - a_{12}a_{21}a_{33} - a_{11}a_{23}a_{32}$$

주대각선 위쪽 또는 아래쪽의 성분이 모두 0인 정사각행렬을 **삼각행렬**(triangular matrix)이라 한다.

정리 2

$A = (a_{ij})$가 n차삼각행렬이면, 그 행렬식 det (A)는

$$\det(A) = a_{11} \cdot a_{22} \cdot \cdots \cdot a_{nn}$$

으로 주어진다.

3. 행렬식의 성질

행렬식은 다음 성질을 갖는다.

정리 3

$A = (a_{ij})$가 n차의 정사각행렬일 때

(1) B가 A의 두 행(또는 열)을 교환하여 얻은 행렬이면

$$\det(B) = -\det(A)$$

(2) B가 A의 어떤 한 행(또는 열)을 상수 k배 하여 만든 행렬이면

$$\det(B) = k \det(A)$$

(3) B가 A의 어떤 한 행(또는 열)의 각 원소에 같은 수를 곱하여 다른 행(또는 열)의 대응하는 각 원소에 더하여 만든 행렬이면

$$\det(B) = \det(A)$$

(4) $\det(A) = \det(A^t)$

가 성립한다. 또한

(5) n차의 정사각행렬 A, B, C가 어느 한 행(또는 열), 즉 r행(또는 열)을 제외하고는 일치하고, A의 r행(또는 열)과 B의 r행(또는 열)과의 합이 C의 r행(또는 열)과 같다면

$$\det(C) = \det(A) + \det(B)$$

가 성립한다.

예 9 정사각행렬 A가 "모든 성분이 0으로 이루어진 행"을 가지면 $\det(A)=0$이다. 또한 정사각행렬이 "비례하는 두 행"을 가지면 행렬식의 값은 0이 된다.

예제 6 $A = \begin{pmatrix} 0 & 1 & 5 \\ 3 & -6 & 9 \\ 2 & 6 & 1 \end{pmatrix}$일 때, $\det(A)$를 구하시오.

풀이 첫째 행과 둘째 행을 교환한다.

$$-\begin{vmatrix} 3 & -6 & 9 \\ 0 & 1 & 5 \\ 2 & 6 & 1 \end{vmatrix}$$

첫째 행의 공통인자 3을 밖으로 끌어낸다.

$$-3\begin{vmatrix} 1 & -2 & 3 \\ 0 & 1 & 5 \\ 2 & 6 & 1 \end{vmatrix}$$

첫째 행에 -2를 곱하여 셋째 행에 더한다.

$$-3\begin{vmatrix} 1 & -2 & 3 \\ 0 & 1 & 5 \\ 0 & 10 & -5 \end{vmatrix}$$

둘째 행에 -10을 곱하여 셋째 행에 더한다.

$$-3\begin{vmatrix} 1 & -2 & 3 \\ 0 & 1 & 5 \\ 0 & 0 & -55 \end{vmatrix}$$

셋째 행의 공통인자 -55를 밖으로 끌어낸다.

$$(-3)(-55)\begin{vmatrix} 1 & -2 & 3 \\ 0 & 1 & 5 \\ 0 & 0 & 1 \end{vmatrix}$$

따라서 $\det(A) = (-3)\cdot(-55)\cdot 1 = 165$이다. ■

4. 라플라스 전개

일반적인 n차의 행렬식은 여인수를 이용하여 구한다.

> **정의 4** (소행렬식)
>
> n차의 정사각행렬 $A=(a_{ij})$에서 제 i 행과 제 j 열을 없앤 정사각행렬의 행렬식을 성분 a_{ij}의 **소행렬식**(minor determinant)이라 하고, M_{ij}로 표시한다. 또한 $C_{ij}=(-1)^{i+j}M_{ij}$를 a_{ij}의 **여인수**(cofactor)라 한다.

삼차행렬 $A=\begin{pmatrix} a_{11} & a_{12} & a_{13} \\ a_{21} & a_{22} & a_{23} \\ a_{31} & a_{32} & a_{33} \end{pmatrix}$의 행렬식 $\det(A)$는

$$\begin{aligned}\det(A) &= \sum \epsilon(i, j, k)\, a_{1i}\, a_{2j}\, a_{3k} \\ &= a_{11}a_{22}a_{33} + a_{12}a_{23}a_{31} + a_{13}a_{21}a_{32} \\ &\quad - a_{13}a_{22}a_{31} - a_{12}a_{21}a_{33} - a_{11}a_{23}a_{32}\end{aligned}$$

임을 알았으나, 이것은 또한

$$\begin{aligned}\det(A) &= a_{11}(a_{22}a_{33} - a_{23}a_{32}) + a_{21}(a_{13}a_{32} - a_{12}a_{33}) \\ &\quad + a_{31}(a_{12}a_{23} - a_{13}a_{22})\end{aligned}$$

로 나타낼 수 있다. 우변의 괄호 속이 각각 여인수 C_{11}, C_{21}, C_{31}과 같으므로

$$\det(A) = a_{11}C_{11} + a_{21}C_{21} + a_{31}C_{31}$$

으로 쓸 수 있다. $\det(A)$를 계산한 이와 같은 방법을 A의 제 1열에 관한 **라플라스 전개**(Laplace expansion) 또는 **여인수전개**(cofactor expansion)라 한다.

예 10 방정식

$$\Delta = \begin{vmatrix} x & 0 & a & 0 \\ 0 & a & 0 & 0 \\ a & 0 & a & 0 \\ 0 & 0 & 0 & a \end{vmatrix} = 0 \ (\text{단, } a \neq 0)$$

을 풀어보자. 제 1행에 관하여 라플라스 전개를 하면

$$\begin{aligned} \Delta &= (-1)^{1+1}x \begin{vmatrix} a & 0 & 0 \\ 0 & a & 0 \\ 0 & 0 & a \end{vmatrix} + (-1)^{1+3}a \begin{vmatrix} 0 & a & 0 \\ a & 0 & 0 \\ 0 & 0 & a \end{vmatrix} \\ &= a^3x + a(-a^3) = a^3x - a^4 = 0 \end{aligned}$$

이므로, $x = a$가 된다.

정리 5

n차의 정사각행렬 $A = (a_{ij})$에 대하여, 다음이 성립한다.

(1) $\det(A) = a_{1j}C_{1j} + a_{2j}C_{2j} + \cdots + a_{nj}C_{nj}$

(제 j열에 의한 라플라스 전개)

(2) $\det(A) = a_{i1}C_{i1} + a_{i2}C_{i2} + \cdots + a_{in}C_{in}$

(제 i행에 의한 라플라스 전개)

참고 제 i행에 의한 라플라스 전개에서

$$a_{i1}C_{j1} + a_{i2}C_{j2} + \cdots + a_{in}C_{jn} = \begin{cases} \det(A), & i = j \\ 0, & i \neq j \end{cases}$$

이 성립한다.

전개할 행(또는 열)의 성분이 0이면 그 여인수는 계산할 필요가 없다. 따라서 행렬식 계산에서의 요령은 0이 많이 포함되어 있는 행 또는 열에 대하여 여인수전개를 이용하는 것이다.

정의 6 (여인수행렬)

C_{ij}를 n차의 정사각행렬 A에서 a_{ij}의 여인수라 할 때

$$\begin{pmatrix} C_{11} & C_{12} & \cdots & C_{1n} \\ C_{21} & C_{22} & \cdots & C_{2n} \\ \vdots & \vdots & & \vdots \\ C_{n1} & C_{n2} & \cdots & C_{nn} \end{pmatrix}$$

을 A의 **여인수행렬**(matrix of cofactor)이라 한다. 또한 이 행렬의 전치행렬을 A의 **수반행렬**(adjoint)이라 하고, $\mathrm{adj}\,(A)$로 표시한다.

예제 7 $A = \begin{pmatrix} 3 & 2 & -1 \\ 1 & 6 & 3 \\ 2 & -4 & 0 \end{pmatrix}$일 때, A의 여인수행렬과 수반행렬을 구하시오.

풀이 A의 각 성분의 여인수는

$$\begin{array}{lll} C_{11} = 12 & C_{12} = 6 & C_{13} = -16 \\ C_{21} = 4 & C_{22} = 2 & C_{23} = 16 \\ C_{31} = 12 & C_{32} = -10 & C_{33} = 16 \end{array}$$

이다. 따라서 A의 여인수행렬은

$$\begin{pmatrix} 12 & 6 & -16 \\ 4 & 2 & 16 \\ 12 & -10 & 16 \end{pmatrix}$$

이고, $\mathrm{adj}\,(A) = \begin{pmatrix} 12 & 4 & 12 \\ 6 & 2 & -10 \\ -16 & 16 & 16 \end{pmatrix}$이다. ■

정리 7

A, B가 크기가 같은 정사각행렬일 때, 다음이 성립한다.

$$\det(AB) = \det(A)\det(B)$$

행렬의 행렬식으로부터 그 행렬의 정칙 여부를 알 수 있다. 정사각행렬 A가 정칙이기 위한 필요충분조건은 $\det(A) \neq 0$이다.

예제 8 A가 정칙행렬일 때

$$\det(A^{-1}) = \frac{1}{\det(A)}$$

이 성립한다.

증명 A가 정칙행렬이므로, $I = AA^{-1}$이다. 따라서

$$1 = \det(I) = \det(A)\det(A^{-1})$$

이다. 그런데 $\det(A) \neq 0$이므로

$$\det(A^{-1}) = \frac{1}{\det(A)}$$

이 된다. ■

정리 8

A가 정칙행렬이면, A의 역행렬 A^{-1}는

$$A^{-1} = \frac{1}{\det(A)} \cdot \operatorname{adj}(A)$$

로 주어진다.

증명

$$A \cdot \operatorname{adj}(A) = \begin{pmatrix} a_{11} & a_{12} & \cdots & a_{1n} \\ a_{21} & a_{22} & \cdots & a_{2n} \\ \vdots & \vdots & & \vdots \\ a_{i1} & a_{i2} & \cdots & a_{in} \\ \vdots & \vdots & & \vdots \\ a_{n1} & a_{n2} & \cdots & a_{nn} \end{pmatrix} \begin{pmatrix} C_{11} & C_{21} & \cdots & C_{j1} & \cdots & C_{n1} \\ C_{12} & C_{22} & \cdots & C_{j2} & \cdots & C_{n2} \\ \vdots & \vdots & & \vdots & & \vdots \\ C_{1n} & C_{2n} & \cdots & C_{jn} & \cdots & C_{nn} \end{pmatrix}$$

$$= \begin{pmatrix} \det(A) & 0 & \cdots & 0 \\ 0 & \det(A) & \cdots & 0 \\ \vdots & \vdots & & \vdots \\ 0 & 0 & \cdots & \det(A) \end{pmatrix}$$

$$= \det(A) \begin{pmatrix} 1 & 0 & \cdots & 0 \\ 0 & 1 & \cdots & 0 \\ \vdots & \vdots & & \vdots \\ 0 & 0 & \cdots & 1 \end{pmatrix} = \det(A) \cdot I$$

이므로 $A \cdot \operatorname{adj}(A) = \det(A) \cdot I$를 만족한다. 그런데 A가 정칙이므로 $\det(A) \neq 0$이 된다. 그러므로

$$A \cdot \left(\frac{1}{\det(A)} \cdot \operatorname{adj}(A) \right) = I$$

가 성립한다. 따라서 이 식의 양변에 A^{-1}을 곱하여

$$A^{-1} = \frac{1}{\det(A)} \cdot \operatorname{adj}(A)$$

를 얻는다. ■

예제 9 $A = \begin{pmatrix} 3 & 2 & -1 \\ 1 & 6 & 3 \\ 2 & -4 & 0 \end{pmatrix}$일 때, A^{-1}를 구하시오.

풀이 $\det(A) = 64 \neq 0$이고, $\operatorname{adj}(A) = \begin{pmatrix} 12 & 4 & 12 \\ 6 & 2 & -10 \\ -16 & 16 & 16 \end{pmatrix}$이므로

$$A^{-1} = \frac{1}{\det(A)} \cdot \operatorname{adj}(A) = \frac{1}{64} \begin{pmatrix} 12 & 4 & 12 \\ 6 & 2 & -10 \\ -16 & 16 & 16 \end{pmatrix}$$

$$= \begin{pmatrix} \frac{3}{16} & \frac{1}{16} & \frac{3}{16} \\ \frac{3}{32} & \frac{1}{32} & -\frac{5}{32} \\ -\frac{1}{4} & \frac{1}{4} & \frac{1}{4} \end{pmatrix}$$ ■

5. 연립일차방정식과 크라머 공식

n개의 미지수를 갖는 연립일차방정식의 해법으로 **크라머 공식**(Cramer's formular)이 있다.

정리 9 (크라머 공식)

$AX=B$로 표시된 n개의 미지수를 갖는 n개의 일차방정식으로 이루어진 연립일차방정식

$$\begin{cases} a_{11}x_1 + a_{12}x_2 + \cdots + a_{1n}x_n = b_1 \\ a_{21}x_1 + a_{22}x_2 + \cdots + a_{2n}x_n = b_2 \\ \qquad \vdots \\ a_{n1}x_1 + a_{n2}x_2 + \cdots + a_{nn}x_n = b_n \end{cases}$$

은 $\det(A) \neq 0$일 때, 유일한 해

$$x_1 = \frac{\det(A_1)}{\det(A)},\ x_2 = \frac{\det(A_2)}{\det(A)},\ \cdots,\ x_n = \frac{\det(A_n)}{\det(A)}$$

을 갖는다. 여기서 A_j는 A의 제 j열의 성분을 행렬

$$B = \begin{pmatrix} b_1 \\ \vdots \\ b_n \end{pmatrix}$$

의 성분으로 바꾼 행렬을 나타낸다.

예제 10 크라머 공식을 이용하여, 미지수가 세 개인 다음 연립일차방정식의 해를 구하시오.

$$\begin{cases} x + 2z = 6 \\ -3x + 4y + 6z = 30 \\ -x - 2y + 3z = 8 \end{cases}$$

풀이

$$A = \begin{pmatrix} 1 & 0 & 2 \\ -3 & 4 & 6 \\ -1 & -2 & 3 \end{pmatrix}, \qquad A_1 = \begin{pmatrix} 6 & 0 & 2 \\ 30 & 4 & 6 \\ 8 & -2 & 3 \end{pmatrix}$$

$$A_2 = \begin{pmatrix} 1 & 6 & 2 \\ -3 & 30 & 6 \\ -1 & 8 & 3 \end{pmatrix}, \qquad A_3 = \begin{pmatrix} -1 & 0 & 2 \\ -3 & 4 & 30 \\ -1 & -2 & 8 \end{pmatrix}$$

이므로

$$\det(A) = 44, \qquad \det(A_1) = -40,$$
$$\det(A_2) = 72, \qquad \det(A_3) = 152$$

를 얻는다. 따라서

$$x = \frac{\det(A_1)}{\det(A)} = \frac{-40}{44} = -\frac{10}{11}$$
$$y = \frac{\det(A_2)}{\det(A)} = \frac{72}{44} = \frac{88}{11}$$
$$z = \frac{\det(A_3)}{\det(A)} = \frac{152}{44} = \frac{38}{11}$$

■

따름정리

$AX = 0$으로 표시된 n개의 미지수를 갖는 n개의 일차방정식으로 이루어진 제차연립일차방정식

$$\begin{cases} a_{11}x_1 + a_{12}x_2 + \cdots + a_{1n}x_n = 0 \\ a_{21}x_1 + a_{22}x_2 + \cdots + a_{2n}x_n = 0 \\ \quad\vdots \\ a_{n1}x_1 + a_{n2}x_2 + \cdots + a_{nn}x_n = 0 \end{cases}$$

이 $x_1 = x_2 = \cdots = x_n = 0$ 이외의 해를 갖는다면, $\det(A) = 0$이다.

예 11 x_0와 y_0가 세 개의 방정식

$$a_1x + b_1y + c_1 = 0, \quad a_2x + b_2y + c_2 = 0, \quad a_3x + b_3y + c_3 = 0 \qquad (*)$$

을 동시에 만족한다면, 그 계수로서 만든 행렬식이 0이 됨을 보이자. (*)가 동시에 성립한다는 것은 연립일차방정식

$$a_1x + b_1y + c_1 = 0, \quad a_2x + b_2y + c_2 = 0, \quad a_3x + b_3y + c_3 = 0$$

이 모두는 0이 아닌 해 $x = x_0$, $y = y_0$와 $z = 1$을 갖는다는 뜻이다. 따라서 따름정리에 의하여

$$\begin{vmatrix} a_1 & b_1 & c_1 \\ a_2 & b_2 & c_2 \\ a_3 & b_3 & c_3 \end{vmatrix} = 0$$

을 만족한다.

연습문제

1 ≫ A가 정칙행렬이고 그 역이 $A^{-1} = \begin{pmatrix} 4 & 1 & -5 \\ 1 & 1 & -3 \\ -1 & 0 & 1 \end{pmatrix}$일 때, A를 구하시오.

2 ≫ 정칙행렬 A와 0이 아닌 스칼라 k에 대하여

$$(kA)^{-1} = \frac{1}{k}A^{-1}$$

가 성립함을 보이시오.

3 ≫ 다음 행렬이 정칙행렬이 되는 a 값을 구하시오.

$$A = \begin{pmatrix} 1 & 1 & 0 \\ 1 & 0 & a \\ 1 & 2 & 1 \end{pmatrix}$$

4 ≫ 다음 각 행렬의 역행렬을 가우스 소거법을 이용하여 구하시오.

(1) $\begin{pmatrix} -1 & 1 & 2 \\ 1 & 2 & 1 \\ -1 & 3 & 1 \end{pmatrix}$　　(2) $\begin{pmatrix} 1 & 1 & 2 \\ -1 & -2 & 3 \\ 3 & -7 & 4 \end{pmatrix}$

5 ≫ 정사각행렬 A가 $A^2 - A + I = O$을 만족하면, A는 정칙행렬이고 $A^{-1} = I - A$임을 보이시오.

6 ≫ 다음 각 행렬의 rank를 구하시오.

(1) $\begin{pmatrix} 1 & 0 & -1 \\ 2 & 1 & 1 \\ 0 & -1 & 2 \end{pmatrix}$　　(2) $\begin{pmatrix} 1 & 1 & 2 & 2 \\ -1 & -2 & 3 & 3 \\ 3 & -7 & 4 & 4 \end{pmatrix}$

7 》 다음 연립일차방정식의 해를 가우스 소거법을 이용하여 구하시오.

(1) $\begin{cases} -x+\ \ y+2z=2 \\ \ \ x-2y+3z=3 \\ 3x-7y+4z=4 \end{cases}$　　(2) $\begin{cases} \ \ x+2y+3z=0 \\ 2x+5y+2z=0 \\ 3x+7y+\ \ z=0 \end{cases}$

8 》 다음 연립일차방정식

$$\begin{cases} 7x+3y+\ \ z=1 \\ 3x+2y-\ \ z=1 \\ \ \ x-\ \ y+3z=k \end{cases}$$

가 해를 갖도록 k 값을 구하시오.

9 》 $\det\begin{pmatrix} a & b & c \\ d & e & f \\ g & h & i \end{pmatrix}=2$일 때, 다음 행렬식의 값을 구하시오.

(1) $\det(2A)$　　(2) $\det(3A^{-1})$

(3) $\det\begin{pmatrix} -a & -b & -c \\ 2d & 2e & 2f \\ g & h & i \end{pmatrix}$　　(4) $\det\begin{pmatrix} a+g & b+h & c+i \\ d & e & f \\ g & h & i \end{pmatrix}$

10 》 다음 방정식의 해를 구하시오.

(1) $\begin{vmatrix} 1-x^2 & x & 0 \\ x & 1-x^2 & x \\ 0 & -x & 1-x^2 \end{vmatrix}=0$　　(2) $\begin{vmatrix} x-a-b & 2a & 2b \\ 2x & a-b-x & 2b \\ 2x & 2a & b-a-x \end{vmatrix}=0$

11 》 삼차의 단위행렬 E와 행렬 $A=\begin{pmatrix} 1 & 0 & 2 \\ 0 & -1 & 1 \\ 1 & 2 & 0 \end{pmatrix}$에 대하여, 방정식

$$|xE-A|=0$$

의 해를 구하시오.

12 》 다음 연립일차방정식의 해를 크라머 공식을 이용하여 구하시오.

(1) $\begin{cases} 4x+5y\ \ \ \ \ \ \ \ \ =2 \\ 11x+\ \ y+2z=3 \\ \ \ x+5y+2z=1 \end{cases}$　　(2) $\begin{cases} \ \ x+\ \ y+2z=8 \\ -x-2y+3z=1 \\ 3x-7y+4z=10 \end{cases}$

제 5 장

해석기하학

5.1 좌표와 벡터

해석기하는 주로 벡터를 이용한다. 이 절에서는 공간에서 해석학적인 관점으로 벡터를 도입하고, 기하학적인 관점으로 이를 이해한다.

1. 공간좌표계

(1) 직교좌표계

공간(또는 평면) 위에 점을 나타내는 방법 중 가장 널리 사용하는 것은 공간(또는 평면)에 직교하는 좌표축을 설정하고, 주어진 점을 각 좌표축으로 정사영 시킨 값을 각 성분으로 하여 순서쌍으로 표시하는 것이다. 이와 같이 점을 표시하는 좌표계를 **직교좌표계**(rectangular coordinate system) 또는 **데카르트 좌표계**(Cartesian coordinate system)라고 한다.

① 좌표평면

평면 위의 한 점 O에서 만나는 두 개의 수직선 $X'OX$와 $Y'OY$에 대하여,

O를 원점으로 하고 OX와 OY를 양의 방향의 반직선으로 하는 좌표계를 생각한다.

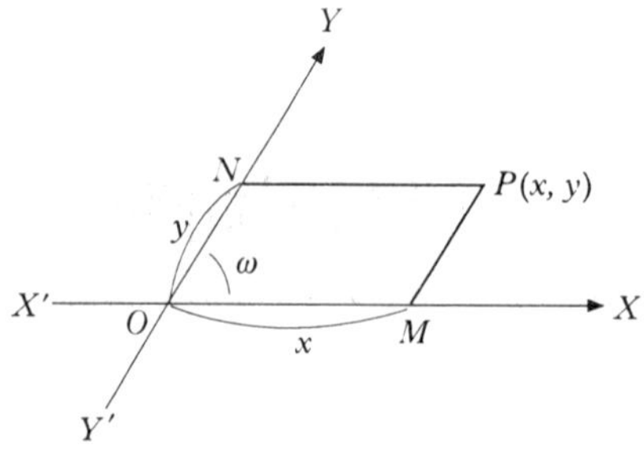

[그림 5.1]

평면 위의 임의의 점 P에서 두 수직선 $Y'Y$와 $X'X$에 평행선을 그어서 두 수직선 $X'X$와 $Y'Y$와 만나는 점을 각각 M과 N이라 하면, M과 N은 수직선 $X'X$와 $Y'Y$ 위에서 각각 좌표 x와 y를 갖는다. 따라서 평면 위의 임의의 한 점 P에는 실수의 순서쌍 (x, y)가 대응된다. 역으로 실수의 순서쌍 (x, y)가 주어지면 수직선 $X'X$와 $Y'Y$ 위에서 각각 좌표 x와 y를 갖는 점 M과 N이 정해지고, M과 N을 지나 수직선 $Y'Y$와 $X'X$에 평행인 수직선을 그리면 유일한 교점 P가 정해진다. 이와 같은 대응을 **평행좌표계**(parallel coordinate system)라 한다.

점 P에 대응하는 실수의 순서쌍 (x, y)를 점 P의 **평행좌표**(parallel coordinate), x와 y를 각각 점 P의 x좌표, y좌표라 하고, 수직선 $X'X$와 $Y'Y$를 각각 x축과 y축이라 한다. 이때 수직선 $X'X$와 $Y'Y$를 **좌표축**(coordinate axis)이라 한다. 한편 원점 O의 좌표는 $(0, 0)$으로 주어진다. 특히 $\omega = \frac{\pi}{2}$일 때, 평행좌표계는 직교좌표계가 된다.

참고 평면 위의 임의의 점 P가 직교좌표계에서 주어질 때, x축과 y축에 수직으로 내려 만나는 점을 각각 a와 b라 할 때 P를 (a, b), 즉 $P(a, b)$로 표시한다. 이 좌표계를 가진 평면을 **좌표평면**(coordinate plane) 또는 **데카르트 평면**(Cartesian plane)이라고 하며, R^2으로 표시한다.

정리 1

R^2으로 주어진 좌표평면 위의 모든 점과 실수의 순서쌍 (x, y) 전체의 집합 사이에는 일대일 대응이 존재한다.

참고 프랑스의 수학자 데카르트는 침대에 누워 천정에 거미가 거미줄을 치는 것을 쳐다보다가, 거미줄이 여러 가지 모양을 하고 있다는 사실로부터 좌표평면을 고안하게 되었다고 한다. 좌표평면의 도입으로 도형을 방정식으로 나타내고, 그 방정식을 변형, 이용하여 도형의 성질을 연구하는 해석기하학이 발전하게 되었다.

② 공간좌표계

공간 위의 한 점 O에서 서로 수직으로 만나는 세 개의 수직선 $X'OX$, $Y'OY$와 $Z'OZ$를 잡는다.

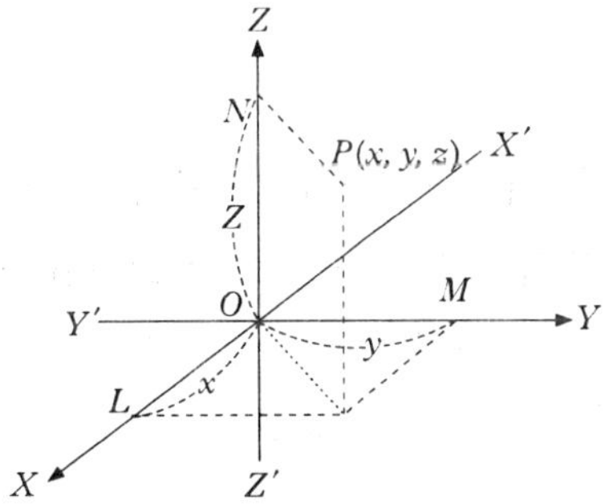

[그림 5.2]

이 세 직선 위에 O를 원점으로 하고, OX, OY와 OZ를 양의 방향의 반직선으로 하는 좌표를 도입하면, 공간의 임의의 점 P에는 세 개의 실수로 이루어진 순서쌍이 유일하게 대응된다. 역으로 세 개의 실수로 이루어진 순서쌍 (x, y, z)가 주어지면, 수직선 $X'X$, $Y'Y$와 $Z'Z$ 위에 각각 그 좌표가 x, y와 z인 점 L, M과 N이 정해지고, L, M과 N에 대하여 공간 내 하나의 점 P가 유일하게 결정된다.

이때 이 직교좌표계를 R^3으로 나타낸다.

정리 2

R^3로 주어진 삼차원공간 위의 모든 점과 실수의 순서쌍 (x, y, z) 전체의 집합 사이에는 일대일 대응이 존재한다.

참고 원점 O에서 서로 수직으로 만나는 세 좌표축 x축, y축, z축을 택하면 (단, z축의 방향은 오른손 법칙에 의하여 정한다.) 세 좌표축은 세 좌표평면 xy 평면, yz 평면, xz 평면을 결정한다.

일반적으로 n개의 성분을 갖는 순서쌍 전체의 집합을 n차원공간이라 하고, R^n으로 표시한다. 이것을 n차원 직교좌표계라 한다. 이차원공간에서 x와 y를 포함하는 식의 그래프는 R^2의 곡선이고, 삼차원공간에서 x, y, z를 포함하는 식의 그래프는 R^3의 곡면을 나타낸다.

(2) 극좌표계

평면 위 한 점의 위치는 원점으로부터의 거리와 방향에 의하여 표현될 수 있다. 평면 위에 **극**(pole)이라 불리는 기준점 O를 잡고, **극축**(polar axis)이라 부르는 O에서 시작하는 반직선 OX를 그린다. 이 극축은 항상 오른쪽으로 수평하게 그려지고, 직교좌표에서 양의 방향인 x축에 대응된다.

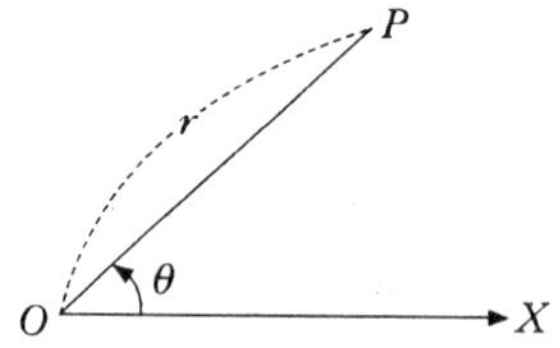

[그림 5.3]

P가 평면 위의 임의의 점일 때, r을 O에서 P까지의 거리라 놓고, θ를 극축과 반직선 OP 사이의 각(라디안으로 측정)이라 하면, 점 P는 순서쌍 (r, θ)로 표시된다. 이때 (r, θ)를 P의 **극좌표**(polar coordinate)라 하고, r을 동경(또는 동경벡터),

θ를 P에 대응하는 편각이라 한다. θ가 극축으로부터 시계바늘이 도는 방향으로 측정되면 음이라 규정한다. 또한 $r=0$인 임의의 극좌표 $(0, \theta)$는 원점을 나타낸다. 특히 $r<0$인 경우에, 점 $(-r, \theta)$와 점 (r, θ)는 O를 지나는 같은 직선 위에 놓여 있고 O로부터 같은 거리에 있으나, O의 반대편에 놓여 있다고 정의한다. 즉 $(-r, \theta)$는 $(r, \theta+\pi)$와 같은 점을 나타낸다.

참고 극좌표의 표시는 유일하지 않다. 극좌표 (r, θ)로 표현되는 점은 $(r, \theta+2n\pi)$와 $(-r, \theta+(2n+1)\pi)$ (단, n은 정수)로도 표현됨에 유의한다.

제1사분면에서 한 점 P의 극좌표 (r, θ)와 직교좌표 (x, y) 사이의 관계식은

$$x = r\cos\theta, \quad y = r\sin\theta$$

$$r^2 = x^2+y^2, \quad \tan\theta = \frac{y}{x} \ (\text{단, } r>0,\ 0<\theta<\frac{\pi}{2})$$

로 주어진다. 그러나 이 방정식은 r과 θ의 모든 값에 대하여 유효하다.

예 1 극좌표 $(\sqrt{2}, \frac{\pi}{4})$에서

$$x = \sqrt{2}\cos(\frac{\pi}{4}) = 1, \quad y = \sqrt{2}\sin(\frac{\pi}{4}) = 1$$

이므로, 직교좌표로 표현하면 $(1, 1)$이 된다.

(3) 원주좌표계와 구면좌표계

삼차원공간에서는 극좌표계와 유사한 두 개의 좌표계가 있다.

① 원주좌표계

원주좌표계(cylindrical coordinate system)에서는 삼차원공간의 점 P를 순서쌍 (r, θ, z)로 나타낸다. 이때 r과 θ는 xy평면 위의 점 P의 정사영의 극좌표이고, z는 xy평면에서 P까지의 방향이 주어진 거리이다.

원주좌표(cylindrical coordinate)를 직교좌표로 변환하기 위해서는 방정식

$$x = r\cos\theta,\quad y = r\sin\theta,\quad z = z$$

를 이용하고, 직교좌표를 원주좌표로 변환하기 위해서는 방정식

$$r^2 = x^2 + y^2,\quad \tan\theta = \frac{y}{x},\quad z = z$$

를 이용한다.

예제 1 직교좌표가 $(3,\ -3,\ 7)$인 점의 원주좌표를 구하시오.

풀이 $r = \sqrt{3^2 + (-3)^2} = 3\sqrt{2}$이고, $\tan\theta = \frac{(-3)}{3} = -1$로부터 $\theta = \frac{7\pi}{4} + 2n\pi$를 얻는다. $z = 7$이므로, 하나의 원주좌표는 $(3\sqrt{2},\ 7\pi/4,\ 7)$로 주어진다. 그러나 극좌표에서와 마찬가지로, 무수히 많은 선택의 여지가 있다. ■

② 구면좌표계

R^3에서 O를 원점으로 하는 직교축을 잡고, 임의의 한 점 P의 좌표를 (x, y, z)라 하자. 점 P에서 평면 XOY에 내린 수선의 발을 P'이라 할 때

$$\overline{OP} = r,\quad \angle XOP' = \theta,\quad \angle POZ = \phi$$

라 두면, P에는 세 개의 실수로 이루어진 순서쌍 (r, θ, ϕ)가 대응된다. 여기서 $r \geqq 0$, $0 \leqq \phi \leqq \pi$임에 유의한다.

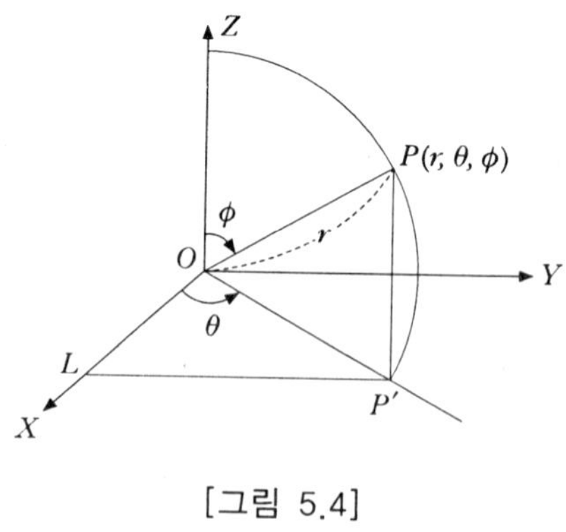

[그림 5.4]

이 대응을 R^3의 극좌표계 또는 **구면좌표계**(spherical coordinate system)라 하고, 점 P에 대응되는 $(r,\ \theta,\ \phi)$를 P의 극좌표 또는 **구면좌표**(spherical coordinate)라 한다. 이때 r을 동경, O를 극, ϕ를 **천정각**(zenithal angle), 그리고 θ를 **방위각**(azimuth)이라 한다.

원주좌표를 직교좌표로 변환하기 위해서는 방정식

$$x = r\sin\phi\cos\theta,\quad y = r\sin\phi\sin\theta,\quad z = r\cos\phi$$

를 이용하고, 직교좌표를 원주좌표로 변환하기 위해서는 방정식

$$r^2 = x^2 + y^2 + z^2,\quad \tan\theta = \frac{y}{x},\quad \tan\phi = \frac{\sqrt{x^2+y^2}}{z}$$

를 이용한다.

2. 두 점 사이의 거리

R^1에서의 두 점 $P(x)$와 $Q(y)$에 대하여, 신분 PQ의 길이를

$$\overline{PQ} = |y - x|$$

로 정의한다. $\overline{PQ}$를 $d(P,\ Q)$로 나타내기도 한다.

다음에 R^2에서 두 점 $P(x_1,\ y_1)$와 $Q(x_2,\ y_2)$ 사이의 거리는 **피타고라스 정리**(Phythagoras theorem)에 의하여

$$\overline{PQ} = d(P,\ Q) = \sqrt{(x_2 - x_1)^2 + (y_2 - y_1)^2}$$

로 주어진다. 같은 생각으로 R^3에서의 두 점 $P(x_1,\ y_1,\ z_1)$와 $Q(x_2,\ y_2,\ z_2)$ 사이의 거리는

$$\overline{PQ} = d(P,\ Q) = \sqrt{(x_2 - x_1)^2 + (y_2 - y_1)^2 + (z_2 - z_1)^2}$$

로 표시된다.

예제 2 삼각형 $\triangle ABC$에서 변 BC의 중점을 M이라고 할 때

$$\overline{AB}^2 + \overline{AC}^2 = 2(\overline{AM}^2 + \overline{BM}^2)$$

이 성립함을 보이시오.

증명 직선 BC를 x축, 점 M을 지나고 BC에 수직인 직선을 y축으로 잡으면, M은 이 좌표평면의 원점이 된다.

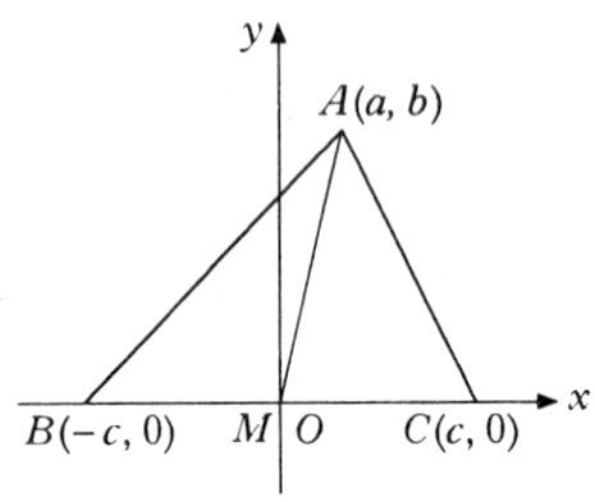

[그림 5.5]

이때 A, B, C의 좌표를 각각 (a, b), $(-c, 0)$, $(c, 0)$으로 나타내면

$$\begin{aligned}\overline{AB}^2 + \overline{AC}^2 &= \{(a+c)^2 + b^2\} + \{(a-c)^2 + b^2\} \\ &= 2(a^2 + b^2 + c^2) \qquad (1)\end{aligned}$$

이 된다. 한편 $\overline{AM}^2 = a^2 + b^2$, $\overline{BM}^2 = c^2$이므로

$$2(\overline{AM}^2 + \overline{BM}^2) = 2(a^2 + b^2 + c^2) \qquad (2)$$

이 된다. 따라서 (1)과 (2)로부터

$$\overline{AB}^2 + \overline{AC}^2 = 2(\overline{AM}^2 + \overline{BM}^2)$$

이 성립한다. ■

정리 3 (좌표평면 위의 선분의 내분점)

R^2에서 두 점 $P(x_1, y_1)$과 $Q(x_2, y_2)$를 맺는 선분 PQ를 $m : n$으로 내분하는 점 $R(x, y)$의 좌표는

$$x = \frac{mx_2 + nx_1}{m+n}, \quad y = \frac{my_2 + ny_1}{m+n}$$

으로 주어진다.

증명 세 점 P, Q, R로부터 y축에 평행선을 그어서 x축과 만나는 점을 각각 P', Q', R'이라고 하면

$$\frac{\overline{PR}}{\overline{PQ}} = \frac{\overline{P'R'}}{\overline{P'Q'}} = \frac{m}{n}$$

이 성립한다. 그런데

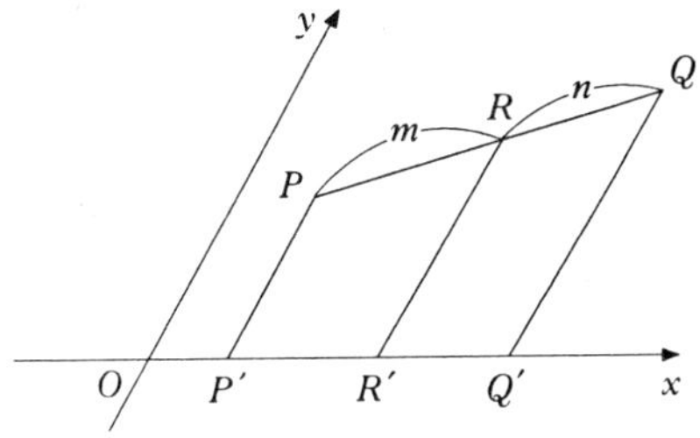

[그림 5.6]

$$\overline{OP'} = x_1, \quad \overline{OR'} = x, \quad \overline{OQ'} = x_2$$

이므로

$$\overline{P'R'} = x - x_1, \quad \overline{R'Q'} = x_2 - x$$

를 얻는다. 따라서

$$\frac{x-x_1}{x_2-x} = \frac{m}{n}, \quad 즉 \quad x = \frac{mx_2+nx_1}{m+n}$$

이 된다. 같은 방법으로 세 점 P, Q, R에서 x축에 평행선을 그어서 R의 y좌표를 구하면

$$y = \frac{my_2+ny_1}{m+n}$$

이 된다. 따라서 $R(x, y)$의 좌표는

$$x = \frac{mx_2+nx_1}{m+n}, \quad y = \frac{my_2+ny_1}{m+n}$$

으로 주어진다. ■

참고 R^3에서 두 점 $P(x_1, y_1, z_1)$과 $Q(x_2, y_2, z_2)$를 맺는 선분 PQ를 $m : n$으로 내분하는 점 $R(x, y, z)$의 좌표는

$$x = \frac{mx_2 + nx_1}{m+n}, \quad y = \frac{my_2 + ny_1}{m+n}, \quad z = \frac{mz_2 + nz_1}{m+n}$$

으로 주어진다.

정리 4 (선분의 외분점)

R^2에서 두 점 $P(x_1, y_1)$과 $Q(x_2, y_2)$를 맺는 선분 PQ를 $m : n$으로 외분하는 점 $R(x, y)$의 좌표는

$$x = \frac{mx_2 - nx_1}{m-n}, \quad y = \frac{my_2 - ny_1}{m-n} \text{ (단, } m \neq n)$$

으로 주어진다.

또한 R^3에서 두 점 $P(x_1, y_1, z_1)$과 $Q(x_2, y_2, z_2)$를 맺는 선분 PQ를 $m : n$으로 외분하는 점 $R(x, y, z)$의 좌표는

$$x = \frac{mx_2 - nx_1}{m-n}, \quad y = \frac{my_2 - ny_1}{m-n}, \quad z = \frac{mz_2 - nz_1}{m-n} \text{ (단, } m \neq n)$$

으로 주어진다.

참고 R^2에서

(1) 두 점 $P_0(x_1, x_2)$과 $P_1(y_1, y_2)$에 의하여 하나의 직선 l이 결정되고, l 위의 임의의 점 $P(w_1, w_2)$는

$$w_i = \lambda x_i + \mu y_i \text{ (단, } i = 1, 2;\ \lambda + \mu = 1) \qquad (1)$$

로 주어진다. 역으로 (1)에 의하여 정해지는 점 P는 l 위에 있다. 특히 점 P가 선분 P_0P_1 위에 있기 위한 조건은

$$\lambda + \mu = 1 \text{ (단, } \lambda \geqq 0,\ \mu \geqq 0)$$

이다.

(2) 동일 직선 위에 있지 않는 세 점 $P_0(x_1, x_2)$, $P_1(y_1, y_2)$, $P_2(z_1, z_2)$에 의하여 하나의 평면 π가 결정되고, π 위의 임의의 점 $P(w_1, w_2)$는

$$w_i = \lambda x_i + \mu y_i + \nu z_i \ (i = 1,\ 2;\ \lambda + \mu + \nu = 1) \qquad (2)$$

로서 주어진다. 역으로 (2)에 의하여 정해지는 점 P는 π 위에 있다. 특히 점 P가 삼각형 $\triangle P_0P_1P_2$에 속해 있을 조건은

$$\lambda+\mu+\nu=1 \ (\text{단}, \ \lambda \geqq 0, \ \ \mu \geqq 0, \ \ \mu \geqq 0)$$

이다.

예 2 R^2에서 두 점 $P(r_1, \theta_1)$과 $Q(r_2, \theta_2)$ 사이의 거리는

$$\overline{PQ} = \sqrt{r_1^2 + r_2^2 - 2r_1r_2\cos(\theta_2 - \theta_1)}$$

으로 주어진다.

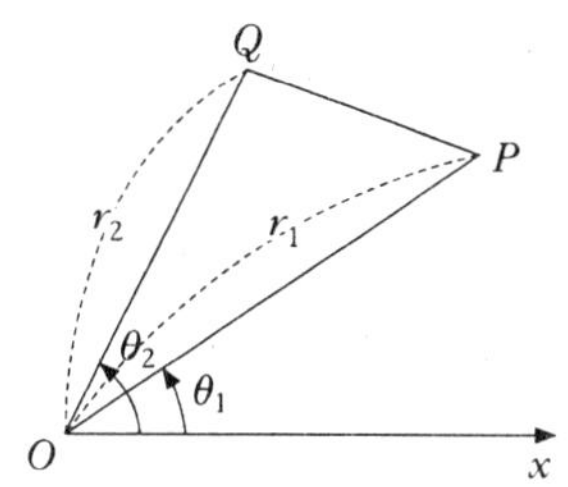

[그림 5.7]

왜냐하면 삼각형 $\triangle OPQ$에 제이코사인법칙을 사용하면

$$\begin{aligned}\overline{PQ}^2 &= \overline{OP}^2 + \overline{OQ}^2 - 2\,\overline{OP}\ \overline{OQ}\cos\angle POQ \\ &= r_1^2 + r_2^2 - 2r_1r_2\cos(\theta_2 - \theta_1)\end{aligned}$$

이 성립하기 때문이다.

3. 벡터

(1) 공간벡터

크기와 방향을 갖는 양을 나타내는 **벡터**(vector)는 R^2 또는 R^3에서 그 크기를 길이로 하고 방향을 갖는 유향선분 $\overrightarrow{PQ}$로 나타낼 수 있다. 이때 P를 **시점**(initial point), Q를 **종점**(terminal point)이라 한다.

시점과 종점이 서로 다른 두 벡터 $\overrightarrow{PQ}$와 $\overrightarrow{P'Q'}$는 그 크기와 방향이 같을 때, 같은 벡터로 정의한다. 그러므로 모든 벡터는 시점을 원점으로 보면, 종점에 의하여 확정되게 된다. 따라서 R^2에서 하나의 벡터의 종점의 좌표가 $P(a_1, a_2)$일 때, 그 벡터를 (a_1, a_2)로 표시하기로 한다. 이때 이차원벡터 (a_1, a_2)를 점 $P(a_1, a_2)$의 **위치벡터**(position vector)라 한다. 한편 삼차원벡터 (a_1, a_2, a_3)는 점 $P(a_1, a_2, a_3)$의 위치벡터가 된다. 여기서 실수 a_i를 **벡터성분**(vector component)이라 한다.

벡터는 보통 인쇄체 굵은 글자 **v** 또는 $\vec{v}$로 표시한다.

참고 R^3에서 두 벡터 $\mathbf{a} = (a_1, a_2, a_3)$와 $\mathbf{b} = (b_1, b_2, b_3)$는 $a_1 = b_1$, $a_2 = b_2$와 $a_3 = b_3$일 때, 그리고 그때에 한하여 같은 벡터가 된다.

R^2에서의 벡터 (a_1, a_2)는 1×2 행렬이라고도 볼 수 있다. 이때 벡터 (a_1, a_2)를 **행벡터**(row vector)라 한다. 또한 1×2 행렬인

$$\begin{pmatrix} a_1 \\ a_2 \end{pmatrix}$$

도 하나의 벡터라 볼 수 있겠으며, 이것을 **열벡터**(column vector)라 한다. 앞으로 특별한 언급이 없는 한, 벡터라 하면 편의상 행벡터를 뜻하는 것으로 한다.

예 3 두 점 $A(x_1, x_2, x_3)$와 $B(x_2, y_2, z_3)$에 대하여, 유향선분 $\overrightarrow{AB}$에 의하여 표현되는 벡터는 $\mathbf{a} = (x_2 - x_1,\ y_2 - y_1,\ z_2 - z_1)$이다.

벡터 **v**의 크기 또는 길이를 **노름**(norm) $\| \mathbf{v} \|$로 정의한다. 이차원벡터 $\mathbf{a} = (a_1, a_2)$의 크기는 $\| \mathbf{a} \| = \sqrt{a_1^2 + a_2^2}$ 이고, 삼차원벡터 $\mathbf{a} = (a_1, a_2, a_3)$의 크기는 $\| \mathbf{a} \| = \sqrt{a_1^2 + a_2^2 + a_3^3}$ 이다. 특히 크기가 1인 벡터를 **단위벡터**(unit vector)라 한다. R^3에서 크기가 0인 벡터는 영벡터 $\mathbf{0} = (0, 0, 0)$ 뿐이고, 영벡터는 특정한 방향을 갖지 않는 유일한 벡터로써 모든 벡터에 수직(perpendicular)인 것으로 정의한다.

정의 5 (벡터의 합과 스칼라곱셈)

(1) 두 벡터 $\mathbf{a} = (a_1, a_2, a_3)$, $\mathbf{b} = (b_1, b_2, b_3)$에 대하여, 벡터의 합은

$$\mathbf{a}+\mathbf{b} = (a_1 + b_1,\ a_2 + b_2,\ a_3 + b_3)$$

로 정의하고, 벡터의 차는 $\mathbf{a}-\mathbf{b} = \mathbf{a}+(-\mathbf{b})$로 정의한다.

(2) λ가 스칼라이고 $\mathbf{a} = (a_1, a_2, a_3)$이면, 벡터 $\lambda\mathbf{a}$를

$$\lambda\mathbf{a} = (\lambda a_1,\ \lambda a_2,\ \lambda a_3)$$

로 정의한다.

참고 두 벡터 $\mathbf{a}$, $\mathbf{b}$가 어떤 스칼라 λ에 대하여 $\mathbf{b} = \lambda\mathbf{a}$일 때, $\mathbf{a}$와 $\mathbf{b}$는 **평행**(parallel)이라 한다.

이제부터 이차원벡터 전체의 집합을 V_2, 삼차원벡터 전체의 집합을 V_3로 표기하기로 한다.

다음 성질은 벡터에 관한 정의로부터 쉽게 확인된다.

정리 6 (벡터의 성질)

$\mathbf{a}$, $\mathbf{b}$, $\mathbf{c}$가 V_3의 벡터이고, λ와 μ가 스칼라일 때, 다음이 성립한다.

(1) $\mathbf{a}+\mathbf{b} = \mathbf{b}+\mathbf{a}$

(2) $\mathbf{a}+(\mathbf{b}+\mathbf{c}) = (\mathbf{a}+\mathbf{b})+\mathbf{c}$

(3) $\mathbf{a}+\mathbf{0} = \mathbf{a}$

(4) $\mathbf{a}+(-\mathbf{a}) = \mathbf{0}$

(5) $\lambda(\mathbf{a}+\mathbf{b}) = c\mathbf{a}+c\mathbf{b}$

(6) $(\lambda+\mu)\mathbf{a} = c\mathbf{a} + d\mathbf{a}$

(7) $(\lambda\mu)\mathbf{a} = \lambda(\mu\mathbf{a})$

(8) $0\mathbf{a} = \mathbf{0}$

(9) $1\mathbf{a} = \mathbf{a}$

V_2에서 **표준기저벡터**(canonical basis vector)로 정의되는 두 벡터 $\mathbf{i} = (1, 0)$, $\mathbf{j} = (0, 1)$은 양의 x축과 양의 y축 방향을 각각 나타내는 단위벡터이다. 또한 V_3에서 표준기저벡터는 $\mathbf{i} = (1, 0, 0)$, $\mathbf{j} = (0, 1, 0)$, $\mathbf{k} = (0, 0, 1)$로 정의된다. 일반적으로 $\mathbf{a} \neq \mathbf{0}$일 때,

$\mathbf{a}$와 같은 방향을 가지는 단위벡터는 $\mathbf{u} = \frac{\mathbf{a}}{\|\mathbf{a}\|}$가 된다.

V_3의 임의의 벡터 $\mathbf{a} = (a_1, a_2, a_3)$는 단위벡터 $\mathbf{i}$, $\mathbf{j}$와 $\mathbf{k}$에 의하여

$$\mathbf{a} = a_1\mathbf{i} + a_2\mathbf{j} + a_3\mathbf{k}$$

로 유일하게 표시된다. 마찬가지로 V_2의 임의의 벡터 $\mathbf{a} = (a_1, a_2)$는 단위벡터 $\mathbf{i}$와 $\mathbf{j}$에 의하여 $\mathbf{a} = a_1\mathbf{i} + a_2\mathbf{j}$로 유일하게 표시된다.

(2) 벡터의 내적

정의 7 (벡터의 내적)

두 벡터 $\mathbf{a} = (a_1, a_2, a_3)$와 $\mathbf{b} = (b_1, b_2, b_3)$에 대하여, $\mathbf{a}$와 $\mathbf{b}$의 **내적**(inner product 또는 dot product) $\mathbf{a} \cdot \mathbf{b}$는 실수, 즉 스칼라

$$\mathbf{a} \cdot \mathbf{b} = a_1b_1 + a_2b_2 + a_3b_3$$

로 정의하고, "a dot b"로 읽는다. 내적을 **스칼라곱**(scalar product)이라고도 한다.

내적에 관한 다음 성질은 정의로부터 쉽게 확인된다.

정리 8 (내적의 성질)

$\mathbf{a}$, $\mathbf{b}$와 $\mathbf{c}$가 V_2 (또는 V_3)의 벡터이고, λ가 스칼라일 때, 다음이 성립한다.

(1) $\mathbf{a} \cdot \mathbf{a} = \|\mathbf{a}\|^2$

(2) $\mathbf{a} \cdot \mathbf{b} = \mathbf{b} \cdot \mathbf{a}$

(3) $\mathbf{0} \cdot \mathbf{a} = 0$

(4) $\mathbf{a} \cdot (\mathbf{b} + \mathbf{c}) = \mathbf{a} \cdot \mathbf{b} + \mathbf{a} \cdot \mathbf{c}$

(5) $(\lambda\mathbf{a}) \cdot \mathbf{b} = \lambda(\mathbf{a} \cdot \mathbf{b}) = \mathbf{a} \cdot (\lambda\mathbf{b})$

내적 $\mathbf{a} \cdot \mathbf{b}$는 $\mathbf{a}$와 $\mathbf{b}$의 사이각 θ(단, $0 \leqq \theta \leqq \pi$)를 이용하여 기하학적으로 표현할 수 있다.

물리학자는 다음 정리에 나타나는 공식을 내적의 정의로 사용한다.

정리 9

θ가 두 벡터 $\mathbf{a}$와 $\mathbf{b}$의 사잇각이면

$$\mathbf{a}\cdot\mathbf{b} = \|\mathbf{a}\|\ \|\mathbf{b}\|\ \cos\theta$$

이다. 따라서 θ가 0이 아닌 두 벡터 $\mathbf{a}$와 $\mathbf{b}$의 사잇각이면

$$\cos\theta = \frac{\mathbf{a}\cdot\mathbf{b}}{\|\mathbf{a}\|\ \|\mathbf{b}\|}$$

가 된다.

증명 삼각형 $\triangle OAB$에 코사인법칙을 적용하면

$$\overline{AB}^2 = \overline{OA}^2 + \overline{OB}^2 - 2\overline{OA}\ \overline{OB}\cos\theta$$

가 된다. 그런데

$$\overline{OA} = \|\mathbf{a}\|,$$
$$\overline{OB} = \|\mathbf{b}\|,\ \overline{AB} = \|\mathbf{a}-\mathbf{b}\|$$

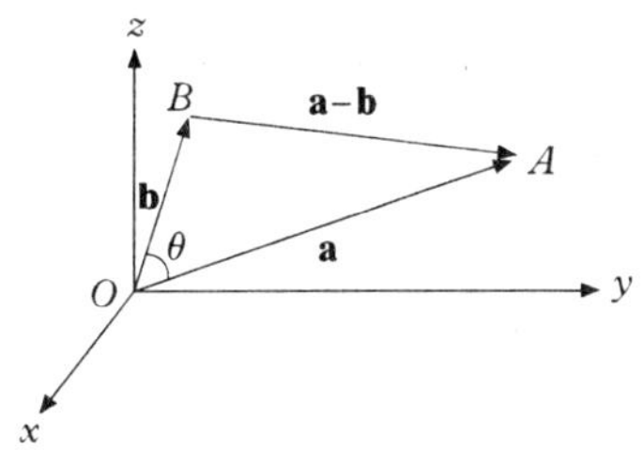

[그림 5.8]

이므로

$$\|\mathbf{a}-\mathbf{b}\|^2 = \|\mathbf{a}\|^2 + \|\mathbf{b}\|^2 - 2\|\mathbf{a}\|\ \|\mathbf{b}\|\cos\theta$$

가 성립한다. 내적의 성질을 이용하면

$$\|\mathbf{a}-\mathbf{b}\|^2 = (\mathbf{a}-\mathbf{b})\cdot(\mathbf{a}-\mathbf{b}) = \|\mathbf{a}\|^2 - 2\,\mathbf{a}\cdot\mathbf{b} + \|\mathbf{b}\|^2$$

으로 변형되므로

$$\begin{aligned}\|\mathbf{a}\|^2 - 2\mathbf{a}\cdot\mathbf{b} + \|\mathbf{b}\|^2 \\ = \|\mathbf{a}\|^2 + \|\mathbf{b}\|^2 - 2\|\mathbf{a}\|\ \|\mathbf{b}\|\cos\theta\end{aligned}$$

를 얻는다. 따라서 $\mathbf{a}\cdot\mathbf{b} = \|\mathbf{a}\|\ \|\mathbf{b}\|\cos\theta$를 만족한다. ■

예 4 V_3에서 두 벡터 $\mathbf{a} = (a_1, a_2, a_3)$와 $\mathbf{b} = (b_1, b_2, b_3)$의 사잇각 θ는

$$\cos\theta = \frac{a_1b_1 + a_2b_2 + a_3b_3}{\sqrt{a_1^2 + a_2^2 + a_3^2}\ \sqrt{b_1^2 + b_2^2 + b_3^2}}$$

로 주어진다.

벡터의 내적과 노름은 공간기하의 해석을 용이하게 한다. 노름에 대한 몇 가지 성질을 서술한다.

정리 10

$\mathbf{u}$와 $\mathbf{v}$가 V_2 (또는 V_3)의 벡터이고, λ가 스칼라일 때, 다음이 성립한다.

(1) $\|\mathbf{u}\| \geqq 0$이고, $\|\mathbf{u}\| = 0 \Leftrightarrow \mathbf{u} = \mathbf{0}$

(2) $\|\lambda\mathbf{u}\| = |\lambda|\,\|\mathbf{u}\|$

(3) $|\mathbf{u}\cdot\mathbf{v}| \leqq \|\mathbf{u}\|\,\|\mathbf{v}\|$ (코시-슈바르츠 부등식)

(4) $\|\mathbf{u}+\mathbf{v}\| \leqq \|\mathbf{u}\| + \|\mathbf{v}\|$ (삼각부등식)

(3) 벡터곱

두 벡터 $\mathbf{a}$와 $\mathbf{b}$의 벡터곱 $\mathbf{a}\times\mathbf{b}$는 벡터가 된다. 특히 $\mathbf{a}\times\mathbf{b}$는 $\mathbf{a}$와 $\mathbf{b}$가 삼차원벡터일 경우에만 정의됨에 유의한다.

정의 11 (벡터곱)

V_3에서 두 벡터 $\mathbf{a} = (a_1, a_2, a_3)$와 $\mathbf{b} = (b_1, b_2, b_3)$에 대하여, $\mathbf{a}$와 $\mathbf{b}$의 **외적**(cross product) 또는 **벡터곱**(vector product) $\mathbf{a}\times\mathbf{b}$는

$$\mathbf{a}\times\mathbf{b} = (a_2b_3 - a_3b_2,\ a_3b_1 - a_1b_3,\ a_1b_2 - a_2b_1)$$

로 정의한다.

벡터곱은 행렬식의 표현법을 이용한다. [정의 11]을 이차행렬식과 표준기저벡터 $\mathbf{i}, \mathbf{j}, \mathbf{k}$를 이용하여 표현하면

$$\mathbf{a} = a_1\mathbf{i} + a_2\mathbf{j} + a_3\mathbf{k},\ \mathbf{b} = b_1\mathbf{i} + b_2\mathbf{j} + b_3\mathbf{k}$$

일 때, 벡터곱 $\mathbf{a}\times\mathbf{b}$는

$$\mathbf{a}\times\mathbf{b} = \begin{vmatrix} a_2 & a_3 \\ b_2 & b_3 \end{vmatrix}\mathbf{i} - \begin{vmatrix} a_1 & a_3 \\ b_1 & b_3 \end{vmatrix}\mathbf{j} + \begin{vmatrix} a_1 & a_2 \\ b_1 & b_2 \end{vmatrix}\mathbf{k}$$

가 된다. 따라서 행렬식의 표현법을 이용하면 벡터곱 $\mathbf{a}\times\mathbf{b}$는

$$\mathbf{a}\times\mathbf{b} = \begin{vmatrix} \mathbf{i} & \mathbf{j} & \mathbf{k} \\ a_1 & a_2 & a_3 \\ b_1 & b_2 & b_3 \end{vmatrix}$$

로 정의된다. 이때 행렬식의 첫 행이 벡터로 이루어져 있지만, 이것은 보통의 행렬식으로 생각하여 전개한다.

참고 $\mathbf{a}, \mathbf{b}$가 V_3에서의 두 벡터일 때, 벡터곱 $\mathbf{a}\times\mathbf{b}$는 $\mathbf{a}$와 $\mathbf{b}$ 모두와 직교한다.

벡터곱 $\mathbf{a}\times\mathbf{b}$는 $\mathbf{a}$와 $\mathbf{b}$를 지나는 평면에 수직이고, 방향은 오른손법칙에 의해서 주어진다. 한편 $\mathbf{a}\times\mathbf{b}$의 크기 $\|\mathbf{a}\times\mathbf{b}\|$는 다음 정리로 주어진다.

정리 12

θ(단, $0 \leqq \theta \leqq \pi$)가 $\mathbf{a}$와 $\mathbf{b}$의 사잇각일 때

$$\|\mathbf{a}\times\mathbf{b}\| = \|\mathbf{a}\|\ \|\mathbf{b}\|\sin\theta$$

가 된다. 따라서 $\|\mathbf{a}\times\mathbf{b}\|$는 $\mathbf{a}$와 $\mathbf{b}$에 의하여 결정되는 평행사변형의 면적과 같다.

증명

$$\begin{aligned} \|\mathbf{a}\times\mathbf{b}\|^2 &= (a_2b_3 - a_3b_2)^2 + (a_3b_1 - a_1b_3)^2 + (a_1b_2 - a_2b_1)^2 \\ &= (a_1^2 + a_2^2 + a_3^2)(b_1^2 + b_2^2 + b_3^2) - (a_1b_1 + a_2b_2 + a_3b_3)^2 \\ &= \|\mathbf{a}\|^2\ \|\mathbf{b}\|^2 - (\mathbf{a}\cdot\mathbf{b})^2 \\ &= \|\mathbf{a}\|^2\ \|\mathbf{b}\|^2 - \|\mathbf{a}\|^2\ \|\mathbf{b}\|^2\cos^2\theta \\ &= \|\mathbf{a}\|^2\ \|\mathbf{b}\|^2(1 - \cos^2\theta) = \|\mathbf{a}\|^2\|\mathbf{b}\|^2\sin^2\theta \end{aligned}$$

가 된다. 그런데 $0 \leqq \theta \leqq \pi$일 때, $\sin\theta \geqq 0$이므로

$$\|\mathbf{a}\times\mathbf{b}\| = \|\mathbf{a}\|\ \|\mathbf{b}\|\sin\theta$$

를 얻는다. ■

물리학자는, 오른손법칙에 의하여 결정되는 방향에 따라 $\mathbf{a}$와 $\mathbf{b}$ 모두에 수직이 되고 크기가 $\|\mathbf{a}\| \|\mathbf{b}\| \sin\theta$인 벡터로 벡터곱 $\mathbf{a}\times\mathbf{b}$를 정의한다. 따라서 $\mathbf{0}$이 아닌 두 벡터 $\mathbf{a}$와 $\mathbf{b}$가 평행일 필요충분조건은 $\mathbf{a}\times\mathbf{b}=\mathbf{0}$이 된다.

예제 3 꼭지점이 $P(1, 4, 6)$, $Q(-2, 5, -1)$, $R(1, -1, 1)$로 주어진 삼각형의 면적을 구하시오.

풀이 유향선분 $\overrightarrow{PQ}$와 $\overrightarrow{PR}$에 대응되는 벡터는 각각

$$\mathbf{a}=(-3, 1, -7),\ \mathbf{b}=(0, -5, -5)$$

이므로, 벡터곱 $\mathbf{a}\times\mathbf{b}$는

$$\mathbf{a}\times\mathbf{b}=\begin{vmatrix}\mathbf{i} & \mathbf{j} & \mathbf{k}\\ -3 & 1 & -7\\ 0 & -5 & -5\end{vmatrix}=-40\mathbf{i}-15\mathbf{j}+15\mathbf{k}$$

이다. 따라서 삼각형 $\triangle PQR$의 면적 A는

$$A=\frac{1}{2}\|\mathbf{a}\times\mathbf{b}\|=\frac{5\sqrt{82}}{2}$$

로 주어진다. ■

벡터곱을 표준기저벡터에 적용하면

$$\mathbf{i}\times\mathbf{j}=\mathbf{k},\ \mathbf{j}\times\mathbf{k}=\mathbf{i},\ \mathbf{k}\times\mathbf{i}=\mathbf{j}$$
$$\mathbf{j}\times\mathbf{i}=-\mathbf{k},\ \mathbf{k}\times\mathbf{j}=-\mathbf{i},\ \mathbf{i}\times\mathbf{k}=-\mathbf{j}$$

를 얻는다. 따라서 벡터곱은 교환법칙이 성립하지 않는다. 또한

$$\mathbf{i}\times(\mathbf{i}\times\mathbf{j})=-\mathbf{j},\ (\mathbf{i}\times\mathbf{i})\times\mathbf{j}=\mathbf{0}$$

이므로, 곱에 관한 결합법칙도 성립하지 않는다. 그러나 벡터곱에는 몇 가지 유용한 대수법칙이 성립한다.

다음 정리는 벡터곱의 정의를 이용하여 쉽게 유도할 수 있다.

정리 13 (벡터곱의 성질)

a, b, c가 V_3의 세 벡터이고, c가 스칼라일 때

(1) $\mathbf{a}\times\mathbf{b} = -\mathbf{b}\times\mathbf{a}$ (2) $\mathbf{a}\times\mathbf{a} = \mathbf{0}$

(3) a와 b가 평행이면, $\mathbf{a}\times\mathbf{b} = \mathbf{0}$

(4) $(c\mathbf{a})\times\mathbf{b} = c(\mathbf{a}\times\mathbf{b}) = \mathbf{a}\times(c\mathbf{b})$

(5) $\mathbf{a}\times(\mathbf{b}+\mathbf{c}) = \mathbf{a}\times\mathbf{b}+\mathbf{a}\times\mathbf{c}$

(6) $(\mathbf{a}+\mathbf{b})\times\mathbf{c} = \mathbf{a}\times\mathbf{c}+\mathbf{b}\times\mathbf{c}$

(7) $\mathbf{a}\times(\mathbf{b}\times\mathbf{c}) = (\mathbf{a}\cdot\mathbf{c})\mathbf{b}-(\mathbf{a}\cdot\mathbf{b})\mathbf{c}$

(8) $\mathbf{a}\times(\mathbf{b}\times\mathbf{c})+\mathbf{b}\times(\mathbf{c}\times\mathbf{a})+\mathbf{c}\times(\mathbf{a}\times\mathbf{b}) = \mathbf{0}$

이 성립한다.

V_3의 세 벡터 a, b, c의 **스칼라삼중적**은 $\mathbf{a}\cdot(\mathbf{b}\times\mathbf{c})$로 정의되고, 행렬식

$$\mathbf{a}\cdot(\mathbf{b}\times\mathbf{c}) = \begin{vmatrix} a_1 & a_2 & a_3 \\ b_1 & b_2 & b_3 \\ c_1 & c_2 & c_3 \end{vmatrix}$$

으로 표현할 수 있다.

예 5 a, b, c가 V_3의 세 벡터일 때

$$\mathbf{a}\cdot(\mathbf{b}\times\mathbf{c}) = (\mathbf{a}\times\mathbf{b})\cdot\mathbf{c}$$

가 성립한다.

스칼라삼중적의 기하학적 의미는 세 벡터 a, b, c에 의하여 결정되는 평행육면체를 생각함으로 알 수 있다.

정리 14

V_3의 세 벡터 a, b, c에 의하여 결정되는 평행육면체의 체적 V는 스칼라삼중적의 크기, 즉

$$V = |\mathbf{a}\cdot(\mathbf{b}\times\mathbf{c})|$$

으로 주어진다.

증명 평행사변형의 밑면의 면적 A는

$$A = \| \mathbf{b} \times \mathbf{c} \|$$

이다. θ를 $\mathbf{a}$와 $\mathbf{b} \times \mathbf{c}$ 사이의 각이라 하면 평행육면체의 높이 h는 $h = \| \mathbf{a} \| \, |\cos\theta|$이 된다. 따라서 평행육면체의 체적 V는

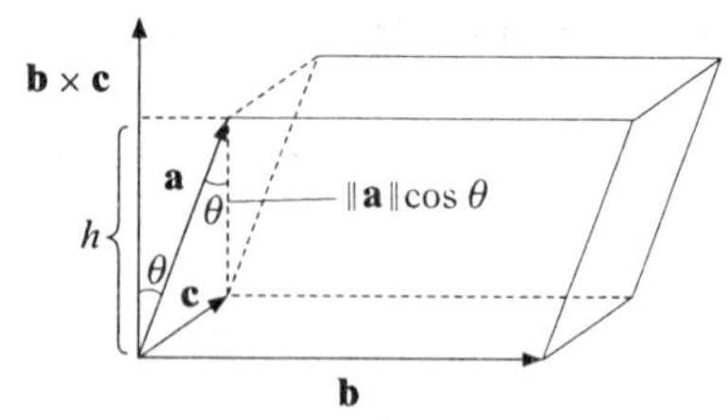

[그림 5.9]

$$\begin{aligned} V = Ah &= \| \mathbf{b} \times \mathbf{c} \| \; \| \mathbf{a} \| \, |\cos\theta| \\ &= |\mathbf{a} \cdot (\mathbf{b} \times \mathbf{c})| \end{aligned}$$

으로 주어진다. ■

참고 스칼라삼중적을 이용하여, V_3의 세 벡터 $\mathbf{a}$, $\mathbf{b}$와 $\mathbf{c}$가 동일 평면 위에 놓여 있음을 보일 수 있다. 예를 들면 세 벡터

$$\mathbf{a} = (1,\ 4,\ -7),\ \mathbf{b} = (2,\ -1,\ 4),\ \mathbf{b} = (0,\ -9,\ 18)$$

는 $\mathbf{a} \cdot (\mathbf{b} \times \mathbf{c}) = 0$을 만족하므로, 동일 평면 위에 놓여 있다.

연습문제

1 ≫ a가 $a \cdot a = a$를 만족하는 실수일 때, $a = 0$ 또는 $a = 1$임을 보이시오.

2 ≫ $a \in R$이 무리수이고 $r \neq 0$이 유리수일 때, $a + r$과 ar이 무리수임을 증명하시오.

3 ≫ 길이가 각각 $2x+1$과 x, 그리고 $2x-1$로 주어진 세 선분으로 삼각형을 만들 때, 이 삼각형이 둔각삼각형이 되기 위한 x의 범위를 구하시오.

4 ≫ 두 제품 A와 B를 섞어 다음 표와 같이 P형과 Q형의 선물세트를 만들어서, 두 종류 모두 한 세트 당 1,000원의 이익금을 얻으려고 한다.

제품 \ 세트	P형	Q형
A	3	2
B	4	5

A제품 31개와 B제품 60개로 P형과 Q형 세트를 만들 때, 얻을 수 있는 최대 이익금을 구하시오.

5 ≫ R^3에서 두 점 $P(x_1, y_1, z_1)$과 $Q(x_2, y_2, z_2)$를 $m : n$으로 외분하는 점 $R(x, y, z)$의 좌표는

$$x = \frac{mx_2 - nx_1}{m - n}, \quad y = \frac{my_2 - ny_1}{m - n}, \quad z = \frac{mz_2 - nz_1}{m - n}$$

으로 주어짐을 보이시오.

6 ≫ $\triangle PQR$이 R^2에서 세 점 $P(x_1, y_1)$, $Q(x_2, y_2)$와 $R(x_3, y_3)$를 꼭지점으로 하는 삼각형일 때, P를 지나는 중선을 $2:1$로 내분하는 점의 좌표를 구하고, 삼각형의 세 중선은 한 점에서 만남을 증명하시오.

7 ≫ 정삼각형 $\triangle ABC$의 변 BC를 $2:1$로 내분하는 점을 D라고 하면

$$2\overline{AB}^2 + \overline{AC}^2 = 3(\overline{DC}^2 + 2\overline{BD}^2)$$

이 성립함을 보이시오.

8 ≫ 다음 물음에 답하시오.

(1) 원주좌표가 $\left(3\sqrt{2}, \frac{7\pi}{4}, -7\right)$인 점의 직교좌표와 구면좌표를 구하시오.

(2) 직교좌표가 $(0, 2\sqrt{3}, 2)$인 점의 원주좌표와 구면좌표를 구하시오.

(3) 구면좌표가 $\left(4, \frac{\pi}{2}, \frac{2\pi}{3}\right)$인 점의 직교좌표와 원주좌표를 구하시오.

5.2 직선과 평면의 방정식

이 절에서는 벡터의 내적을 이용하여 직선과 평면의 방정식을 구하고, 이들 사이의 관계를 살펴본다. 이제부터 특별한 언급이 없는 한, 직교좌표계에서 생각하기로 한다.

1. 직선의 방정식

참고 (1) 한 점과 기울기가 주어진 직선: 한 점 $A(x_1,\ y_1)$을 지나고 기울기가 m인 직선의 방정식은

$$y - y_1 = m(x - x_1)$$

(2) 두 점을 지나는 직선: 두 점 $A(x_1,\ y_1)$과 $B(x_2,\ y_2)$를 지나는 직선의 방정식은

(i) $x_1 \neq x_2$일 때, $y - y_1 = \dfrac{y_2 - y_1}{x_2 - x_1}(x - x_1)$

(ii) $x_1 = x_2$일 때, $x = x_1$

(3) x와 y에 대한 일차방정식 $ax + by + c = 0$은

(i) $b \neq 0$일 때, $y = -\dfrac{a}{b}x - \dfrac{c}{b}$

(ii) $b = 0,\ a \neq 0$일 때, $x = -\dfrac{c}{a}$

와 같이 변형된다. 이때 x와 y에 대한 일차방정식 $ax + by + c = 0$을 **직선의 방정식의 일반형**이라고 한다.

(4) 두 직선의 평행 조건: 두 직선 $l : y = mx + b,\ l' : y = m'x + b'$에 대하여

$$l\text{과 } l'\text{은 평행} \Leftrightarrow m = m' \quad (\text{단, } b \neq b')$$

(5) 두 직선의 수직 조건: 두 직선 $l : y = mx + b,\ l' : y = m'x + b'$에 대하여

$$l\text{과 } l'\text{은 수직} \Leftrightarrow mm' = -1$$

(6) 한 점과 직선 사이의 거리: 한 점 $A(x_1, y_1)$과 직선 $ax+by+c=0$ 사이의 거리는

$$\frac{|ax_1+by_1+c|}{\sqrt{a^2+b^2}}$$

으로 주어진다.

예제 4 두 점 $A(2, -5)$, $B(4, -3)$을 이은 선분의 수직이등분선의 방정식을 구하시오.

풀이 선분 AB의 중점이 $M(3, -4)$이고 직선 AB의 기울기가 $\frac{-3-(-5)}{4-2}=1$ 이므로, 선분 AB의 수직이등분선은 $M(3, -4)$를 지나고 기울기가 -1인 직선이다. 따라서 이 직선의 방정식은

$$y-(-4)=-1(x-3),\quad 즉\quad y=-x-1$$

로 주어진다. ■

(1) 방향각과 방향코사인

R^3에서 하나의 유향선분 $\overrightarrow{AB}$의 **방향각**(direction angle)은 원점 O를 지나서 $\overrightarrow{AB}$에 평행인 $\overrightarrow{OP}$가 양의 x축, y축, z축과 각각 만드는 각 α, β, γ이다. 이때

$$l=\cos\alpha,\quad m=\cos\beta,\quad n=\cos\gamma$$

를 유향선분 $\overrightarrow{AB}$ (따라서 $\overrightarrow{OP}$)의 **방향코사인**(direction cosine) 또는 방향여현이라 한다. $\overrightarrow{OP}$의 방향은 방향코사인 l, m, n에 의하여 결정된다.

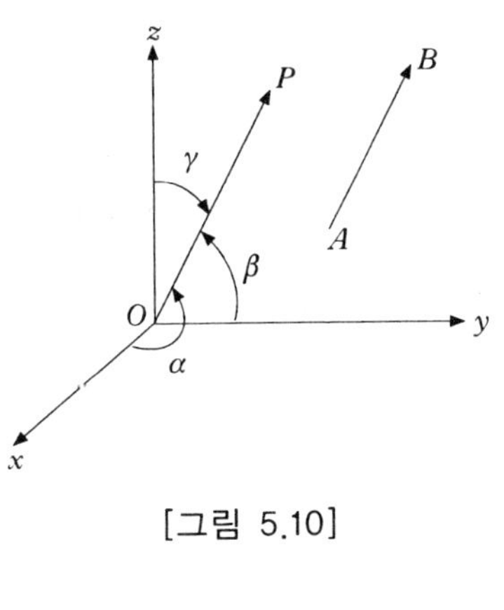

[그림 5.10]

참고 R^3에서 한 직선 g의 방향코사인을 l, m, n이라 할 때

$$l^2+m^2+n^2=1$$

이 성립한다. 또한 g와 반대방향의 직선을 g'이라 하면, g'의 방향코사인은 $-l$, $-m$, $-n$이 된다.

정리 1

R^3에서 두 직선의 방향코사인을 각각 l_1, m_1, n_1과 l_2, m_2, n_2라 할 때, 이 두 직선이 만나서 이루는 각을 θ라 하면

$$\cos\theta = l_1 l_2 + m_1 m_2 + n_1 n_2$$

가 성립한다. 따라서 두 직선이 수직일 조건은

$$l_1 l_2 + m_1 m_2 + n_1 n_2 = 0$$

이고, 평행일 조건은

$$l_1 = l_2,\quad m_1 = m_2,\quad n_1 = n_2$$

가 된다.

참고 R^2에서는 $l = \cos\alpha$이고 $\beta = \dfrac{\pi}{2} - \alpha$이므로 $m = \cos\beta = \sin\alpha$, $n = 0$이 된다. 따라서 $l^2 + m^2 = \cos^2\alpha + \sin^2\alpha = 1$이고

$$\cos\theta = l_1 l_2 + m_1 m_2 = \cos\alpha_1 \cos\alpha_2 + \sin\alpha_1 \sin\alpha_2 = \cos(\alpha_1 - \alpha_2)$$

가 성립한다. 그러므로

$$\tan\theta = \frac{\tan\alpha_1 - \tan\alpha_2}{1 + \tan\alpha_1 \tan\alpha_2}$$

로 주어진다. 따라서 두 직선이 수직일 조건은 $1 + \tan\alpha_1 \tan\alpha_2 = 0$이고, 평행일 조건은 $\tan\alpha_1 = \tan\alpha_2$가 된다.

예 6 R^3에서 원점 O와 점 $P(1, 1, 2)$를 지나는 직선의 방향코사인은 $\| \overrightarrow{OP} \| = \sqrt{6}$으로부터

$$\cos\alpha = \frac{1}{\sqrt{6}}, \quad \cos\beta = \frac{1}{\sqrt{6}}, \quad \cos\gamma = \frac{2}{\sqrt{6}}$$

로 주어진다.

(2) 직선의 방정식

R^3에서 직선 L의 방정식은 L 위의 한 점 $P_0(x_0, y_0, z_0)$와 L의 방향을 알면 구할 수 있다.

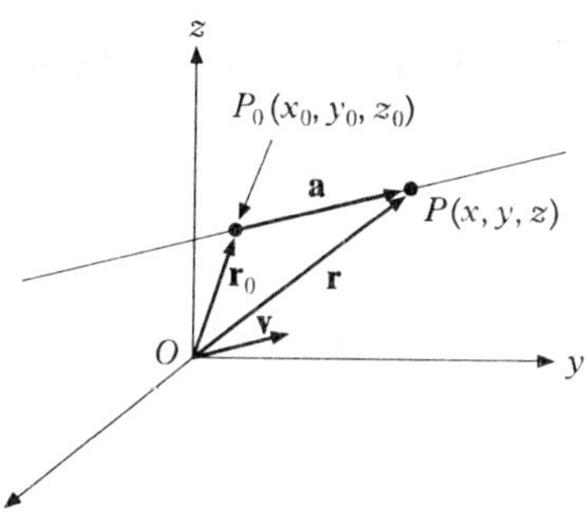

[그림 5.11]

L과 평행인 벡터를 $\mathbf{v}$, L 위의 임의의 점을 $P(x, y, z)$, $\mathbf{r}_0$와 $\mathbf{r}$을 각각 P_0와 P의 위치벡터라 하자. 이때 $\overrightarrow{P_0P}$를 표현하는 벡터를 $\mathbf{a}$라 하면, $\mathbf{r} = \mathbf{r}_0 + \mathbf{a}$를 얻는다. 그런데 $\mathbf{a}$와 $\mathbf{v}$가 평행이므로, $\mathbf{a} = t\mathbf{v}$를 만족하는 실수 t가 존재한다. 따라서 L의 **벡터 방정식**(vector equation)은

$$\mathbf{r} = \mathbf{r}_0 + t\mathbf{v} \ (\text{단, } t \in R)$$

로 주어진다. 한편 벡터 $\mathbf{v}$를 $\mathbf{v} = (a, b, c)$라 놓으면, $t\mathbf{v} = (ta, tb, tc)$이므로 $\mathbf{r} = (x, y, z)$와 $\mathbf{r}_0 = (x_0, y_0, z_0)$라 할 때, 벡터방정식은

$$(x, y, z) = (x_0 + ta, \ y_0 + tb, \ z_0 + tc)$$

가 된다. 그러므로

$$x = x_0 + ta, \quad y = y_0 + tb, \quad z = z_0 + tc$$

를 얻는다. 이 방정식을 점 $P_0(x_0, y_0, z_0)$를 지나고, 벡터 $\mathbf{v} = (a, b, c)$에 평행인 직선 L의 **매개변수방정식**(parametric equation)이라 한다.

일반적으로 벡터 $\mathbf{v} = (a, b, c)$가 직선 L의 방향을 결정할 때, a, b, c를 L의 **방향수**(direction number)라 한다. 직선 L을 표현하는 다른 방법은 매개변수방정식에서 매개변수 t를 소거하는 것이다. a, b, c가 모두 0이 아니면, 각 방정식을 t에 관하여 풀어

$$\frac{x - x_0}{a} = \frac{y - y_0}{b} = \frac{z - z_0}{c}$$

를 얻는다. 이 방정식을 직선 L의 **대칭식**(symmetric equation)이라 한다. 이때 이 직선의 방향코사인 l, m, n은

$$l = \pm\frac{a}{\sqrt{a^2 + b^2 + c^2}}, \quad m = \pm\frac{b}{\sqrt{a^2 + b^2 + c^2}}, \quad n = \pm\frac{c}{\sqrt{a^2 + b^2 + c^2}}$$

로 주어진다.

예 7 $x = 5z + 3$과 $y = \frac{5}{4}z + 7$로 주어진 직선의 방향코사인은

$$l = \pm\frac{20}{21}, \quad m = \pm\frac{5}{21}, \quad n = \pm\frac{4}{21}$$

로 주어진다.

참고 직선 L의 방향코사인 l, m, n과 방향수 a, b, c 사이에는

$$\frac{l}{a} = \frac{m}{b} = \frac{n}{c}$$

인 관계가 있다.

정리 2

R^3 에서 한 점 $P_0(x_0, y_0, z_0)$를 지나고 방향코사인이 l, m, n인 직선의 대칭식은

$$\frac{x-x_0}{l}=\frac{y-y_0}{m}=\frac{z-z_0}{n}$$

로 주어진다.

참고 직선의 대칭식에서 a, b, c 중 어느 하나가 0인 경우에도 역시 t를 소거할 수 있다. 예를 들면 $a=0$일 때, 직선 L의 방정식은

$$x=x_0, \quad \frac{y-y_0}{b}=\frac{z-z_0}{c}$$

로 쓸 수 있다. 이것은 직선 L이 수직면 $x=x_0$ 위에 놓여 있음을 의미한다.

정리 3

R^3에서 두 점 $P_0(x_0, y_0, z_0)$와 $P_1(x_1, y_1, z_1)$을 지나는 직선의 대칭식은

$$\frac{x-x_0}{x_1-x_0}=\frac{y-y_0}{y_1-y_0}=\frac{z-z_0}{z_1-z_0}$$

로 주어진다.

증명 점 $P_0(x_0, y_0, z_0)$와 $P_1(x_1, y_1, z_1)$을 지나는 직선의 방향수는 x_1-x_0, y_1-y_0, z_1-z_0이다. 따라서 직선의 대칭식은

$$\frac{x-x_0}{x_1-x_0}=\frac{y-y_0}{y_1-y_0}=\frac{z-z_0}{z_1-z_0}$$

로 주어진다. ■

예제 5 두 점 $A(2, 4, -3)$과 $B(3, -1, 1)$을 지나는 직선의 매개변수방정식과 대칭식을 구하시오.

풀이 $\overrightarrow{AB}$를 가지는 벡터는 $\mathbf{v} = (1, -5, 4)$이고, $\mathbf{v}$는 직선과 평행이며, 방향수는 $a = 1$, $b = -5$, $c = 4$이다. 따라서 점 $A(2, 4, -3)$을 P_0라 두면, 직선의 매개변수방정식은

$$x = 2 + t, \quad y = 4 - 5t, \quad z = -3 + 4t$$

이고, 직선의 대칭식은

$$\frac{x-2}{1} = \frac{y-4}{-5} = \frac{z+3}{4}$$

으로 주어진다. ■

참고 (1) R^2에서 점 $P_1(x_1, y_1)$을 지나 방향코사인이 l, m인 직선의 방정식은

$$\frac{x - x_1}{l} = \frac{y - y_1}{m} \qquad (*)$$

이다. 그런데 $l = \cos\alpha$, $m = \sin\alpha$이므로, (*)는

$$y - y_1 = \tan\alpha\,(x - x_1)$$

으로 주어진다. 여기서 α는 x축과 이 직선이 만든 각이다.

(2) 두 직선 $ax + by + c = 0$과 $a'x + b'y + c' = 0$의 교점을 지나는 직선의 방정식은

$$ax + by + c + k(a'x + b'y + c') = 0 \quad (\text{단, } k\text{는 임의의 실수})$$

으로 주어진다.

2. 평면의 방정식

R^3에서 평면 위의 한 점 $P_0(x_0, y_0, z_0)$와 이 평면에 수직인 벡터 $\mathbf{n}$에 의하여 평면은 유일하게 결정된다. 이때 평면에 수직인 직교벡터 $\mathbf{n}$을 **법선벡터**(normal vector)라 한다.

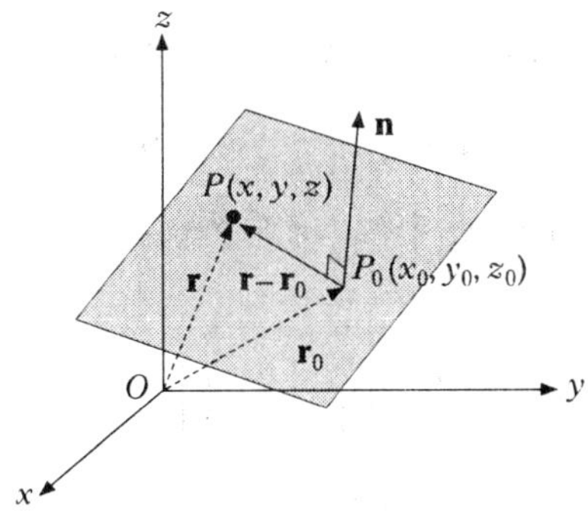

[그림 5.12]

$P(x, y, z)$를 평면 위의 임의의 점이라 하고, $\mathbf{r}_0$와 $\mathbf{r}$을 각각 P_0와 P의 위치벡터라 하면, 벡터 $\mathbf{r}-\mathbf{r}_0$는 $\overrightarrow{P_0P}$로 표현된다. 법선벡터 $\mathbf{n}$은 $\mathbf{r}-\mathbf{r}_0$와 직교하므로

$$\mathbf{n}\cdot(\mathbf{r}-\mathbf{r}_0)=0, \quad \text{즉} \quad \mathbf{n}\cdot\mathbf{r}=\mathbf{n}\cdot\mathbf{r}_0$$

가 성립한다. 이 방정식을 특히 평면의 벡터방정식이라 한다. 이제 $\mathbf{n}=(a, b, c)$, $\mathbf{r}=(x, y, z)$, $\mathbf{r}_0=(x_0, y_0, z_0)$라 놓으면

$$a(x-x_0)+b(y-y_0)+c(z-z_0)=0$$

즉

$$ax+by+cz=ax_0+by_0+cz_0$$

로 변형된다. 이 방정식을 특히 평면의 스칼라방정식이라 한다. 여기서 $d=ax_0+by_0+cz_0$라 놓으면, 평면의 방정식은

$$ax+by+cz=d$$

로 고쳐 쓸 수 있다. 역으로 a, b, c가 모두는 0이 아닐 때, $ax+by+cz=d$는 법선벡터가 $\mathbf{n}=(a, b, c)$인 평면을 나타낸다.

예제 6 세 점 $P(1, 0, 2)$, $Q(3, -1, 6)$, $R(5, 2, 4)$를 지나는 평면의 방정식을 구하시오.

풀이 $\overrightarrow{PQ}$와 $\overrightarrow{PR}$에 대응되는 벡터 $\mathbf{a}$와 $\mathbf{b}$는 각각

$$\mathbf{a} = (2,\ -1,\ 4),\ \mathbf{b} = (4,\ 2,\ 2)$$

이고, 벡터곱 $\mathbf{a}\times\mathbf{b}$를 법선벡터

$$\mathbf{n} = \mathbf{a}\times\mathbf{b} = \begin{vmatrix} \mathbf{i} & \mathbf{j} & \mathbf{k} \\ 2 & -1 & 4 \\ 4 & 2 & 2 \end{vmatrix} = -10\mathbf{i} + 12\mathbf{j} + 8\mathbf{k}$$

로 택할 수 있으므로, 평면의 방정식은

$$(-10,\ 12,\ 8)\cdot(x-1,\ y-0,\ z-2) = 0,\ \text{즉}\ 5x-6y-4z+3=0$$

이 된다. ■

정리 4 (헤세의 표준형)

원점 O에서 평면 π에 내린 수선 $\overline{OH}$의 길이를 p, 유향선분 $\overrightarrow{OH}$의 방향코사인을 $l,\ m,\ n$이라 하면, 평면의 방정식은

$$lx + my + nz = p \tag{*}$$

로 주어진다. 이때 (*)를 **헤세의 표준형**(Hesse's normal form)으로 주어진 평면의 방정식이라 한다.

증명 점 H의 좌표를 $(x_1,\ y_1,\ z_1)$이라 하고, 평면 위의 임의의 한 점 P의 좌표를 $(x,\ y,\ z)$라 하자.
이때 유향선분 $\overrightarrow{OH}$의 방향코사인이 $l,\ m,\ n$이므로

$$x_1 = lp,\ y_1 = mp,\ z_1 = np$$

가 성립한다. 그런데 $\overline{OH} \perp \overline{PH}$이므로

$$l(x-x_0)+m(y-y_0)+n(z-z_0)=0$$

이 된다. 따라서 평면의 방정식은

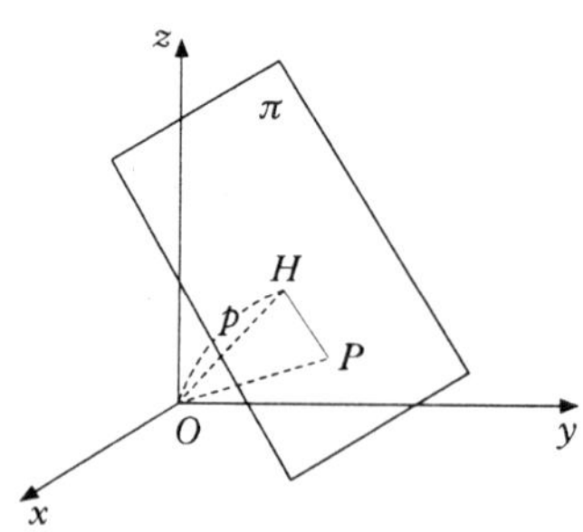

[그림 5.13]

$$\begin{aligned} lx + my + nz &= lx_1 + my_1 + nz_1 \\ &= p(l^2 + m^2 + n^2) = p \end{aligned}$$

로 주어진다. ■

예 8 R^2에서 두 점 $M(a, 0)$과 $N(0, b)$를 지나는 직선의 방정식은

$$\frac{x}{a}+\frac{y}{b}=1$$

로 주어진다. 양변에 p를 곱하면

$$\frac{p}{a}x+\frac{p}{b}y=p$$

를 얻고,

$$\frac{p}{a}=\frac{\overline{OH}}{\overline{OM}}=\cos\theta,\ \frac{p}{b}=\frac{\overline{OH}}{\overline{ON}}=\sin\theta$$

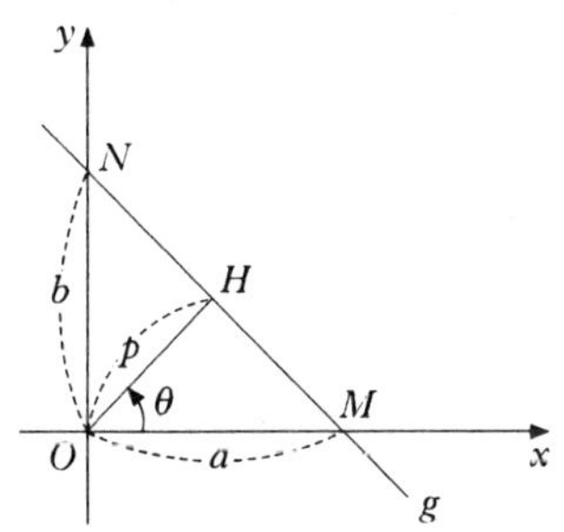

[그림 5.14]

이므로, 직선 g의 방정식은

$$x\cos\theta+y\sin\theta=p \qquad (*)$$

로 된다. 이때 (*)를 헤세의 표준형으로 주어진 직선의 방정식이라 한다. 특히 R^2에서 $l=\cos\theta$, $m=\sin\theta$이므로, (*)는

$$lx+my=p$$

로 표현할 수 있다.

참고 R^2에서 직선의 방정식은 x와 y에 관한 일차식 $Ax+By+C=0$으로 주어지고, 역으로 x와 y에 관한 일차식은 R^2에서 직선의 방정식을 나타낸다.

정리 5

평면 $ax+by+cz+d=0$의 방향코사인 l, m, n과 원점에서 이 평면에 이르는 거리를 p라 하면

$$l=\pm\frac{a}{\sqrt{a^2+b^2+c^2}},\quad m=\pm\frac{b}{\sqrt{a^2+b^2+c^2}}$$

$$n=\pm\frac{c}{\sqrt{a^2+b^2+c^2}},\quad -p=\pm\frac{d}{\sqrt{a^2+b^2+c^2}}$$

가 성립한다. 여기서 ±는 $p>0$이 되도록 선택한다.

참고 R^2에서 직선 $ax+by+c=0$의 방향코사인 l, m과 원점에서 이 평면에 이르는 거리를 p라 하면

$$l=\cos\theta=\pm\frac{a}{\sqrt{a^2+b^2}},\ m=\sin\theta=\pm\frac{b}{\sqrt{a^2+b^2}},\ -p=\pm\frac{c}{\sqrt{a^2+b^2}}$$

가 성립한다. 여기서 ±는 $p>0$이 되도록 선택한다.

예 9 R^2에서 직선의 방정식 $3x+4y+12=0$을 헤세의 표준형으로 고쳐 보자.

$$l=\pm\frac{3}{5},\ m=\pm\frac{4}{5},\ -p=\pm\frac{12}{5}$$

가 된다. 그러나 $p>0$이므로, ± 가운데 −를 선택하면

$$\frac{3}{5}x+\frac{4}{5}y=-\frac{12}{5}$$

로 주어진다.

두 평면은 그들의 법선벡터가 평행일 때 평행이 된다. 두 평면이 평행이 아니면 그들은 한 직선에서 만나고, 두 평면 사이의 각은 그들의 법선벡터 사이의 예각으로 정의된다.

예제 7 두 평면 $x+y+z=1$과 $x-2y+3z=1$이 만나서 이루는 각을 구하시오.

풀이 이들 평면의 법선벡터가

$$\mathbf{n}_1=(1,1,1),\quad \mathbf{n}_2=(1,-2,3)$$

이므로, 평면 사이의 각은 θ라 하면

$$\cos\theta=\frac{\mathbf{n}_1\cdot\mathbf{n}_2}{\|\mathbf{n}_1\|\,\|\mathbf{n}_2\|}=\frac{2}{\sqrt{42}}$$

가 된다. 따라서 $\theta=\cos^{-1}\left(\frac{2}{\sqrt{42}}\right)\approx 72^\circ$ ■

정리 6

R^3에서의 한 점 $P_0(x_0, y_0, z_0)$로부터 평면 $ax+by+cz+d=0$에 이르는 거리는

$$h=\frac{|ax_0+by_0+cz_0+d|}{\sqrt{a^2+b^2+c^2}}$$

으로 주어진다.

증명 원점이 점 P_0에 오도록

$$x=\bar{x}+x_0,\ y=\bar{y}+y_0,\ z=\bar{z}+z_0$$

를 $ax+by+cz+d=0$에 대입하면

$$a\bar{x}+b\bar{y}+c\bar{z}=-(ax_0+by_0+cz_0+d)$$

가 된다. 따라서 원점으로부터 이 평면에 이르는 거리는

$$h=\frac{|ax_0+by_0+cz_0+d|}{\sqrt{a^2+b^2+c^2}}$$

으로 주어진다. ■

연습문제

1 ≫ 다음 두 직선이 제1사분면에서 만나도록 m 값의 범위를 구하시오.

$$x + y - 2 = 0, \quad mx - y - 3m + 5 = 0$$

2 ≫ 두 직선 $2x - y + 4 = 0$, $x + y - 1 = 0$의 교점을 지나며, 직선 $y = 3x$에 평행한 직선의 방정식을 구하시오.

3 ≫ R^3에서의 두 점 $P(1, 2, 3)$, $Q(4, 5, 6)$을 각각 원점에 맺어 생기는 두 직선의 교각을 구하시오.

4 ≫ 점 $(1, 0, 1)$을 지나고 매개변수방정식 $x = 4t$, $y = 1 - 3t$, $z = 2 + 5t$로 주어진 직선과 평행한 직선의 매개변수방정식을 구하시오.

5 ≫ 점 $(4, -1, -1)$을 지나고 평면 $x + 2y + 5z = 3$과 평행한 평면의 방정식을 구하시오.

6 ≫ 주어진 점을 지나, 주어진 직선을 포함하는 평면의 방정식을 구하시오.

(1) $(1, 6, -4)$; $x = 1 + 2t$, $y = 2 - 3t$, $z = 3 - t$

(2) $(0, 1, 2)$; $x = y = z$

7 ≫ R^3에서의 두 직선

$$g: \frac{x-a}{L} = \frac{y-b}{M} = \frac{z-c}{N}, \quad g': \frac{x-a'}{L'} = \frac{y-b'}{M'} = \frac{z-c'}{N'}$$

의 교각을 θ라 할 때

$$\cos\theta = \frac{LL' + MM' + NN'}{\sqrt{L^2 + M^2 + N^2}\ \sqrt{L'^2 + M'^2 + N'^2}}$$

이 성립함을 보이시오.

8 ≫ R^2 에서의 두 직선

$$Ax+By+C=0, \quad A'x+B'y+C'=0$$

이 수직일 조건과 평행일 조건을 구하시오.

9 ≫ 점 $(2, 1)$에서의 거리가 1이고, 원점을 지나는 직선의 방정식을 구하시오.

10 ≫ R^3 에서의 한 점 $P_1(x_1, y_1, z_1)$으로부터 직선

$$\frac{x-a}{l}=\frac{y-b}{m}=\frac{z-c}{n}$$

에 내린 수선의 길이 h는

$$h=\sqrt{(x_1-a)^2+(y_1-b)^2+(z_1-c)^2-\{l(x_1-a)+m(y_1-b)+n(z_1-c)\}^2}$$

으로 주어짐을 보이시오.

11 ≫ R^3 에서의 다음 평면의 방정식을 헤세의 표준형으로 표시하시오.

(1) $6x-3y+2z-7=0$ (2) $2x+5y-3z-4=0$

12 ≫ R^3 에서의 직선

$$g : \frac{x-a}{l}=\frac{y-b}{m}=\frac{z-c}{n}$$

와 평면 $\pi : ax+by+cz+d=0$이 만나서 이루는 각이 θ일 때

$$\sin\theta = \pm\frac{la+mb+nc}{\sqrt{l^2+m^2+n^2}\ \sqrt{a^2+b^2+c^2}}$$

가 성립함을 보이시오.

13 ≫ R^3 에서 세 점 $P_1(x_1, y_1, z_1)$, $P_2(x_2, y_2, z_2)$, $P_3(x_3, y_3, z_3)$를 지나는 평면의 방정식은

$$\begin{vmatrix} x & y & z & 1 \\ x_1 & y_1 & z_1 & 1 \\ x_2 & y_2 & z_2 & 1 \\ x_3 & y_3 & z_3 & 1 \end{vmatrix} = 0$$

으로 주어짐을 보이시오.

14 ≫ 두 평면 $x-2y+3z-4=0$과 $2x+3y-z-5=0$이 만나서 이루는 각을 구하시오.

5.3 좌표의 변환

어떤 좌표축에서 곡선의 방정식이 주어졌을 때, 이 방정식을 적당한 다른 좌표축으로 옮겨서 생각해야만 하는 경우가 발생한다. 이때 하나의 좌표계에서 다른 좌표계로 옮기는 것을 **좌표변환**(coordinate transformation)이라 한다. 원점이 O이고, 좌표축이 x축, y축, z축인 xyz좌표계를 $O-xyz$로 표시하기로 한다.

참고 (좌표평면에서의 평행이동과 대칭이동)

(1) 평행이동

(i) 점의 평행이동: 점 $P(x, y)$를 x축 방향으로 m, y축 방향으로 n만큼 평행이동시키면, $P(x, y)$는 $P'(x+m, y+n)$으로 변환된다. 점 $P(x, y)$를 점 $P'(x+m, y+n)$으로 옮기는 평행이동을

$$(x, y) \mapsto (x+m, y+n)$$

로 나타내기도 한다.

(ii) 도형의 평행이동: 방정식 $f(x, y)=0$이 나타내는 도형을 x축 방향으로 m, y축의 방향으로 n만큼 평행이동시킨 도형의 방정식은

$$f(x-m, y-n)=0$$

으로 주어진다.

(iii) 좌표축의 평행이동: 좌표평면 위의 한 점 $O'(a, b)$가 새로운 원점이 되도록 좌표축을 평행이동하는 것을 좌표축의 평행이동이라고 한다. 이때 점 P의 처음 좌표와 새로운 좌표를 각각

$$P(x, y), \quad P'(X, Y)$$

라고 하면, 이들 사이에는 관계

$$\begin{cases} x = X + a \\ y = Y + b \end{cases} \quad \text{또는} \quad \begin{cases} X = x - a \\ Y = y - b \end{cases}$$

가 성립한다. 따라서 처음 좌표축에 대한 방정식이 $f(x, y) = 0$이면, 새로운 좌표축에 대한 방정식은 $f(X + a,\ Y + b) = 0$으로 주어진다.

(2) 대칭이동: 방정식 $f(x, y) = 0$으로 주어진 도형에 대하여

(i) 좌표축과 원점에 대한 대칭이동:

① x축에 대한 대칭이동 : $f(x, -y) = 0$

② y축에 대한 대칭이동 : $f(-x, y) = 0$

③ 원점에 대한 대칭이동 : $f(-x, -y) = 0$

(ii) 직선 $y = x$에 대한 대칭이동 : $f(y, x) = 0$

(iii) 점 (a, b)에 대한 대칭이동 : $f(2a - x, 2b - y) = 0$

1. 좌표축의 평행이동

xyz 좌표계 $O - xyz$를 새로운 $x'y'z'$ 좌표계 $O - x'y'z'$으로 평행이동하였다고 하자. 두 좌표계에서 단위벡터 $\mathbf{i}$, $\mathbf{j}$, $\mathbf{k}$는 같게 잡는다.

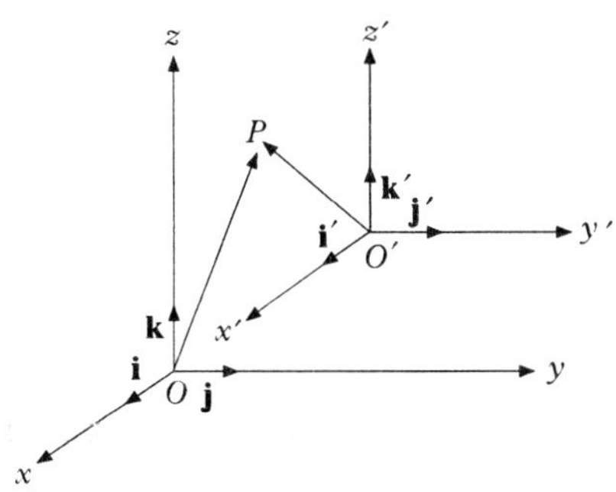

[그림 5.15]

한 점 P의 $O-xyz$와 $O-x'y'z'$에 관한 좌표를 각각 (x, y, z)와 (x', y', z')이라 하면, (a, b, c)가 $O-xyz$에 관한 점 O'의 좌표일 때

$$\overrightarrow{OP} = x\mathbf{i} + y\mathbf{j} + z\mathbf{k},\ \overrightarrow{O'P} = x'\mathbf{i} + y'\mathbf{j} + z'\mathbf{k},\ \overrightarrow{OO'} = a\mathbf{i} + b\mathbf{j} + c\mathbf{k}$$

가 된다. 그런데

$$\overrightarrow{OP} = \overrightarrow{OO'} + \overrightarrow{O'P}$$

이므로

$$x = a + x',\ y = b + y',\ z = c + z'$$

을 얻는다. 이것이 구좌표계 $O-xyz$와 신좌표계 $O-x'y'z'$에 관한 동일점 P의 두 좌표 사이의 관계식이다. 물론 R^2인 경우에는

$$x = a + x',\ y = b + y',\ z = c + z'$$

으로 주어진다.

예제 8 R^2에서의 한 점 $P(-1, 2)$가 신좌표계의 원점이 되도록 방정식

$$8x^2 + 4xy + 5y^2 + 8x - 16y - 16 = 0$$

을 변환하시오.

풀이 주어진 방정식은 변환 $x = x' - 1$과 $y = y' + 2$에 의해

$$8x'^2 + 4x'y' + 5y'^2 = 36$$

으로 변환된다. ■

2. 좌표축의 회전이동

좌표계 $O-xyz$를 고정된 원점 O의 둘레로 회전하여 새로운 좌표계 $O-x'y'z'$을 얻었을 때, 두 좌표계에 관하여 한 점 P의 관계식을 살펴본다. 구좌표계와 신좌

표계에서 점 P의 좌표를 각각 (x, y, z)와 (x', y', z')이라 하고, 단위벡터를 각각 $\mathbf{i}, \mathbf{j}, \mathbf{k}$와 $\mathbf{i}', \mathbf{j}', \mathbf{k}'$이라 하자.

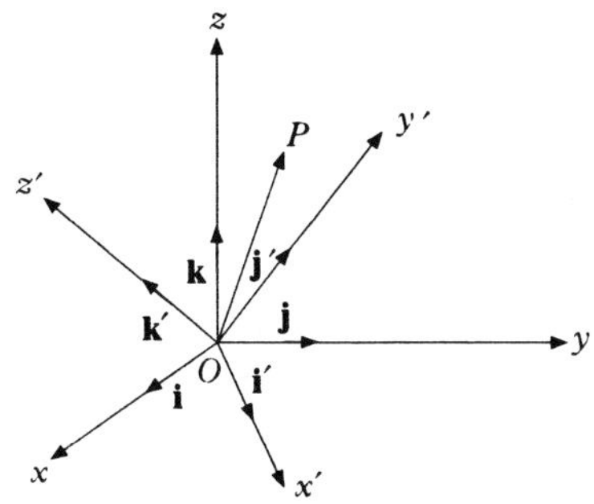

[그림 5.16]

이때 $\mathbf{i}', \mathbf{j}', \mathbf{k}'$의 방향코사인을 각각 $l_1, m_1, n_1 : l_2, m_2, n_2 : l_3, m_3, n_3$라 하면

$$\begin{cases} \mathbf{i}' = l_1\mathbf{i} + m_1\mathbf{j} + n_1\mathbf{k} \\ \mathbf{j}' = l_2\mathbf{i} + m_2\mathbf{j} + n_2\mathbf{k} \\ \mathbf{k}' = l_3\mathbf{i} + m_3\mathbf{j} + n_3\mathbf{k} \end{cases}$$

가 성립한다. 그런데

$$\overrightarrow{OP} = x\mathbf{i} + y\mathbf{j} + z\mathbf{k} = x'\mathbf{i}' + y'\mathbf{j}' + z'\mathbf{k}'$$

이므로

$$\begin{aligned} x\mathbf{i} + y\mathbf{j} + z\mathbf{k} &= x'(l_1\mathbf{i} + m_1\mathbf{j} + n_1\mathbf{k}) + y'(l_2\mathbf{i} + m_2\mathbf{j} + n_2\mathbf{k}) \\ &\quad + z'(l_3\mathbf{i} + m_3\mathbf{j} + n_3\mathbf{k}) \\ &= (l_1x' + l_2y' + l_3z')\mathbf{i} + (m_1x' + m_2y' + m_3z')\mathbf{j} \\ &\quad + (n_1x' + n_2y' + n_3z')\mathbf{k} \end{aligned}$$

를 얻는다. 따라서

$$\begin{cases} x = l_1x' + l_2y' + l_3z' \\ y = m_1x' + m_2y' + m_3z' \\ z = n_1x' + n_2y' + n_3z' \end{cases}$$

으로 주어진다. 이것을 행렬로 표시하면

$$\begin{pmatrix} x \\ y \\ z \end{pmatrix} = \begin{pmatrix} l_1 & l_2 & l_3 \\ m_1 & m_2 & m_3 \\ n_1 & n_2 & n_3 \end{pmatrix} \begin{pmatrix} x' \\ y' \\ z' \end{pmatrix}$$

이 된다. 이때 계수의 행렬식

$$D = \begin{vmatrix} l_1 & l_2 & l_3 \\ m_1 & m_2 & m_3 \\ n_1 & n_2 & n_3 \end{vmatrix}$$

의 값은 ± 1이다. 특히 $D = 1$일 때

$$l_1 = \begin{vmatrix} m_2 & m_3 \\ n_2 & n_3 \end{vmatrix}, \ l_2 = \begin{vmatrix} m_3 & m_1 \\ n_3 & n_1 \end{vmatrix}, \ l_3 = \begin{vmatrix} m_1 & m_2 \\ n_1 & n_2 \end{vmatrix}$$

가 된다.

참고 R^2에서 좌표축을 θ만큼 회전시키면

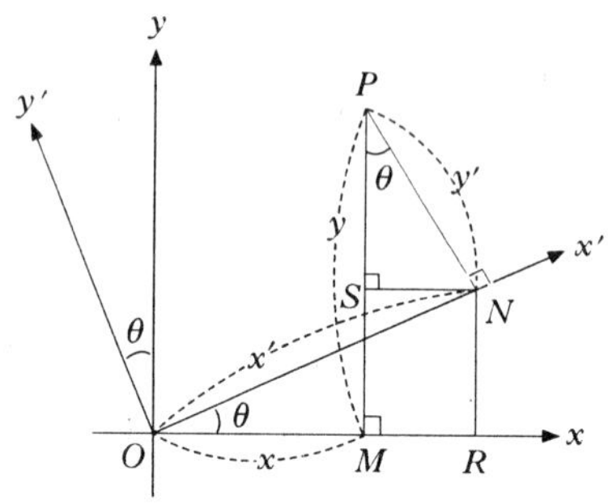

[그림 5.17]

$$x = \overline{OM} = \overline{OR} - \overline{MR} = \overline{OR} - \overline{SN} = x'\cos\theta - y'\sin\theta$$
$$y = \overline{MP} = \overline{MS} + \overline{SP} = \overline{RN} + \overline{SP} = x'\sin\theta + y'\cos\theta$$

즉

$$\begin{cases} x = x'\cos\theta - y'\sin\theta \\ y = x'\sin\theta + y'\cos\theta \end{cases}$$

로 된다. 이것을 행렬로 표시하면

$$\begin{pmatrix} x \\ y \end{pmatrix} = \begin{pmatrix} \cos\theta & -\sin\theta \\ \sin\theta & \cos\theta \end{pmatrix} \begin{pmatrix} x' \\ y' \end{pmatrix}$$

으로 주어진다.

예 10 R^2에서 좌표축을 $30°$ 회전시키면

$$x = x'\cos 30° - y'\sin 30° = \frac{1}{2}(\sqrt{3}\,x' - y')$$

$$y = x'\sin 30° + y'\cos 30° = \frac{1}{2}(x' + \sqrt{3}\,y')$$

으로 주어지므로, 이때 방정식 $x^2 + 2\sqrt{3}\,xy - y^2 = 2$는

$$x'^2 - y'^2 = 1$$

로 변환된다.

$x = x'\cos\theta - y'\sin\theta$, $y = x'\sin\theta + y'\cos\theta$을 이용하여, $ax^2 + 2hxy + by^2$을 변환하면

$$Ax'^2 + 2Hx'y' + By'^2$$

으로 주어진다. 여기서

$$A + B = a + b,\ \ H^2 - AB = h^2 - ab$$

이다. 즉 $a+b$와 $h^2 - ab$는 회전변환에 의해 불변량이 된다. 특히 θ의 값으로 $H = 0$을 잡으면, 즉

$$\tan 2\theta = \frac{2h}{a-b}$$

가 되도록 θ를 취하면, $ax^2 + 2hxy + by^2$은 $Ax'^2 + By'^2$으로 변환된다.

참고 (일반변환) 직교좌표계 $O-xyz$의 원점 O를 먼저 $O'(a, b, c)$로 옮긴 다음에 다시 점 O' 둘레로 회전하여 생긴 새로운 직교좌표계 $O'-x'y'z'$를 얻었다고 하면, 한 점 P의 구좌표 (x, y, z)와 신좌표 (x', y', z') 사이에는 다음 관계식

$$\begin{cases} x = l_1x' + m_1y' + n_1z' + a \\ y = l_2x' + m_2y' + n_2z' + b \\ z = l_3x' + m_3y' + n_3z' + c \end{cases}$$

가 주어진다. 이것을 행렬로 표시하면

$$\begin{pmatrix} x \\ y \\ z \\ 1 \end{pmatrix} = \begin{pmatrix} l_1 & m_1 & n_1 & a \\ l_2 & m_2 & n_2 & b \\ l_3 & m_3 & n_3 & c \\ 0 & 0 & 0 & 1 \end{pmatrix} \begin{pmatrix} x' \\ y' \\ z' \\ 1 \end{pmatrix}$$

이 된다.

연습문제

1 ≫ 직선 $y=-x$에 대한 세 점 $A(1,-1)$, $B(5,-2)$, $C(-3,6)$의 대칭점을 각각 A', B', C'이라 할 때, 삼각형 $\triangle A'B'C'$의 무게중심의 좌표를 구하시오.

2 ≫ 좌표의 새로운 원점이 $(-1,1)$에 옮겨지는 평행이동에 의하여, 방정식

$$3x^2+4xy+2x+4y+1=0$$

을 변환하시오.

3 ≫ 연립일차방정식

$$x-y-z=1,\quad x+y+z=1,\quad -x-y+z=1$$

의 해가 신좌표계의 원점이 되도록 방정식

$$x^2-y^2+z^2-2xy-2yz-2zx-2x+2y-2z-5=0$$

을 변환하시오.

4 ≫ (회전변환의 곱) R^2에서 좌표계 $O-xy$를 θ만큼 회전시켜서 얻은 신좌표를 $O'-x'y'$이라 하고, 이를 다시 ϕ만큼 회전한 것을 $O''-x''y''$이라 할 때, $O-xy$와 $O''-x''y''$ 사이의 관계식을 행렬의 곱으로 나타내시오.

5.4 이차곡선

x와 y에 관한 이차방정식

$$F(x, y) = ax^2 + 2hxy + by^2 + 2gx + 2fy + c = 0$$

으로 주어진 도형을 **이차곡선**(quadratic curve)이라 한다. 이차방정식은 두 직선, 원, 포물선, 타원과 쌍곡선 등을 나타내는데, 이 곡선들은 원추체와 한 평면이 교차하여 얻어지므로 **원추곡선**(conic)이라고 부른다.

참고 포물선, 타원, 쌍곡선의 표준방정식에서 x, y를 $x-h$, $y-k$로 변환하여 곡선을 이동시킬 수 있다.

1. 원

(1) 원의 방정식

하나의 정점에서 일정한 거리에 있는 평면 위의 점들의 집합을 **원**(circle)이라 한다. 좌표평면 위에서 중심이 $C(a, b)$이고, 반지름이 r인 원의 방정식은

$$(x-a)^2 + (y-b)^2 = r^2 \qquad (*)$$

으로 주어진다. 이때 (*)를 원의 방정식의 표준형이라 한다. 특히 중심 $C(a, b)$가 원점 O에 있고, 반지름이 r인 원은

$$x^2 + y^2 = r^2$$

이 된다. (*)를 전개하면

$$x^2 + y^2 - 2ax - 2by + a^2 + b^2 - r^2 = 0$$

이 되는데, 이것은 x와 y에 관한 이차방정식이다. 이때 x^2과 y^2의 계수는 같으며, xy항은 들어 있지 않음에 유의한다.

정리 1

x와 y에 관한 이차방정식

$$ax^2+2hxy+by^2+2gx+2fy+c=0$$

은 $a=b(\neq 0)$이고 $h=0$일 때, 원이 된다.

예제 9 세 점 $O(0, 0)$, $A(2, 0)$, $B(0, 4)$를 지나는 원의 방정식을 구하시오.

풀이 구하려는 원의 방정식을

$$x^2+y^2+2gx+2fy+c=0 \qquad (*)$$

으로 놓으면, 세 점 $O(0, 0)$, $A(2, 0)$과 $B(0, 4)$는 이 원 위에 있으므로, (*)에 대입하여

$$c=0,\ 4+4g=0,\ 16+8f=0$$

을 얻는다. 이것을 풀면 $c=0$, $g=-1$과 $f=-2$이므로, 원의 방정식은

$$x^2+y^2-2x-4y=0$$

으로 주어진다. ■

참고 (두 원의 교점을 지나는 원 또는 직선의 방정식)

두 원

$$C_1 : x^2+y^2+2gx+2fy+c=0,\ C_2 : x^2+y^2+2g'x+2f'y+c'=0$$

의 교점을 지나는 원의 방정식은

$$x^2+y^2+2gx+2fy+c+k(x^2+y^2+2g'x+2f'y+c')=0 \ (\text{단, } k\neq -1)$$

으로 주어진다. 특히 두 원의 교점을 지나는 공통현의 방정식은 $k=1$인 경우이다.

(2) 원과 직선

좌표축을 평행이동하여 원의 중심이 항상 원점에 오도록 할 수 있으므로, $x^2+y^2=r^2$ 형태의 원과 $y=mx+b$으로 주어진 직선으로 한정하여 서술한다. 이들의 교점을 구하

려면, 이차방정식

$$(1+m^2)x^2-2mbx+b^2-r^2=0 \qquad (*)$$

의 해를 구하면 된다. 이때 판별식을 D, 즉

$$D=(1+m^2)r^2-b^2$$

이라 하면

(1) $D>0$일 때는 (*)가 두 실근을 가지므로, 직선과 원은 두 점에서 만난다.
(2) $D=0$일 때는 (*)가 중근을 가지므로, 직선은 원에 접한다.
(3) $D<0$일 때는 (*)가 허근을 가지며, 직선과 원은 만나지 않는다.

(2)의 경우에는 $b=\pm r\sqrt{1+m^2}$ 이므로, 접선의 방정식은

$$y=mx\pm r\sqrt{1+m^2}$$

으로 주어진다. 이 접선이 $x^2+y^2=r^2$ 위의 한 점 (x_1, y_1)에서 접하면

$$y_1=mx_1\pm r\sqrt{1+m^2},\ \ x_1^2+y_1^2=r^2$$

을 만족하므로

$$(y_1-mx_1)^2=r^2(1+m^2)=(x_1^2+y_1^2)(1+m^2)$$

이 성립한다. 따라서

$$x_1^2+2mx_1y_1+m^2y_1^2=0,\ \text{즉}\ (my_1+x_1)^2=0$$

이 되고 $m=-\dfrac{x_1}{y_1}$을 얻는다. 그러므로 한 점 (x_1, y_1)을 지나고 기울기가 $m=-\dfrac{x_1}{y_1}$인 직선은 원에 접하고, 그 방정식은

$$y-y_1=-\frac{x_1}{y_1}(x-x_1)$$

으로 주어진다. 이것을 $x_1^2+y_1^2=r^2$을 이용하여 변형하면

$$x_1x+y_1y=r^2$$

으로 된다.

정리 2

원 $x^2+y^2=r^2$에 대하여

(1) 원 $x^2+y^2=r^2$에 접하고, 기울기가 m인 접선의 방정식은

$$y=mx\pm r\sqrt{1+m^2}$$

(2) $x^2+y^2=r^2$ 위의 한 점 (x_1, y_1)에서 접선의 방정식은

$$x_1x+y_1y=r^2$$

으로 주어진다.

예 11 원 $(x-\alpha)^2+(y-\beta)^2=r^2$에 직선 $ax+by+c=0$이 접하면

$$r=\frac{|a\alpha+b\beta+c|}{\sqrt{a^2+b^2}}$$

이 성립한다. 왜냐하면 직선이 원에 접하면, 중심 (α, β)에서 주어진 직선에 내린 수선의 길이가 원의 반지름과 같기 때문이다.

예제 10 원 $(x+2)^2+(y+1)^2=1$을 원점에 대하여 대칭이동시킨 원과 직선 $y=-x+k$가 접할 때, k 값을 구하시오.

풀이 원 $(x+2)^2+(y+1)^2=1$을 원점에 대하여 대칭이동시키면

$$(-x+2)^2+(-y+1)^2=1, \text{ 즉 } (x-2)^2+(y-1)^2=1$$

을 얻는다. 이 원과 직선 $y=-x+k$, 즉 $x+y-k=0$이 접하므로, 원의 중심 $(2, 1)$에서 직선까지의 거리가 1이 된다. 따라서

$$\frac{|2+1-k|}{\sqrt{1^2+1^2}}=1, \text{ 즉 } |k-3|=\sqrt{2}$$

이므로, $k=3\pm\sqrt{2}$ 를 얻는다. ■

참고 원 $x^2+y^2=r^2$ 밖의 한 점 $P(x_1, y_1)$에서 그은 두 개의 접선이 원과 접하는 점을 $Q(x_2, y_2)$와 $R(x_3, y_3)$라 하면, 두 직선 PQ와 QR의 방정식은 각각

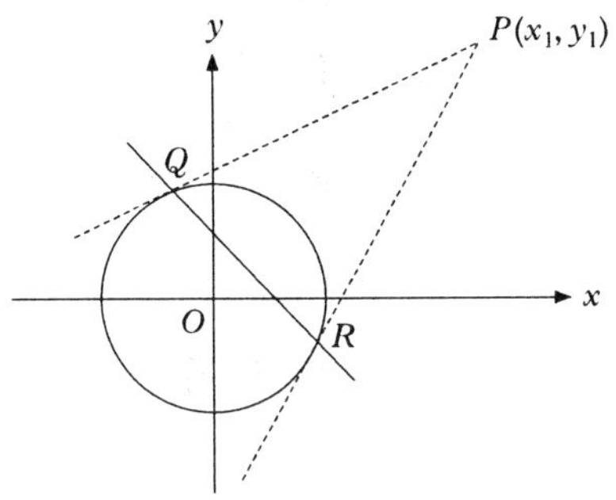

[그림 5.18]

$$xx_2+yy_2=r^2,\quad xx_3+yy_3=r^2$$

으로 주어지고, $P(x_1, y_1)$이 두 접선 위에 있으므로

$$x_1x_2+y_1y_2=r^2,\quad x_1x_3+y_1y_3=r^2 \qquad (*)$$

을 만족한다. 그런데 $Q(x_2, y_2)$와 $R(x_3, y_3)$가 $x_1x+y_1y=r^2$ 위에 있으므로, (*)는 직선 QR의 방정식이 됨을 알 수 있다. 이때 직선 QR을 점 P의 **극선**(polar line), P를 직선 QR의 **극**(pole)이라 한다. P가 원의 내부에 있으면, 극선은 존재하지 않는다.

2. 포물선

(1) 포물선의 방정식

하나의 정점 F(**초점**, focus)와 고정된 정직선 g(**준선**, directrix)로부터 같은 거리에 있는 평면 위의 점들의 집합을 **포물선**(parabola)이라 한다. 이때 초점과 준선의

중점을 **꼭지점**(vertex)이라 하고, 초점을 지나고 준선에 수직이 되는 직선을 **포물선의 축**이라 한다.

꼭지점을 원점 O에 놓고, 준선을 x축에 평행하도록 놓으면, 포물선의 표준형을 얻는다.

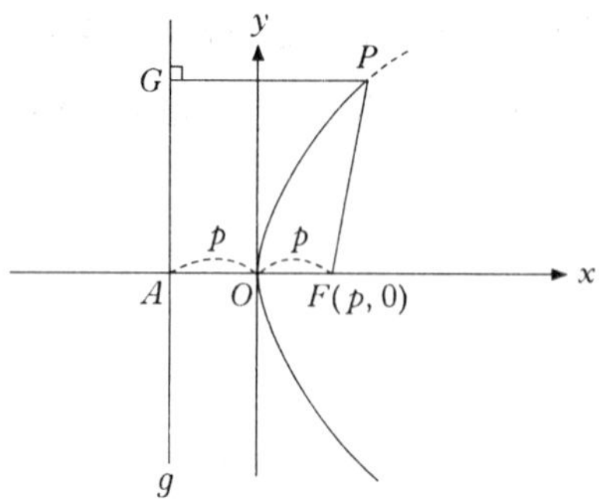

[그림 5.19]

먼저 정점 $F(p, 0)$을 포물선의 초점, $x=-p$ (단, $p>0$)로 주어진 정직선 g를 포물선의 준선이라 하고, 포물선 위의 임의의 점 $P(x, y)$에서 g에 수선을 내려 그 발을 G라 하면, $\overline{PF}=\overline{PG}$이므로

$$\sqrt{(x-p)^2+y^2}=|x+p|$$

이 성립된다. 따라서 점 $P(x, y)$의 좌표는

$$y^2=4px$$

가 되고, 이것이 포물선의 방정식이다.

$y^2=4px$에서 x와 y를 바꾸어 놓으면 $x^2=4py$를 얻는데, 이 방정식은 초점 $(0, p)$와 준선 $y=-p$를 갖는 포물선의 방정식이다.

예 12 $O'(3, 0)$을 꼭지점으로 하고 준선을 $x=-1$로 하는 포물선의 방정식을 구해 보자. 평행이동에 의하여 좌표축을

$$x'=x-3\text{과 } y'=y$$

로 변환하면, 좌표계 $O'-x'y'$에 관한 포물선은 $p=4$로부터 $y'^2=4\cdot 4x'$으로 주어진다. 따라서 구하고자 하는 포물선의 방정식은 $y^2=16(x-3)$이 된다.

예제 11 포물선 $y^2 = -8x$의 초점과 준선의 방정식을 구하시오.

풀이 $4p = -8$로부터 $p = -2$이므로, 초점은 $(-2, 0)$이고, 준선의 방정식은 $x = 2$로 주어진다. ■

(2) 포물선과 직선

정리 3

(1) 포물선 $y^2 = 4px$ 위의 두 점 $P(x_1, y_1)$, $Q(x_2, y_2)$를 이은 **현**(chord)의 방정식은

$$(y + y_2)(y - y_1) = 4p(x - x_1)$$

으로 주어진다.

(2) 포물선 $y^2 = 4px$ 위의 한 점 $P(x_1, y_1)$에서 접선의 방정식은

$$y_1 y = 2p(x + x_1)$$

으로 주어진다.

증명 (1) 포물선 $y^2 = 4px$ 위의 두 점 $P(x_1, y_1)$, $Q(x_2, y_2)$를 지나는 직선은

$$y - y_1 = \frac{y_2 - y_1}{x_2 - x_1}(x - x_1) \qquad (*)$$

으로 주어지고, 두 점 P, Q는 $y_1^2 = 4px_1$, $y_2^2 = 4px_2$를 각각 만족한다. 따라서

$$x_2 - x_1 = \frac{1}{4p}(y_2^2 - y_1^2) = \frac{1}{4p}(y_2 + y_1)(y_2 - y_1)$$

을 (*)에 대입하면, 현의 방정식은

$$(y + y_2)(y - y_1) = 4p(x - x_1)$$

으로 수어진다.

(2) Q가 한없이 P에 가까워지면, 현 PQ는 한없이 접선 PT에 가까워진다. 즉 y_2가 한없이 y_1에 가까워진다고 생각하면, 접선 PT의 방정식은

$$y_1(y-y_1)=2p(x-x_1)$$

이 된다. 여기서 $y_1^2=4px_1$을 대입하여 변형하면, 접선의 방정식은

$$y_1y=2p(x+x_1)$$

으로 주어진다. ■

예제 12 포물선 $y^2=4px$에 있어서, 기울기가 m으로 주어진 접선의 방정식은 $y=mx+\dfrac{p}{m}$이다.

증명 구하려는 접선을 $y=mx+b$라 두면, 연립방정식

$$y^2=4px,\ \ y=mx+b$$

는 유일한 해를 가져야 하므로

$$my^2-4py+4bp=0$$

의 판별식은 0, 즉 $b=\dfrac{p}{m}$를 만족한다. 따라서

$$y=mx+\frac{p}{m}$$

가 구하려는 접선의 방정식이 된다. ■

정리 4

포물선 $y^2=4px$ 위의 한 점 $P(x_1,y_1)$을 지나 x축에 평행인 직선과, $P(x_1,y_1)$을 초점에 잇는 직선과는 $P(x_1,y_1)$에서의 접선과 같은 각을 이룸을 보이시오.

증명 $y^2=4px$ 위의 한 점 $P(x_1,y_1)$에서의 접선 PT'의 방정식은

$$y_1y=2p(x+x_1)$$

으로 주어지므로, 접선 PT'이 x축과 만나는 점을 T라 하면 $\overline{OT} = -x_1$이 되고, 초점을 $F(p, 0)$이라 하면

$$\overline{TF} = \overline{TO} + \overline{OF} = x_1 + p = \overline{FP}$$

가 성립하므로, $\triangle TFP$는 이등변삼각형이 된다. 따라서

$$\angle FPT = \angle PTF = \angle T'PQ$$

를 만족한다. ■

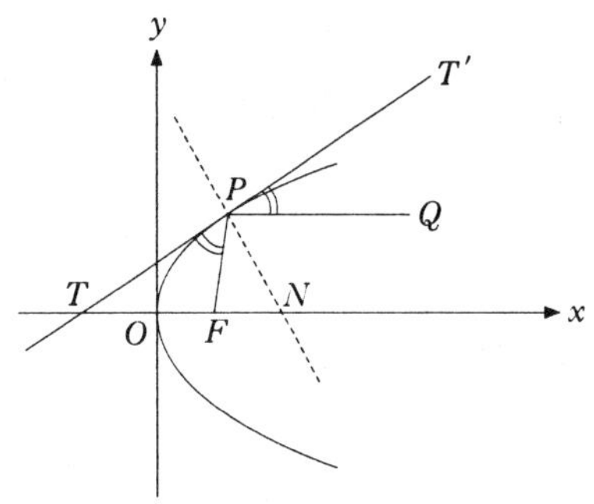

[그림 5.20]

참고 법선 PN은, 한 점 P를 지나고 축에 평행인 직선 PQ와 P와 초점을 잇는 직선 PF로 만들어진 각을 이등분한다.

3. 타원

(1) 타원의 방정식

평면에서 두 정점(초점) F, F'에서의 거리의 합이 일정한 점들의 집합을 **타원**(ellipse)이라 한다.

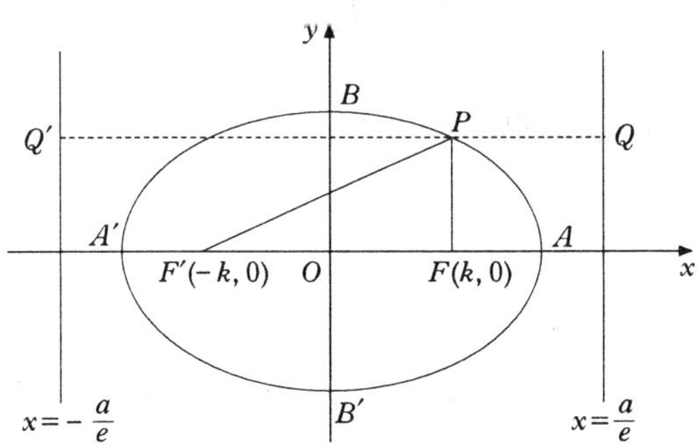

[그림 5.21]

두 정점 $F(k, 0)$과 $F'(-k, 0)$을 이은 직선을 x축, 두 정점을 이은 선분의 수직이등분선을 y축으로 하고

$$\overline{F'F} = 2k, \quad \overline{PF'} + \overline{PF} = 2a$$

라 하면, $k < a$이고

$$\overline{PF} = \sqrt{(x-k)^2 + y^2}, \quad \overline{PF'} = \sqrt{(x+k)^2 + y^2}$$

을 만족한다. 이것을 각각 l과 l'이라 하면

$$l + l' = 2a$$

가 되고, 또한 $l'^2 - l^2 = 4kx$이므로, 이 양변을 각각 $l + l'$과 $2a$로 나누면

$$l' - l = \frac{2k}{a}x$$

가 성립한다. 따라서

$$l = \overline{PF} = a - \frac{k}{a}x, \quad l' = \overline{PF'} = a + \frac{k}{a}x$$

를 얻는다. 이때 제 1 식으로부터

$$\sqrt{(x-k)^2 + y^2} = a - \frac{k}{a}x$$

가 되고, 이 양변을 제곱하여 간단히 하면

$$\frac{x^2}{a^2} + \frac{y^2}{a^2 - k^2} = 1$$

이 성립한다. 그런데 $k < a$이므로, $a^2 - k^2 = b^2$이라 두면 타원의 방정식은

$$\frac{x^2}{a^2} + \frac{y^2}{b^2} = 1$$

로 주어진다. 이것을 타원의 표준형이라 한다. 특히

$$\frac{k}{a} = \sqrt{\frac{a^2 - b^2}{a}} = e \text{ (단, } e < 1)$$

라 두면, 초점의 좌표는 $(\pm ae,\ 0)$이 된다. 이때 e를 타원의 **이심률**(eccentricity)이라 한다. 한편 $l = a - ex,\ l' = a + ex$로부터

$$\overline{PF} = l = e\left(\frac{a}{e} - x\right),\quad \overline{PF}' = l' = e\left(\frac{a}{e} + x\right)$$

이므로, P에서 직선 $x = \frac{a}{e}$와 $x = -\frac{a}{e}$에 내린 수선의 발을 각각 Q, Q'이라 하면

$$\overline{PQ} = \frac{a}{e} - x,\quad \overline{Q'P} = \frac{a}{e} + x$$

를 얻는다. 따라서

$$\frac{\overline{PF}}{\overline{PQ}} = \frac{\overline{PF'}}{\overline{Q'P}} = e \text{ (단, } e\text{는 일정)}$$

로 된다. 여기서 $x = \pm\frac{a}{e}$인 두 직선을 **타원의 준선**이라 한다. 타원의 방정식 $\frac{x^2}{a^2} + \frac{y^2}{b^2} = 1$과 x축과의 교점, 즉 두 점 $A(a, 0)$과 $A'(-a, 0)$ 사이의 거리는 $2a$이며 이것을 타원의 **장축**(major axis)이라 하고, $B(0, b)$와 $B'(0, -b)$ 사이의 거리 $2b$를 **단축**(minor axis)이라 한다. 이때 네 점 A, A', B, B'을 **타원의 꼭지점**이라 하고, 원점을 타원의 **중심**(center)이라 한다. 두 초점이 일치할 때, 타원은 반경 $r = a = b$를 갖는 원이 된다.

타원의 초점이 $(0, \pm k)$이면, x와 y를 바꾸어서 타원의 표준방정식을 구할 수 있다. 타원 $\frac{x^2}{b^2} + \frac{y^2}{a^2} = 1$ (단, $0 < b < a$)은 초점 $(0,\ \pm k)$ (단, $k^2 = a^2 - b^2$)와 꼭지점 $(0,\ \pm a)$를 갖는다.

(2) 타원과 직선

정리 5

타원 $\dfrac{x^2}{a^2}+\dfrac{y^2}{b^2}=1$ 위의 한 점 $(x_1,\ y_1)$에서 접선의 방정식은

$$\frac{x_1 x}{a^2}+\frac{y_1 y}{b^2}=1$$

로 주어진다.

예제 13 타원 $\dfrac{x^2}{a^2}+\dfrac{y^2}{b^2}=1$에 있어서 기울기가 m으로 주어진 접선의 방정식은 $y=mx\pm\sqrt{a^2m^2+b^2}$이다.

증명 구하려는 접선을 $y=mx+y_0$라 두면, 연립방정식

$$\frac{x^2}{a^2}+\frac{y^2}{b^2}=1,\ y=mx+y_0$$

는 유일한 해를 가져야 하므로 $\dfrac{x^2}{a^2}+\dfrac{1}{b^2}(mx+y_0)^2=1$, 즉

$$(a^2m^2+b^2)x^2+2a^2my_0x+(a^2y_0^2-a^2b^2)=0$$

의 판별식은 0이어야 한다. 따라서 $a^2m^2+b^2=y_0^2$, 즉 $y_0=\pm\sqrt{a^2m^2+b^2}$을 얻는다. 그러므로 구하려는 접선의 방정식은

$$y=mx\pm\sqrt{a^2m^2+b^2}$$

으로 주어진다. ■

4. 쌍곡선

평면에서 두 정점(초점) F, F'에서의 거리의 차가 일정한 점들의 집합을 **쌍곡선**(hyperbola)이라 한다.

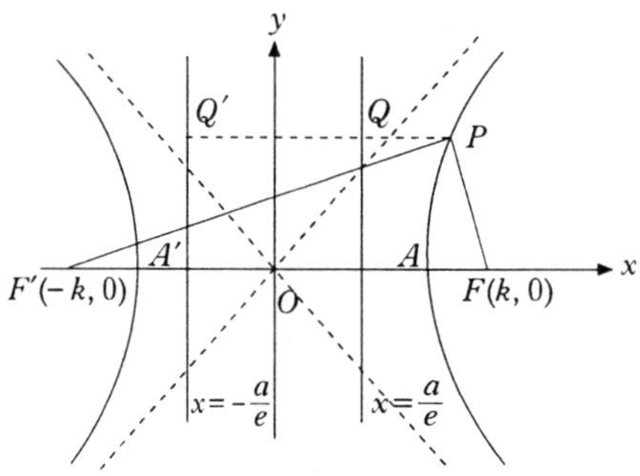

[그림 5.22]

두 정점 $F(k, 0)$과 $F'(-k, 0)$을 이은 직선을 x축, 두 정점을 이은 선분의 수직 이등분선을 y축으로 하고

$$\overline{F'F} = 2k,\ \ \overline{PF'} - \overline{PF} = \pm 2a \ \ (\text{단, } a > 0)$$

라 하면, $k > a$이고

$$l = \overline{PF},\ \ l' = \overline{PF'}$$

라 하면

$$l' - l = \pm 2a$$

가 성립한다. 여기서 $l'^2 - l^2 = 4kx$이므로

$$l + l' = \pm \frac{2k}{a} x$$

를 얻는다. 따라서

$$l = \pm\left(\frac{k}{a}x - a\right),\ \ l' = \pm\left(\frac{k}{a}x - a\right)$$

가 된다. 이때 두 식 중에서 하나, 예컨대 제1식으로부터

$$\sqrt{(x-k)^2 + y^2} = \pm\left(\frac{k}{a}x - a\right)$$

가 되고, 이 양변을 제곱하여 간단히 하면

$$\frac{x^2}{a^2} - \frac{y^2}{k^2 - a^2} = 1$$

이 성립한다. 그런데 $k > a$이므로, $k^2 - a^2 = b^2$이라 두면 쌍곡선의 방정식은

$$\frac{x^2}{a^2} - \frac{y^2}{b^2} = 1$$

로 주어진다. 특히

$$\frac{k}{a} = \sqrt{\frac{a^2 + b^2}{a}} = e \ (\text{단, } e > 1)$$

라 두면, 초점 F와 F'의 좌표는 각각 $(ae, 0)$과 $(-ae, 0)$이 된다. 이때 e를 **쌍곡선의 이심률**이라 한다. 한편 $l = a - ex$, $l' = a + ex$로부터

$$\overline{PF} = l = \pm e\left(x - \frac{a}{e}\right), \quad \overline{PF'} = l' = \pm e\left(x + \frac{a}{e}\right)$$

가 성립한다. 여기서 P가 제 1, 4사분면에 있으면 $\overline{PF'} \geq \overline{PF}$이므로 부호 $\pm$ 가운데 $+$를, P가 제 2, 3사분면에 있으면 $-$를 잡는다.

한편 P에서 두 직선 $x = \frac{a}{e}$와 $x = -\frac{a}{e}$에 내린 수선의 발을 각각 Q와 Q'이라 하면

$$\overline{PQ} = x - \frac{a}{e}, \quad \overline{PQ'} = x + \frac{a}{e}$$

를 얻는다. 따라서

$$\frac{\overline{PF}}{\overline{PQ}} = \frac{\overline{PF'}}{\overline{Q'P}} = e \ (\text{단, } e\text{는 일정})$$

로 된다. 이때 두 직선 $x = \pm\frac{a}{e}$를 **쌍곡선의 준선**이라 한다. 타원의 방정식 $\frac{x^2}{a^2} - \frac{y^2}{b^2} = 1$과 x축과의 교점 $A(a, 0)$과 $A'(-a, 0)$ 사이의 거리는 $2a$이며, 이를 쌍곡선의 **주축**

(principal axis)이라 한다.

한편 $\frac{x^2}{a^2} = 1 + \frac{y^2}{b^2} \geqq 1$로부터 쌍곡선은 **분기**(ramification)라고 불리는 $x \geqq a$ 또는 $x < -a$ 두 부분으로 되어 있다. 이 두 부분은 각각 $y = \frac{b}{a}x$와 $y = -\frac{b}{a}x$에 접근하는데, 이 두 직선을 **점근선**(asymtotes)이라 한다. 특히 $a = b$일 때, 두 점근선은 직교하므로 **직각쌍곡선**(rectangular hyperbola)이라 한다.

쌍곡선의 초점이 y축 위에 있으면, x와 y를 바꾸어서 쌍곡선의 표준방정식을 구할 수 있다. 쌍곡선 $\frac{y^2}{a^2} - \frac{x^2}{b^2} = 1$은 초점 $(0, \pm k)$ (단, $k^2 = a^2 + b^2$), 꼭지점 $(0, \pm a)$, 점근선 $y = \pm\frac{a}{b}x$를 갖는다.

예 13 쌍곡선 $4x^2 - 9y^2 = 36$의 이심률, 초점과 점근선을 구해 보자. x축이 주축이 되는 $\frac{x^2}{3^2} - \frac{y^2}{2^2} = 1$에서, 이심률은

$$e = \frac{\sqrt{3^2 + 2^2}}{3} = \frac{\sqrt{13}}{3}$$

이 된다. 한편 $ae = 3 \cdot \frac{\sqrt{13}}{3} = \sqrt{13}$이므로 초점은 $(\pm\sqrt{13}, 0)$이고, 점근선은 $4x^2 - 9y^2 = 0$을 만족하는 두 직선으로 주어진다.

정리 6

포물선 $\frac{x^2}{a^2} - \frac{y^2}{b^2} = 1$ 위의 한 점 (x_1, y_1)에서 접선의 방정식은

$$\frac{x_1 x}{a^2} - \frac{y_1 y}{b^2} = 1$$

이고, 또한 기울기가 m으로 주어진 쌍곡선의 접선은

$$y = mx \pm \sqrt{a^2 m^2 - b^2}$$

으로 주어진다.

5. 이차곡선의 분류

x와 y에 관한 이차방정식

$$ax^2+2hxy+by^2+2gx+2fy+c=0 \tag{*}$$

으로 주어진 이차곡선에 대하여, $h\neq 0$일 때

$$\tan 2\theta=\frac{2h}{a-b}$$

가 되도록 θ를 잡아서

$$\begin{cases} x=x'\cos\theta-y'\sin\theta \\ y=x'\sin\theta+y'\cos\theta \end{cases}$$

인 변환을 하면 (*)는

$$Ax'^2+By'^2+2Gx'+2Fy'+C=0 \tag{**}$$

인 형태로 변환된다.

(1) $AB\neq 0$인 경우

$A\neq 0$이고 $B\neq 0$이므로, (**)는

$$A\left(x'+\frac{G}{A}\right)^2+B\left(y'+\frac{F}{B}\right)^2=\frac{G^2}{A}+\frac{F^2}{B}-C$$

인 형태로 변형되고, 여기서 다시 평행이동

$$x'=\xi-\frac{G}{A},\quad y'=\eta-\frac{F}{B}$$

에 의하여 원점을 $\left(-\frac{G}{A},\ -\frac{F}{B}\right)$로 옮기고, 또 $\frac{G^2}{A}+\frac{F^2}{B}-C=K$라 두면

$$A\xi^2+B\eta^2=K$$

인 형태로 변형된다. 이때 $A\xi^2 + B\eta^2 = K$는

(i) $AB > 0$, 즉 A와 B가 같은 부호일 때는

① K와 A가 같은 부호이면, 타원

② K와 A가 다른 부호이면, 허타원

③ $K = 0$이면, 한 점

(ii) $AB < 0$, 즉 A와 B가 다른 부호일 때는

① $K \neq 0$이면, 쌍곡선

② $K = 0$이면, 서로 만나는 두 직선

을 나타낸다.

(2) $AB = 0$인 경우

$A = 0$ 또는 $B = 0$이므로

(i) $A = 0$이고 $G \neq 0$일 때는 (**)는

$$B\left(y' + \frac{F}{3}\right)^2 + 2G\left(x' + \frac{BC - F^2}{2BG}\right)^2 = 0$$

이 되고, 평행이동에 의하여 원점을 $\left(-\frac{BC - F^2}{2BG},\ -\frac{F}{3}\right)$로 옮기면

$$B\eta^2 + 2G\xi = 0 \ (\text{단, } y' = \eta - \frac{F}{3},\ x' = \xi - \frac{BC - F^2}{2BG})$$

이 된다. 따라서

$$\eta^2 = -\frac{2G}{B}\xi$$

로써 포물선이 된다.

(ii) $A = 0$이고 $G = 0$일 때는 $By'^2 + 2Fy' + C = 0$이 된다. 따라서 적당한 평행이동에 의해 평행인 두 직선, 한직선, 허직선(공집합)을 나타낸다.

$H^2 - AB = h^2 - ab$인 관계에서 $H = 0$인 경우이므로 (*)와 (**)의 계수 사이에는

$$AB = -(h^2 - ab)$$

인 관계가 있다. 그러므로

(1) $h^2 - ab > 0$이면, A와 B는 서로 다른 부호
(2) $h^2 - ab < 0$이면, A와 B는 같은 부호
(3) $h^2 - ab = 0$이면, A와 B 중 어느 한 쪽은 0

이 된다. 따라서 다음 정리를 얻는다.

정리 7 (이차곡선의 분류)

x와 y에 관한 이차방정식

$$ax^2 + 2hxy + by^2 + 2gx + 2fy + c = 0$$

으로 주어진 이차곡선을 분류하면

(1) $h^2 - ab \neq 0$일 때
① $h^2 - ab < 0$이면, 타원(또는 허타원) 또는 한 점
② $h^2 - ab > 0$이면, 쌍곡선 또는 서로 만나는 두 직선
(2) $h^2 - ab = 0$이면, 포물선 또는 평행인 두 직선, 한 직선, 허직선(공집합)

을 나타낸다.

참고 $\tan 2\theta = \dfrac{2h}{a-b}$를 만족하는 θ는 무수히 많이 있으나, 어떻게 취하든 [정리 7]은 성립하므로, 일반적으로 $0 \leq \theta \leq \dfrac{\pi}{2}$를 만족하는 θ를 택한다.

예제 14 x와 y에 관한 이차방정식

$$x^2 - 3xy + y^2 - 5x + 5y + 10 = 0$$

은 어떤 곡선을 나타내는가를 조사하고, 그래프를 그리시오.

풀이 $a=1,\ h=-\dfrac{3}{2},\ b=1$이고 $h^2-ab=\dfrac{5}{4}>0$이므로, 주어진 이차방정식은 쌍곡선을 나타낸다. 그런데 $\tan 2\theta=\infty$이므로

$$2\theta=\frac{\pi}{2},\ 즉\ \theta=\frac{\pi}{4}$$

를 얻는다. 따라서 좌표축을 $\dfrac{\pi}{4}$ 만큼 회전하면

$$Ax'^2+By'^2-5(x'\cos 45°-y'\sin 45°)$$
$$+5(x'\sin 45°+y'\cos 45°)+10=0$$

이 된다. 한편 $A+B=2$이고 $AB=-\dfrac{5}{4}$이므로,

$$A=-\frac{1}{2}과\ B=\frac{5}{2}$$

를 얻는다. 따라서 회전 후의 방정식은

$$-\frac{1}{2}x'^2+\frac{5}{2}y'^2+5\sqrt{2}\,y'+10=0$$

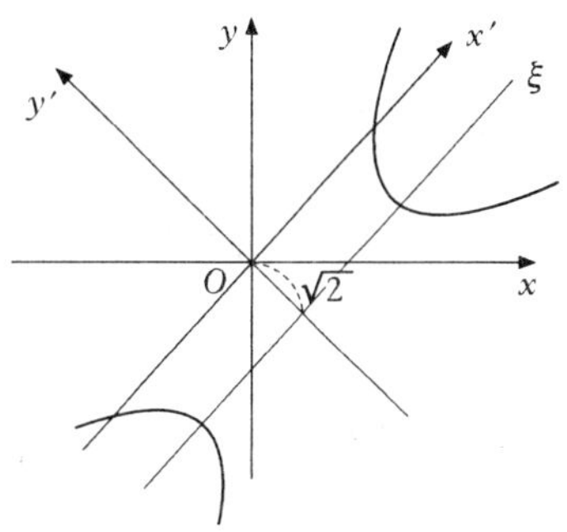

[그림 5.23]

즉

$$x'^2-5(y'+\sqrt{2})^2=10$$

이 된다. 이제 원점을 $(0,\ -\sqrt{2})$로 옮기면

$$\xi^2-5\eta^2=10,\ 즉\ \frac{\xi^2}{10}-\frac{\eta^2}{2}=1$$

인 쌍곡선임을 알 수 있다. ■

x와 y에 관한 이차방정식

$$ax^2+2hxy+by^2+2gx+2fy+c=0$$

으로 주어진 이차곡선을 분류할 때

$$H = \begin{vmatrix} a & h \\ h & b \end{vmatrix}$$

라 놓고

(1) $H \neq 0$이면, **유심이차곡선**(central conic)

(2) $H = 0$이면, **무심이차곡선**(non-central conic)

이라 한다. 이차곡선이 어떤 점에 대하여 대칭일 때, 그 점을 이차곡선의 중심이라 한다. 이차곡선이 중심을 하나 가질 때 유심이라 하고, 무심은 중심이 무수히 많이 있거나 또는 존재하지 않는 경우를 의미한다.

정리 8

x와 y에 관한 이차방정식

$$F(x, y) = ax^2 + 2hxy + by^2 + 2gx + 2fy + c = 0 \qquad (*)$$

으로 주어진 유심이차곡선의 중심 $C(x_0, y_0)$은 연립일차방정식

$$\begin{cases} ax + hy + g = 0 \\ hx + by + f = 0 \end{cases}$$

의 근이다.

증명 $C(x_0, y_0)$를 이차곡선의 중심이라 하면, 원점 O를 점 C에 옮기는 평행이동

$$x = x' + x_0, \quad y = y' + y_0$$

에 의하여, 이차곡선 (*)는

$$ax'^2 + 2hx'y' + by'^2 + 2g'x' + 2f'y' + c' = 0$$

으로 변형된다. 여기서

$$g' = ax_0 + hy_0 + g, \quad f' = hx_0 + by_0 + f, \quad c' = F(x_0, y_0)$$

이다. 따라서 이차곡선이 점 $C(x_0, y_0)$에 대하여, 점대칭이 될 조건은

$$g' = 0, \quad f' = 0$$

이다. 즉 점 $C(x_0, y_0)$는

$$g' = ax_0 + hy_0 + g = 0, \quad f' = hx_0 + by_0 + f = 0$$

을 만족한다. ■

예 14 x와 y에 관한 이차방정식

$$x^2 - 4xy - 2y^2 + 10x + 4y = 0$$

으로 주어진 이차곡선은

$$H = \begin{vmatrix} 1 & -2 \\ -2 & -2 \end{vmatrix} = -6 \neq 0$$

을 만족하므로, 유심이차곡선이다. 이때 연립일차방정식

$$x - 2y + 5 = 0, \quad -2x - 2y + 2 = 0$$

을 풀면 $x_0 = -1$, $y_0 = 2$이므로, 중심은 $(-1, 2)$가 된다.

연습문제

1 ≫ 네 점 $(0, 0)$, $(2, 0)$, $(0, 2)$, $(1, m)$이 동일 원주 위에 있도록 m 값을 구하시오.

2 ≫ 제1사분면에서, 양 축에 접하고 반지름이 r인 원의 방정식을 구하시오.

3 ≫ 동일 직선 위에 있지 않는 세 점 (x_1, y_1), (x_2, y_2), (x_3, y_3)를 지나는 원의 방정식은

$$\begin{vmatrix} x^2 + y^2 & x & y & 1 \\ x_1^2 + y_1^2 & x_1 & y_1 & 1 \\ x_2^2 + y_2^2 & x_2 & y_2 & 1 \\ x_3^2 + y_3^2 & x_3 & y_3 & 1 \end{vmatrix} = 0$$

으로 주어짐을 보이시오.

4 ≫ 좌표축과 직선 $x+2y=3$이 만드는 삼각형의 외접원의 방정식을 구하시오.

5 ≫ 원 $x^2+y^2=r^2$에 관하여 점 $P(x_1, y_1)$의 극선이 점 $Q(x_2, y_2)$를 지날 때 점 Q의 극선은 점 P를 지남을 보이시오.

6 ≫ 다음 포물선의 방정식을 구하시오.

(1) 초점이 $(0, 2)$이고, x축이 준선

(2) 꼭지점이 $(5, -2)$이고, $y=-4$가 준선

7 ≫ 다음 포물선의 초점과 준선을 구하시오.

(1) $y^2=-4x$ (2) $x^2=-10y$

8 ≫ 포물선 $y^2=4px$ 위의 한 점 $P(x_1, y_1)$을 지나는 법선의 방정식은

$$y_1x+2py=y_1(x_1+2p)$$

로 주어짐을 보이시오.

9 ≫ 포물선 $y^2=4px$의 초점 $F(p, 0)$을 지나는 현의 양 끝점 $P(x_1, y_1)$과 $Q(x_2, y_2)$에 있어서의 접선은 서로 직교함을 보이시오.

10 ≫ 포물선 $y^2=4px$의 초점 $F(p, 0)$을 지나고, 포물선의 x축에 수직인 현의 길이가 $4p$가 됨을 보이시오.

11 ≫ 길이가 $2a$인 원의 지름 $\overline{AA'}$ 위의 임의의 한 점 M에서의 수선이 원과 만나는 점을 P라고 하고, 중심 O에서 지름 $\overline{AA'}$에 수직으로 세운 $\overline{OK}$ 위의 점 B까지의 거리를 b라 하자. 이때 $\overline{MP}$ 위의 점 Q를 $\overline{MP}$와 $\overline{MQ}$와의 비가 일정하게 잡을 때, 점 Q의 자취는 타원의 방정식

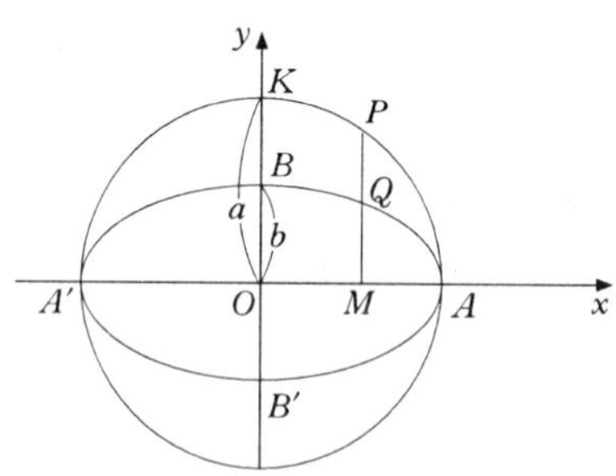

[그림 5.24]

$$\frac{x^2}{a^2} + \frac{y^2}{b^2} = 1$$

로 주어짐을 보이시오.

12 ≫ 다음 타원의 방정식을 구하시오.

(1) 초점이 $(0, \pm 3)$이고, 장축의 길이가 12

(2) 초점과 준선과의 거리가 7이고, 이심률이 $\frac{3}{4}$

13 ≫ 다음 타원의 이심률, 초점과 준선을 구하시오.

(1) $9x^2 + 25y^2 = 225$　　　　(2) $9x^2 + 4y^2 = 36$

14 ≫ 타원 $\frac{x^2}{a^2} + \frac{y^2}{b^2} = 1$에서 기울기가 m이 되는 접선이 타원과 만나는 접점의 좌표는 $\left(-\frac{a^2 m}{k}, \frac{b^2}{k}\right)$으로 주어짐을 보이시오. (단, $k = \pm\sqrt{a^2 m^2 + b^2}$)

15 ≫ 타원 $\frac{x^2}{a^2} + \frac{y^2}{b^2} = 1$ 위의 한 점 $P_1(x_1, y_1)$과 두 초점 F와 F'을 이은 두 개의 현은, $P_1(x_1, y_1)$에 있어서의 접선과 같은 각을 이룸을 보이시오.

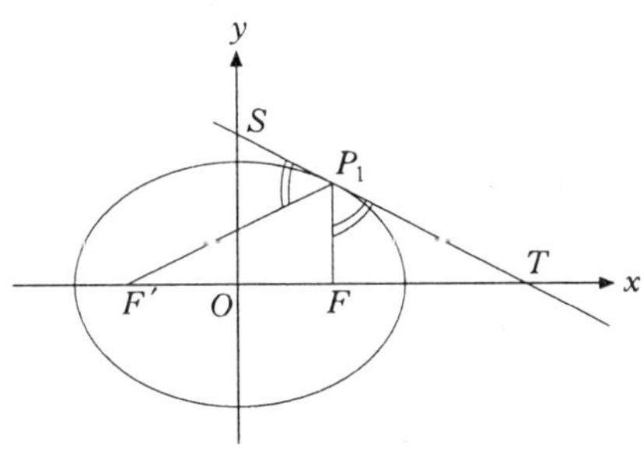

[그림 5.25]

16 ≫ 다음 쌍곡선의 방정식을 구하시오.

(1) 점근선이 $y - \pm\frac{3}{5}x$이고, 초점이 $(\pm 2, 0)$

(2) 꼭지점이 $(\pm 3, 0)$이고, 점근선이 만든 각이 $60°$

17 ≫ 쌍곡선 $\frac{x^2}{a^2}-\frac{y^2}{b^2}=1$ 위의 한 점 $P(x_1,\ y_1)$에서 두 점근선 $\frac{x}{a}-\frac{y}{b}=0$과 $\frac{x}{a}+\frac{y}{b}=0$에 이르는 거리 $\overline{PH}$와 $\overline{PK}$의 곱은 일정함을 보이시오.

18 ≫ 직각쌍곡선 $x^2-y^2=a^2$은, 관계식 $xy=\frac{a^2}{2}$의 그래프를 원점을 중심으로 하여 양의 방향으로 45° 만큼 회전하여 얻어짐을 보이시오.

19 ≫ 쌍곡선 $xy=8$의 이심률과 꼭지점, 그리고 점근선을 구하시오.

20 ≫ 서로 만나는 두 직선 $l_1x+m_1y+n_1=0$과 $l_2x+m_2y+n_2=0$을 점근선으로 하는 쌍곡선은

$$(l_1x+m_1y+n_1)(l_2x+m_2y+n_2)=k$$

인 형태로 주어짐을 보이시오.

21 ≫ x와 y에 관한 이차방정식 $x^2-4xy+4y^2-6\sqrt{5}\,x-8\sqrt{5}\,y-10=0$은 포물선을 나타냄을 보이시오.

22 ≫ 타원 $\frac{x^2}{a^2}+\frac{y^2}{b^2}=1$에서 직교하는 두 접선의 교점의 자취가 원

$$x^2+y^2=a^2+b^2$$

으로 주어짐을 보이시오.

23 ≫ x와 y에 관한 이차방정식

$$x^2+\lambda xy+y^2-5x-7y+6=0$$

으로 주어진 이차곡선에서 다음 물음에 답하시오.

(1) 타원을 나타낼 때, λ의 범위　　(2) 쌍곡선을 나타낼 때, λ의 값

(3) 만나는 두 직선을 나타낼 때, λ의 값

제 6 장

미분적분학

미분적분학은 일반적으로 수학의 주체가 되며, 그 체계적인 내용은 다양한 극한의 개념에 의하여 이루어진다. 실제로 미분적분학은 극한개념을 기본개념으로 하여 그 이론이 전개된다는 데에 특징이 있는 수학의 한 분야이다. 기원전 3세기에 유클리드는 원에 내접하는 정다각형의 면적과, 극한을 사용하여 원의 면적을 구하였고, **아르키메데스**(Archimedes)는 원주율 π 값을 밝혔다. BC 5세기경 그리스 철학자 **제논**(Zenon)은 공간과 시간에 관하여 네 가지 문제를 내놓았는데 이것을 오늘날 제논의 역설이라고 한다. 제논의 두 번째 역설은 그리스의 영웅 아킬레스와 거북이와의 경주 문제이다. 극한개념을 이용하면, 아킬레스가 거북이를 정확하게 따라 잡을 수 있다는 것을 알게 된다. ≫

6.1 함수의 극한과 연속성

함수는 대응관계를 설명하는 데도 유용하게 이용되지만, 양의 변화 상태를 알아보는 데 더욱 유용하게 이용된다. 변화 상태가 파악되면, 이로부터 미래를 예측할 수 있으므로, 함수는 자연과학이나 공학뿐만 아니라 경제학, 의학, 심리학 등 여러 분야에서 사용된다.

1. 함수의 극한

우리는 무한한 미지의 세계를 갈망하고 끝없이 추구한다. 하지만 수학을 제외한 어떠한 분야에서도 미지의 세계인 극한을 경험할 수 없을 것이다. 단지 예측과 추측이 있을 뿐, 오직 수학에서만 극한에 대한 경험이 가능하다. **극한**(limit)의 개념은 **접근**(approach)을 바탕으로 한다.

(1) 함수

$X \subset R$일 때 **실변수의 실가함수**(real-valued function of real variable) $f : X \to R$을 1변수 실가함수 또는 간단히 $R-R$ 함수라고 한다.

두 개 이상의 독립변수에 종속인 실가함수도 비슷하게 정의된다. 이후에 특별히 언급이 없는 한, 함수라 함은 실변수의 실가함수를 의미하기로 한다.

예 1 닫힌구간 $[0, 1]$에서

$$f(x) = \begin{cases} 1, & x \in [0, 1] \cap Q \\ 0, & x \in [0, 1] \cap Q^c \end{cases}$$

으로 정의하면, $f : [0, 1] \to R$은 x의 함수가 된다. 이것을 $[0, 1]$에서 정의된 **디리클레 함수**(Dirichlet's function)라 한다.

(2) 함수의 극한

극한개념을 직관적으로 정의하기는 쉽지만 이를 엄밀하게 이해하기는 쉽지 않다. 달랑베르는 프랑스의 수학자로 미적분법의 기초를 튼튼히 하기 위해서 극한이론을 연구하기 시작하였다.

① 직관적 정의

실수 a를 포함하는 어떤 구간에서 a 이외의 모든 x에 대하여 정의되어 있는 함수 $f(x)$를 생각한다. 함수 $f(x)$에서 x가 a와 다른 값을 가지면서 a에 한없이 가까워질 때, $f(x)$가 일정한 값 L에 한없이 가까워지면 함수 $f(x)$는 L에

수렴한다(converge)고 하고, 기호로

$$\lim_{x \to a} f(x) = L$$

로 나타낸다. 이때 L을 $x=a$에서 $f(x)$의 **극한값**(limit, 또는 극한)이라고 한다. $\lim\limits_{x \to a} f(x) = L$을

$$\text{“}x \to a \text{ 일 때, } f(x) \to L\text{”}$$

로 표현하기도 한다.

참고 $\lim\limits_{x \to a} f(x) = L$을 “$x$가 a에 접근할 때, $f(x)$의 극한값 또는 극한이 L이다.” 또는 “x가 a에 한없이 가까워질 때(또는 수렴할 때), $f(x)$는 L에 한없이 가까워진다(또는 수렴한다.)”고 읽는다.

예제 1 $\lim\limits_{x \to 1} \dfrac{x^2-1}{x-1}$을 구하시오.

[풀이] $x \neq 1$이므로 분자를 인수분해하여 공통인수를 약분하면

$$\lim_{x \to 0} \frac{x^2-1}{x-1} = \lim_{x \to 0} \frac{(x+1)(x-1)}{x-1} = \lim_{x \to 0}(x+1) = 2$$ ■

참고 $x \to a$는 x가 $x=a$의 좌우에서 x축을 따라 a에 한없이 가까워짐$(x \neq a)$을 뜻한다. 따라서 $x \to a$는 $x \to a+0$인 경우와 $x \to a-0$인 경우를 의미한다. 이때 $x \to 0+0$ 대신 $x \to +0$, $x \to 0-0$ 대신 $x \to -0$으로 표현한다. 여기서 무한소$(+0)$는 양수이면서 한없이 작아지는 상태를 나타내는 기호로 수는 아님에 유의한다.

x(단, $x < a$)가 a에 한없이 가까운 값일 때 $f(x)$의 값을 L에 한없이 가깝게 만들 수 있다면, $\lim\limits_{x \to a-0} f(x) = L$로 나타내고 “$x$가 a에 접근할 때, $f(x)$의 **좌극한**(left limit)이 L이다.”라고 한다.

마찬가지로 만약 $x > a$라면 "x가 a에 접근할 때, $f(x)$의 **우극한**(right limit)이 L이다."라 하고 $\lim_{x \to a+0} f(x) = L$로 나타낸다.

분수함수, 절대값을 포함하는 함수, 가우스함수 등에서는 우극한과 좌극한이 같지 않는 경우가 있음에 유의한다.

참고 $\lim_{x \to a} f(x) = L$일 필요충분조건은 $\lim_{x \to a+0} f(x) = \lim_{x \to a-0} f(x) = L$이다.

한쪽 방향의 극한(좌극한 또는 우극한)에 대해서도 극한법칙이 성립한다는 사실을 이용하여, 한쪽 방향에서의 극한을 구한다.

② 극한의 엄밀한 정의

'x가 a에 접근할 때'와 '$f(x)$가 L에 한없이 가까워진다'와 같은 극한의 직관적 정의는 애매모호하여 이론을 심도있게 전개할 수 없으므로, 수학적으로 보다 엄밀한 극한의 정의가 필요하게 된다. 극한의 뜻을 명확히 정의한 사람은 프랑스의 수학자 **코시**(Cauchy)이다.

정의 1 ($\epsilon-\delta$ 논법)

$f(x)$를 a를 포함하는 하나의 열린구간 (단, a는 제외 가능)에서 정의된 함수라 하자. 만약 임의의 $\epsilon > 0$에 대하여

$$0 < |x-a| < \delta \text{ 일 때, } |f(x)-L| < \epsilon$$

을 만족하는 $\delta > 0$이 존재하면, "x가 a에 접근할 때, $f(x)$의 극한이 L이다."라고 하고 $\lim_{x \to a} f(x) = L$로 나타낸다. 여기서 δ는 ϵ에 종속됨에 유의한다.

예제 2 $\lim_{x \to 2} (3x-2) = 4$가 성립한다.

증명 임의의 $\epsilon > 0$에 대하여 $\delta = \frac{\epsilon}{3}$을 취하면, $0 < |x-2| < \delta$일 때

$$|(3x-2)-4| = |3x-6| = 3|x-2| < 3\delta = \epsilon$$

이 성립하기 때문에, $\lim_{x \to 2} (3x-2) = 4$가 된다. ■

일반적으로 극한값을 구할 때는 $\epsilon-\delta$ 논법에 의존하지 않고, 다음 극한정리를 이용한다. 다음 정리의 증명은 매우 기교적이다.

정리 2 (극한정리)

k가 상수이고, $\lim_{x \to a} f(x) = L$, $\lim_{x \to a} g(x) = M$ (단, L, M은 상수)이면

(1) $\lim_{x \to a} [f(x) \pm g(x)] = L \pm M$

(2) $\lim_{x \to a} [kf(x)] = kL$ (3) $\lim_{x \to a} [f(x)g(x)] = LM$

(4) $\lim_{x \to a} \left[\frac{f(x)}{g(x)}\right] = \frac{L}{M}$ (단, $g(x) \neq 0$, $M \neq 0$)

증명 여기서는 (4)만 증명하고, 나머지는 독자에게 남긴다. $\lim_{x \to a} \frac{1}{g(x)} = \frac{1}{M}$을 보이면 충분하다. 우선 $\lim_{x \to a} g(x) = M$이므로

$$0 < |x-a| < \delta_1 \text{일 때, } |g(x) - M| < \frac{|M|}{2} \text{ (단, } M \neq 0)$$

을 만족하는 $\delta_1 > 0$이 존재한다. 따라서

$$|M| = |g(x) + (M - g(x))| \leq |g(x)| + |M - g(x)| < |g(x)| + \frac{|M|}{2}$$

이므로

$$\frac{|M|}{2} < |g(x)|, \text{ 즉 } \frac{1}{|g(x)|} < \frac{2}{|M|}$$

가 된다. 다시 $\lim_{x \to a} g(x) = M$을 이용하면

$$0 < |x-a| < \delta_2 \text{일 때, } |g(x) - M| < \frac{|M|^2 \epsilon}{2}$$

을 만족하는 $\delta_2 > 0$이 존재한다. 이제 $\delta = \min\{\delta_1, \delta_2\}$라 놓으면, $0 < |x-a| < \delta$일 때

$$\left|\frac{1}{g(x)} - \frac{1}{M}\right| = \left|\frac{M - g(x)}{Mg(x)}\right| = \frac{1}{|M||g(x)|}|g(x) - M|$$

$$< \frac{1}{|M|} \cdot \frac{2}{|M|} \cdot \frac{|M|^2 \epsilon}{2} = \epsilon$$

이므로, $\lim_{x \to a} \frac{1}{g(x)} = \frac{1}{M}$이 성립한다. ■

정리 3 (극한의 대소 관계)

a를 포함하는 하나의 열린구간에 있는 모든 x(단, a는 제외 가능)에 대하여

(1) $f(x) \leqq g(x)$이고, $\lim_{x \to a} f(x) = L$, $\lim_{x \to a} g(x) = M$ (단, L, M은 상수) 이면

$$L \leqq M$$

(2) **압축정리**(squeeze theorem) : $f(x) \leqq h(x) \leqq g(x)$이고 $\lim_{x \to a} f(x) = \lim_{x \to a} g(x) = L$ (단, L은 상수)이면

$$\lim_{x \to a} h(x) = L$$

증명 여기서는 (2)만 증명하고, (1)은 독자에게 남긴다. $\lim_{x \to a} f(x) = \lim_{x \to a} g(x) = L$이므로, 임의의 $\epsilon > 0$에 대하여 $\delta_1 > 0$과 $\delta_2 > 0$이 존재하여

$$0 < |x-a| < \delta_1 \text{일 때, } |f(x) - L| < \epsilon$$
$$0 < |x-a| < \delta_2 \text{일 때, } |g(x) - L| < \epsilon$$

을 만족한다. 이제 $\delta = \min\{\delta_1, \delta_2\}$라 놓으면

$$0 < |x-a| < \delta \text{일 때, } L - \epsilon < f(x) \leqq h(x) \leqq g(x) < L - \epsilon$$

즉 $0 < |x-a| < \delta$를 만족하는 모든 x에 대하여, $|h(x) - L| < \epsilon$이 된다. 따라서 $\lim_{x \to a} h(x) = L$이 성립한다. ■

예제 3 $\lim_{x \to +0} \sin \frac{1}{x}$은 존재하지 않는다. 그러나 $\lim_{x \to 0} x \sin \frac{1}{x} = 0$이 된다.

증명 $x \to +0$일 때 $\sin \frac{1}{x}$의 값은 1과 -1사이를 진동하므로, $\lim_{x \to +0} \sin \frac{1}{x}$은 존재하지 않는다. 그러나 $0 \leqq \left|\sin \frac{1}{x}\right| \leqq 1$로부터 $0 \leqq \left|x \sin \frac{1}{x}\right| \leqq |x|$이고

$$\lim_{x \to 0} |x| = 0$$

이므로 압축정리를 적용하면 $\lim_{x \to 0} \left| x \sin \frac{1}{x} \right| = 0$을 얻는다. 따라서

$$\lim_{x \to 0} x \sin \frac{1}{x} = 0$$

이 성립한다. ■

참고 $f(x) < g(x)$이면서 $\lim_{x \to a} f(x) = \lim_{x \to a} g(x)$일 수도 있다. 예를 들면 $x \neq 0$일 때 $3x < x^2 + 3x$ 이지만, $\lim_{x \to 0} 3x = \lim_{x \to 0} (x^2 + 3x) = 0$이 된다.

함수의 극한의 대소 관계는 $x \to \infty$, $x \to -\infty$ 일 때도 성립한다. 여기서 무한대(∞)는 한없이 커지는 상태(유한이 아닌 상태)만을 나타내는 기호로 수로서 도입된 것이 아님에 유의한다.

압축정리를 이용하여 다음 정리를 얻는다.

정리 4

$\lim_{\theta \to 0} \sin \theta = 0$ (단, θ는 라디안)이 성립한다.

삼각함수의 도함수를 구하려면, 다음 정리가 필요하다.

정리 5

$\lim_{\theta \to 0} \frac{\sin \theta}{\theta} = 1$ (단, θ는 라디안)이 성립한다.

참고 $\lim_{\theta \to 0} \frac{\sin k\theta}{m\theta} = \frac{k}{m}$ (단, $m \neq 0$)가 성립한다. 또한 분자 또는 분모에 $1 - \cos \alpha\theta$의 형태가 나타날 경우에는 분자, 분모에 각각 $1 + \cos \alpha\theta$을 곱하여 극한을 구한다.

(3) 무한대에서의 극한

변수 x가 임의의 큰 양수보다 더 크다면 $x \to +\infty$ 또는 $x \to \infty$로 표시하고, x는 **무한대**(infinity)가 된다(또는 무한대에 접근한다)고 하고, 변수 x가 임의의 작은 음수보다 더 작게 된다면 $x \to -\infty$로 표시한다.

정의 6 (무한대에서의 극한)

$f(x)$가 구간 (a, ∞)에서 정의된 함수일 때, 임의의 $\epsilon > 0$에 대하여

$$x > K \text{이면, } |f(x) - L| < \epsilon$$

을 만족하는 $K > 0$이 존재하면, $\lim_{x \to \infty} f(x) = L$로 정의한다. 이때 $\lim_{x \to \infty} f(x) = L$을 "$x$가 무한대에 접근할 때(또는 무한대일 때), $f(x)$의 극한이 L이다." 또는 "x가 한없이 커질 때, $f(x)$의 극한이 L이다."라고 읽는다.

참고 **네이피어 상수**(Napier constant)라고도 부르는 e는

$$\lim_{n \to \infty}\left(1 + \frac{1}{n}\right)^n = e$$

로 정의되며, $e = 2.71828\cdots$인 초월수로서 자연로그의 밑으로 사용된다.

정의 7 (음의 무한대에서의 극한)

$f(x)$가 구간 $(-\infty, a)$에서 정의된 함수일 때, 임의의 $\epsilon > 0$에 대하여

$$x < -K \text{이면, } |f(x) - L| < \epsilon$$

을 만족하는 $K > 0$이 존재하면, $\lim_{x \to -\infty} f(x) = L$로 정의한다. 이때 $\lim_{x \to -\infty} f(x) = L$을 "$x$가 음의 무한대로 접근할 때, $f(x)$의 극한이 L이다."라고 읽는다.

(4) 무한극한

정의 8 (양의 무한대로 발산)

$f(x)$가 a를 포함하는 적당한 열린구간(단, a는 제외 가능)에서 정의된 함수일 때, 임의의 $M>0$에 대하여

$$0<|x-a|<\delta\text{이면, } f(x)>M$$

을 만족하는 $\delta>0$이 존재하면, $\lim_{x\to a} f(x)=\infty$로 정의한다. 이때 $\lim_{x\to a} f(x)=\infty$를 "$x$가 a에 접근할 때, $f(x)$의 극한은 양의 무한대(간단히, 무한대)이다." 또는 "x가 a로 접근할 때, $f(x)$는 **양의 무한대로 발산**(간단히, 무한대로 발산)한다."라고 읽는다.

예 2 $\lim_{x\to 0}\frac{1}{x^2}=\infty$이다. 왜냐하면 주어진 $M>0$에 대하여 $\delta=\frac{1}{\sqrt{M}}$을 택하면, $0<|x-0|<\delta$, 즉 $x^2<\delta^2$일 때

$$\frac{1}{x^2}>\frac{1}{\delta^2}=M$$

이 성립하기 때문이다.

정의 9 (음의 무한대로 발산)

$f(x)$가 a를 포함하는 적당한 열린구간(단, a는 제외 가능)에서 정의된 함수일 때, 임의의 $K>0$에 대하여

$$0<|x-a|<\delta\text{이면, } f(x)<-K$$

를 만족하는 $\delta>0$이 존재하면, $\lim_{x\to a} f(x)=-\infty$로 정의한다. 이때 $\lim_{x\to a} f(x)=-\infty$를 "$x$가 a에 접근할 때, $f(x)$의 극한은 음의 무한대이다." 또는 "x가 a로 접근할 때, $f(x)$는 **음의 무한대로 발산**한다."라고 읽는다.

한쪽 방향에서의 무한극한도 유사하게 정의된다.

정의 10 (무한대에서의 무한극한)

$f(x)$가 구간 (a, ∞)에서 정의된 함수일 때, 임의의 $M>0$에 대하여

$$x>K\text{이면, } f(x)>M$$

을 만족하는 $K>0$이 존재하면, $\lim_{x\to\infty} f(x)=\infty$라 한다.

무한극한에서 극한정리는 일반적으로 적용되지 않는다.

예 3 $\lim_{x\to\infty}(x^2-x)=\lim_{x\to\infty}x^2-\lim_{x\to\infty}x=\infty-\infty$는 정의되지 않지만

$$\lim_{x\to\infty}(x^2-x)=\lim_{x\to\infty}x(x-1)=\infty$$

가 된다.

2. 함수의 연속성

(1) 연속

참고 볼차노(Bolzano)는 극한개념과 연속함수를 무한집합과 연관지어 연구하기 시작하였다.

정의 11 (함수의 연속)

a를 포함하는 적당한 열린구간 I에서 정의된 함수 $f(x)$가

$$\lim_{x\to a} f(x)=f(a)$$

를 만족할 때, 함수 $f(x)$는 $x=a$에서 **연속**(continuous)이라고 한다. 즉 주어진 $\epsilon>0$에 대하여

$$|x-a|<\delta\text{이면, } |f(x)-f(a)|<\epsilon$$

을 만족하는 $\delta>0$이 존재할 때를 말한다. 특히 $f(x)$가 어떤 구간 I의 모든 점에서 연속일 때, $f(x)$는 I에서 연속이라 한다.

어떤 점에서 연속이 아닌 함수는 그 점에서 **불연속**(discontinuous)이라 한다. $x=a$에서 불연속이라 함은 $x=a$에서 함수의 그래프가 연결되어 있지 않고 끊어져 있음을 의미한다. 예를 들면 $f(x)=\tan x$는 $x=n\pi\pm\frac{\pi}{2}$ (단, n은 정수)에서 불연속이다.

예 4 $f(x)=x^2+\frac{x^2}{x^2+1}+\frac{x^2}{(x^2+1)^2}+\frac{x^2}{(x^2+1)^3}+\cdots$ 로 주어진 함수 $f(x)$는 $x=0$에서 불연속이다. 왜냐하면

$$f(0)=0,\quad \lim_{x\to 0}f(x)=\lim_{x\to 0}(x^2+1)=1$$

이므로, $\lim_{x\to 0}f(x)\neq f(0)$이기 때문이다.

불연속에는 f를 다시 정의함으로써 불연속성을 제거할 수 있는 **제거가능 불연속**(removable discontinuity)과 **무한불연속**(infinite discontinuity), 그리고 **계단불연속**(도약 불연속, jump discontinuity) 등이 있다.

정의 12 (우연속과 좌연속)

함수 $f(x)$가 $\lim_{x\to a+0}f(x)=f(a)$를 만족하면 $f(x)$는 $x=a$에서 **우연속**이라 하고, $\lim_{x\to a-0}f(x)=f(a)$를 만족하면 $f(x)$는 $x=a$에서 **좌연속**이라고 한다.

함수 $f(x)$가 $x=a$에서 연속이라는 것은 $x=a$에서 우연속이고, 좌연속임을 의미하는 것이다. 함수 f가 열린구간 (a, b)에서 연속이고, 또한 a에서 우연속이고 b에서 좌연속일 때, f는 닫힌구간 $[a, b]$에서 연속이라고 한다.

정리 13

두 함수 $f(x)$와 $g(x)$가 $x=a$에서 연속이고 c가 상수이면, 다음 함수도 $x=a$에서 연속이다.

$$f(x)\pm g(x),\ cf(x),\ f(x)g(x),\ \frac{f(x)}{g(x)}\ (\text{단, } g(a)\neq 0)$$

증명 여기서는 $f(x)$와 $g(x)$가 $x=a$에서 연속일 때, $f(x)+g(x)$가 $x=a$에서 연속임만을 증명한다. 함수의 극한정리와 연속성의 정의에 의하여

$$\begin{aligned}\lim_{x \to a}(f+g)(x) &= \lim_{x \to a}[f(x)+g(x)] = \lim_{x \to a} f(x) + \lim_{x \to a} g(x) \\ &= f(a)+g(a) = (f+g)(a)\end{aligned}$$

이 된다. 따라서 $f(x)+g(x)$는 $x=a$에서 연속이다. ■

함수 $f(x)$와 $g(x)$가 어떤 구간 I에서 연속이고, c가 상수이면

$$f(x) \pm g(x),\ cf(x),\ f(x)g(x),\ \frac{f(x)}{g(x)}\ (\text{단, } g(a) \neq 0)$$

도 구간 I에서 연속이다.

정리 14 (연속함수의 합성함수)

함수 g가 $x=a$에서 연속이고 f가 $g(a)$에서 연속이면, f와 g의 합성함수 $f \circ g$는 $x=a$에서 연속이 된다.

예제 4 $\sin x$와 $\cos x$는 R에서 연속이다.

증명 $|\theta| < \frac{\pi}{2}$일 때 $|\sin\theta| \leqq |\theta|$이므로, 임의의 $a \in R$에 대하여

$$|\sin x - \sin a| = 2\left|\sin\frac{x-a}{2}\cos\frac{x+a}{2}\right| \leqq |x-a|$$

이 성립한다. 따라서 $x \to a$일 때, $\sin x \to \sin a$를 얻는다. 그러므로 $\sin x$는 R에서 연속이다. 또한 $\cos x = \sin\left(x+\frac{\pi}{2}\right)$이므로, $\cos x$는 R에서 연속함수가 된다. ■

참고 연속함수에 관한 극한을 구할 때, 극한과 함수의 연산자를 서로 교환함으로써 계산을 더욱 간편하게 할 수 있다. 예를 들면

$$\lim_{\theta \to 0}\cos\theta = \lim_{\theta \to 0}\sqrt{1-\sin^2\theta} = \sqrt{\lim_{\theta \to 0}(1-\sin^2\theta)} = 1$$

이 된다.

다음은 닫힌구간 $[a, b]$에서 정의된 연속함수가 갖는 중요한 성질이다. 그러나 정리의 증명은 이 책의 수준을 벗어나므로 생략한다.

정리 15 (중간값정리)

함수 $f(x)$가 닫힌구간 $[a, b]$에서 연속이고 $f(a) \neq f(b)$이면, $f(a)$와 $f(b)$ 사이의 임의의 실수 k에 대하여

$$f(c) = k \ (\text{단}, \ a < c < b)$$

를 만족하는 c가 적어도 하나 존재한다.

중간값정리(intermediate value theorem)는 불연속함수에 대해서는 성립하지 않는다. 중간값정리는 방정식의 근의 위치를 정하는 데 이용된다.

예제 5 방정식 $\log_{10} x = 2 - x$는 열린구간 $(1, 2)$에서 적어도 하나의 실근을 갖는다.

증명 $f(x) = \log_{10} x - 2 + x$로 놓으면 $\log_{10} x$는 $x > 0$에서 연속함수이므로, $f(x)$는 닫힌구간 $[1, 2]$에서 연속이고, $f(1) = -1 < 0$, $f(2) = \log_{10} 2 > 0$이 된다. 따라서 중간값정리에 의하여, 방정식 $f(x) = 0$은 $x = 1$과 $x = 2$ 사이에 적어도 하나의 실근을 갖는다. 따라서 방정식 $\log_{10} x = 2 - x$는 열린구간 $(1, 2)$에서 적어도 하나의 실근을 갖는다. ■

(2) 최대값과 최소값

구간 I의 모든 x에 대하여 $|f(x)| \leqq K$를 만족하는 상수 K가 존재할 때, 함수 $f(x)$는 I에서 유계라고 한다. 구간 I에서 정의된 함수 $f(x)$가 I의 모든 원소 x에 대하여 $f(c) \geqq f(x)$ (또는 $f(c) \leqq f(x)$)를 만족할 때, $f(x)$는 c에서 최대값(또는 최소값) $f(c)$를 갖는다고 한다.

바이어슈트라스가 증명한 다음 정리는 닫힌구간 $[a, b]$에서 정의된 연속함수가 갖

는 중요한 성질 중의 하나이다. 직관적으로는 매우 당연한 것 같지만, 정리의 증명은 이 책의 수준을 벗어나므로 생략하기로 한다.

정리 16 (최대·최소값의 정리)

함수 $f(x)$가 닫힌구간 $[a, b]$에서 연속이면, $f(x)$는 $[a, b]$에서 최대값과 최소값을 갖는다.

연습문제

1 》 $f(x)=x-2,\ g(x)=\sqrt{x}$일 때, $g\circ f$의 정의역을 구하시오.

2 》 다음 극한값을 구하시오.

(1) $\displaystyle\lim_{\theta\to 0}\frac{\cos\theta-1}{\theta}$

(2) $\displaystyle\lim_{x\to\infty}\sqrt{x}\,(\sqrt{x+1}-\sqrt{x}\,)$

(3) $\displaystyle\lim_{x\to +0}\frac{\cos x}{\ln x}$

3 》 임의의 $\epsilon>0$에 대하여, $\delta=\dfrac{\epsilon}{5}$을 취하면

$$0<|x-2|<\delta\text{일 때, } |(5x-2)-8|<\epsilon$$

이 성립하기 때문에, $\displaystyle\lim_{x\to 2}(5x-2)=8$이 된다. 이 결과로부터 $\epsilon=0.005$일 때, $5x-2$가 취할 수 있는 범위를 구하시오.

4 》 함수 $f(x)=e^{-2x}-1$의 역함수를 $g(x)$라 할 때, $\displaystyle\lim_{x\to 0}\frac{g(x)}{x}$ 값을 구하시오.

5 ≫ 자연수 n을 이진법으로 나타냈을 때의 자리수를 a_n이라 하면

$$2^{a_n - 1} \leqq n < 2^{a_n}$$

이 성립한다. 이때 $\lim_{n \to \infty} \frac{\log n}{a_n} = \log 2$ 임을 보이시오.

6 ≫ $f(x) = \lim_{n \to \infty} \frac{x^{2n} + ax + b}{x^{2n} + 1}$로 정의된 함수 $f(x)$가 모든 실수 x에 대하여 연속이 되는 a, b 값을 구하시오. (단, n은 정수)

7 ≫ $x^3 - 4x + 1 = 0$의 근이 $[0, 1]$ 이외의 어떤 구간에 있는가를 조사하시오.

8 ≫ 반지름의 길이가 r인 원의 중심 O에서 반직선 OA를 긋고, 원 위의 점 T에서 반직선 OA에 내린 수선의 발을 P, T에서 그은 접선과 반직선 OA의 교점을 Q라 하자. T가 점 A에 한없이 가까워질 때, $\frac{\overline{PA}}{\overline{PQ}}$의 극한을 구하시오.

9 ≫ 극한값의 $\epsilon - \delta$ 논법으로 다음을 증명하시오.

(1) $\lim_{x \to 1} (x^2 + 3x) = 4$　　　(2) $\lim_{x \to 0} \sqrt[3]{x} = 0$

10 ≫ **가우스 기호** $[x]$(x를 넘지 않는 최대의 정수)로 정의된 **최대정수함수**(또는 가우스 함수) $f(x) = [x]$는 각 정수 n에서 연속이 아님을 보이시오.

11 ≫ 중간값정리를 이용하여 주어진 구간에서 주어진 방정식이 근을 가짐을 보이시오.

(1) $2x^3 + x^2 + 2 = 0$ $(-2, -1)$　　　(2) $(x^2 - 1)\cos x + \sqrt{2}\sin x = 0$ $\left(0, \frac{\pi}{2}\right)$

12 ≫ $x = 0$에서, 다음에 주어진 함수의 연속성과 미분가능성을 조사하시오.

(1) $f(x) = |x| - x$　　　(2) $f(x) = \begin{cases} x \sin \frac{1}{x}, & x \neq 0 \\ 0, & x = 0 \end{cases}$

6.2 미분법

미분법은 변화하는 물체의 운동 현상을 수학적으로 기술하고자 노력한 결과로 얻어진 산물로, 만유인력의 법칙을 포함해서 자연법칙을 기술하는데 매우 유용한 도구이다. '**미분법**(calculus differentials)'이란 말은 라이프니츠가 처음으로 사용하였고, 프랑스의 수학자 코시는 극한의 개념을 이용하여 미적분법을 이론적으로 완성시켰다.

1. 미분계수와 도함수

미분학에서는 극한을 이용하여 접선 문제로부터 도함수의 개념을 형식화 한다.

(1) 미분계수

극한 $\lim_{h \to 0} \frac{f(a+h)-f(a)}{h}$가 존재할 때, 함수 $y=f(x)$는 $x=a$에서 **미분가능**(differentiable)이라 하고

$$f'(a)=\lim_{h \to 0} \frac{f(a+h)-f(a)}{h}$$

로 나타낸다. 특히 $a+h=x$로 놓으면

$$f'(a)=\lim_{x \to a} \frac{f(x)-f(a)}{x-a}$$

로 표현할 수 있다. 이때 $f'(a)$를 $x=a$에서 함수 $f(x)$의 **미분계수**(differential coefficient)라고 한다. $f'(a)$ 대신

$$y'_{x=a} \text{ 또는 } \left[\frac{dy}{dx}\right]_{x=a}$$

로 나타내기도 한다.

미분계수의 정의는 $h=\Delta x$, $f(a+h)-f(a)=\Delta y$로 놓고

$$f'(a)=\lim_{\Delta x \to 0}\frac{\Delta y}{\Delta x}$$

로 표현하기도 한다. 여기서 $\Delta x = x-a$를 x의 **증분**(increment)이라 하고

$$\Delta y = f(a+\Delta x)-f(a)$$

를 Δx에 대응하는 y의 증분이라고 한다. 이때

$$\frac{\Delta y}{\Delta x}=\frac{f(a+\Delta x)-f(a)}{\Delta x}$$

를 닫힌구간 $[a,\ a+\Delta x]$에서 $y=f(x)$의 **평균변화율**(average rate of change)이라고 하고

$$\lim_{\Delta x \to 0}\frac{\Delta y}{\Delta x}=\lim_{\Delta x \to 0}\frac{f(a+\Delta x)-f(a)}{\Delta x}$$

를 $x=a$에서 $y=f(x)$의 미분계수 또는 **순간변화율**(instantaneous rate of change)이라 한다.

참고 Δx의 Δ는 영어 Difference의 첫 글자 D에 해당하는 그리스 문자로 '델타(delta)'라 읽는다. 또한 $f'(a)$는 'f 프라임(prime) a'라고 읽는다.

$x=a$에서의 우미분계수와 좌미분계수를 각각

$$\lim_{h \to +0}\frac{f(a+h)-f(a)}{h},\quad \lim_{h \to -0}\frac{f(a+h)-f(a)}{h}$$

로 정의할 때, $f'(a)$가 존재한다는 것은 $x=a$에서 좌·우미분계수가 존재해서 일치한다는 것이다.

예제 6 함수 $f(x)=|x|$은 $x=0$에서 미분가능하지 않다.

증명 $$\lim_{h\to 0}\frac{f(0+h)-f(0)}{h}=\lim_{h\to 0}\frac{|0+h|-|0|}{h}$$

을 생각한다. 그런데

$$\lim_{h\to +0}\frac{|0+h|-|0|}{h}=\lim_{h\to +0}\frac{|h|}{h}=\lim_{h\to +0}\frac{h}{h}=1,$$
$$\lim_{h\to -0}\frac{|0+h|-|0|}{h}=\lim_{h\to -0}\frac{|h|}{h}=\lim_{h\to +0}\frac{-h}{h}=-1$$

이므로, $f'(0)$은 존재하지 않는다. 따라서 $f(x)=|x|$은 $x=0$에서 미분가능하지 않다. ■

참고 $f(x)=\begin{cases} g(x), & x\le a \\ h(x), & x>a \end{cases}$ 로 주어진 함수 $f(x)$가 $x=a$에서 미분가능일 조건은 $y=f(x)$가 $x=a$에서 연속이고 좌·우미분계수가 같은 것이다. 즉

(1) $g(a)=h(a)$ (2) $g'(a)=h'(a)$

정리 1 (미분계수의 응용공식)

(1) $\lim_{h\to 0}\frac{f(a+ph)-f(a)}{h}=p\cdot f'(a)$

(2) $\lim_{h\to 0}\frac{f(a+ph)-f(a-qh)}{h}=(p+q)\cdot f'(a)$

(3) $\lim_{x\to a}\frac{af(x)-xf(a)}{x-a}=af'(a)-f(a)$

(4) $\lim_{x\to a}\frac{x^2f(a)-a^2f(x)}{x-a}=2af(a)-a^2f'(a)$

(2) 미분계수의 기하학적 의미

$f'(a)$는 곡선 $y=f(x)$ 위의 한 점 $P(a, f(a))$에서 **접선**(tangent line)의 기울기를 나타내므로, $P(a, f(a))$에서 함수 $y=f(x)$의 접선은 P를 지나고 기울기 $f'(a)$를 갖는 직선이 된다.(이것은 미분을 기하학에 이용하는 모든 응용의 기본이다.) 따라서

$f'(a)$가 존재할 때, $P(a, f(a))$에서 곡선 $y=f(x)$의 접선의 방정식은

$$y - f(a) = f'(a)(x-a)$$

로 주어진다. 또한 점 $P(a, f(a))$를 지나고 그 점에서의 접선과 수직인 직선을 그 점에서의 **법선**(normal line)이라고 한다. 따라서 $y=f(x)$ 위의 점 $P(a, f(a))$에서의 법선의 방정식은

$$y - f(a) = -\frac{1}{f'(a)}(x-a)$$

로 주어진다.

(3) 도함수

함수 $f(x)$가 $K(\subset R)$의 모든 점에서 미분가능할 때, $f(x)$는 K에서 미분가능하다고 한다. 주어진 함수 f에 대응하여

$$f'(x) = \lim_{h \to 0} \frac{f(x+h)-f(x)}{h}$$

로 정의되는 새로운 함수 $f' : K \to R$을 $f(x)$의 **도함수**(derivative)라고 한다. 이때 $f(x)$의 도함수 $f'(x)$의 정의역은 $f(x)$의 정의역에 포함된다. 미분계수는 하나의 실수이지만, 도함수 $f'(x)$는 x를 변수로 갖는 함수임에 유의한다.

예 5 $x \geqq 0$에 대하여, $f(x) = \sqrt{x}$일 때

$$f'(x) = \lim_{h \to 0} \frac{\sqrt{x+h} - \sqrt{x}}{h} = \lim_{h \to 0} \frac{(\sqrt{x+h} + \sqrt{x})(\sqrt{x+h} - \sqrt{x})}{h(\sqrt{x+h} + \sqrt{x})}$$
$$= \lim_{h \to 0} \frac{1}{(\sqrt{x+h} + \sqrt{x})} = \frac{1}{2\sqrt{x}}$$

이므로, $f'(x)$의 정의역은 $x > 0$이 된다.

함수 $y=f(x)$의 도함수를 표시하는데는

$$y',\ f'(x),\ \frac{dy}{dx},\ \frac{d}{dx}f(x),\ Df(x)$$

등의 기호를 사용한다. 여기서 기호 D와 $\frac{d}{dx}$를 **미분연산자**(differential operator)라고 한다. $x=a$에서 도함수 $\frac{dy}{dx}$의 값을 라이프니츠 기호를 이용하면

$$\left.\frac{dy}{dx}\right|_{x=a}$$

로 표현된다.

도함수의 존재성은 다음 정리에서 알 수 있듯이 함수의 연속성을 의미한다.

정리 2

함수 $f(x)$가 $x=a$에서 미분가능하면, $f(x)$는 $x=a$에서 연속이다.

증명 $x\neq a$에 대하여

$$f(x)=\frac{f(x)-f(a)}{x-a}(x-a)+f(a)$$

를 생각한다. $f'(a)$가 존재하므로, 양변에 $x\to a$일 때의 극한을 취하면

$$\lim_{x\to a}f(x)=f'(a)\cdot 0+f(a)=f(a)$$

가 성립한다. 따라서 $f(x)$는 $x=a$에서 연속이다. ■

참고 [정리 2]의 역은 성립하지 않는다. 예를 들면 함수 $f(x)=|x|$은

$$\lim_{x\to 0}f(x)=\lim_{x\to 0}|x|=0=f(0)$$

이므로, $x=0$에서 연속이지만 f는 $x=0$에서 미분가능하지 않다.

2. 미분법

미분법은 17세기에 영국의 뉴턴과 독일의 라이프니츠가 거의 동시에 독립적으로 발견하였다. 뉴턴은 운동을 설명하는 수단으로, 라이프니츠는 곡선의 접선 문제로부터 미분법을 발전시켰다. 뉴턴은 오랜 연구 끝에 발견한 미분법을 이용하여, 만유인력의 법칙을 포함한 뉴턴 역학을 수학적으로 설명할 수 있었다.

(1) 미분법

함수 $f(x)$로부터 도함수 $f'(x)$를 구하는 것을 x에 관하여 **미분한다**(differentiate)고 하고, 계산법을 **미분법**(differentiation)이라고 한다. 미분법은 도함수의 계산을 간단히 해준다.

참고 주어진 함수의 도함수를 구하는 과정을 다음 **사단계 계산법**으로 요약할 수 있다.

(1) $y+\Delta y=f(x+\Delta x)$

(2) $\Delta y=f(x+\Delta x)-f(x)$

(3) $\dfrac{\Delta y}{\Delta x}=\dfrac{f(x+\Delta x)-f(x)}{\Delta x}$

(4) $\dfrac{dy}{dx}=\lim\limits_{\Delta x\to 0}\dfrac{f(x+\Delta x)-f(x)}{\Delta x}$

사단계 계산법은 주어진 함수의 도함수를 구할 때 기본적인 과정이지만, 이 과정을 항상 적용하는 것은 매우 번거롭다. 따라서 실제에 있어서는 단계 (1), (2), (3)은 생략하고 단계 (4), 즉 도함수의 정의만을 적용하여 직접 구하는 방법을 이용한다.

정리 3

$f(x)=c$(단, c는 상수)이면, $f'(x)=0$이 된다.

증명 $f'(x)=\lim\limits_{h\to 0}\dfrac{f(x+h)-f(x)}{h}=\lim\limits_{h\to 0}\dfrac{c-c}{h}=0$ ■

정리 4 (멱공식)

$f(x)=x^n$(단, n은 자연수)에 대하여, $f'(x)=nx^{n-1}$이 성립한다.

증명 도함수의 정의와 이항정리를 이용하면

$$\begin{aligned} f'(x) &= \lim_{h\to 0}\frac{f(x+h)-f(x)}{h} = \lim_{h\to 0}\frac{(x+h)^n - x^n}{h} \\ &= \lim_{h\to 0}\frac{1}{h}\left[x^n + nx^{n-1}h + \frac{n(n-1)}{2!}x^{n-2}h^2 + \cdots + nxh^{n-1} + h^n - x^n\right] \\ &= \lim_{h\to 0}\left[nx^{n-1} + \frac{n(n-1)}{2!}x^{n-2}h + \cdots + nxh^{n-2} + h^{n-1}\right] \\ &= nx^{n-1} \end{aligned}$$

■

참고 [정리 4]는 n이 자연수인 경우의 증명이지만, 이 공식은 n이 임의의 실수일 경우까지 확장된다.

정리 5

$f(x)$와 $g(x)$가 어떤 구간에서 미분가능한 함수이고 c가 상수일 때, 그 구간에서

(1) $(cf)'(x) = cf'(x)$　　(2) $(f \pm g)'(x) = f'(x) \pm g'(x)$

(3) $(fg)'(x) = f(x)g'(x) + g(x)f'(x)$

(4) $\left(\dfrac{f}{g}\right)'(x) = \dfrac{g(x)f'(x) - f(x)g'(x)}{[g(x)]^2}$ (단, $g(x) \neq 0$)

증명 여기서는 (3)만 증명하고, 나머지는 독자에게 남긴다.

$$\begin{aligned} (fg)'(x) &= \lim_{h\to 0}\frac{f(x+h)g(x+h)-f(x)g(x)}{h} \\ &= \lim_{h\to 0}\frac{f(x+h)g(x+h) - f(x+h)g(x) + f(x+h)g(x) - f(x)g(x)}{h} \\ &= \lim_{h\to 0}\left[f(x+h)\frac{g(x+h)-g(x)}{h} + g(x)\frac{f(x+h)-f(x)}{h}\right] \\ &= \lim_{h\to 0}f(x+h)\cdot\lim_{h\to 0}\frac{g(x+h)-g(x)}{h} \\ &\quad + \lim_{h\to 0}g(x)\cdot\lim_{h\to 0}\frac{f(x+h)-f(x)}{h} \end{aligned}$$

가 된다. $f(x)$가 미분가능하므로, $f(x)$는 연속이다. 따라서

$$\lim_{h \to 0} f(x+h) = f(x)$$

이므로, $(fg)'(x) = f(x)g'(x) + g(x)f'(x)$를 얻는다. ■

[정리 5(4)]는 멱공식을 지수가 음의 정수인 경우로 확장하는데 이용된다.

(2) 합성함수의 미분법

합성함수의 미분법을 **연쇄법칙** 또는 **연쇄율**(chain rule)이라 한다.

정리 6 (연쇄법칙)

$y = f(x)$, $x = g(t)$가 미분가능하면, 합성함수 $y = f(g(t))$는 t에 관하여 미분가능하고

$$(f \circ g)'(t) = f'(g(t))g'(t)$$

가 성립한다. 즉 $\frac{dy}{dt} = \frac{dy}{dx}\frac{dx}{dt}$가 된다.

연쇄법칙과 멱공식을 적용하면, 다음 결과를 얻는다.([정리 15] 참조)

정리 7

α가 임의의 실수이고, $u = g(x)$가 미분가능하면

$$\frac{d}{dx}(u^\alpha) = \alpha u^{\alpha-1}\frac{du}{dx}, \quad 즉 \quad \frac{d}{dx}[g(x)]^\alpha = \alpha[g(x)]^{\alpha-1}g'(x)$$

가 성립한다.

참고 (미분과 나머지 정리의 관계)

(1) 이차 이상의 다항식 $f(x)$를 $(x-a)^2$으로 나눌 때, 나머지는

$$f'(a)(x-a) + f(a)$$

(2) 이차 이상의 다항식 $f(x)$를 $(x-a)^2$으로 나누어 떨어질 조건은

$$f(a)=0,\ f'(a)=0$$

예 6 $x^{10}-1$을 $(x-1)^2$으로 나누었을 때의 나머지는

$$f'(1)(x-1)+f(1)=10(x-1)=10x-10$$

으로 주어진다.

(3) 역함수의 미분법

정리 8 (역함수의 미분법)

미분가능한 함수 $y=f(x)$의 역함수가 존재하고 $\dfrac{dy}{dx}\neq 0$이면, 역함수도 미분가능하고

$$\frac{dx}{dy}=\frac{1}{\dfrac{dy}{dx}}$$

이 성립한다.

증명 $y=f(x)$의 역함수를 $x=g(y)$라 하면, $x=g(f(x))$이다. 양변을 x에 관하여 미분하면

$$1=\frac{d}{dx}[g(f(x))]=\frac{d}{dy}[g(y)]\frac{dy}{dx}=\frac{dx}{dy}\frac{dy}{dx}$$

이므로, $\dfrac{dy}{dx}\neq 0$일 때

$$\frac{dx}{dy}=\frac{1}{\dfrac{dy}{dx}}$$

이 성립한다. ■

참고 함수 $y=\sqrt{x}$ (단, $x>0$)의 도함수는 $\dfrac{dy}{dx}=\dfrac{1}{2\sqrt{x}}$이다. 한편 함수 $y=\sqrt{x}$에서 $x=y^2$이므로 $\dfrac{dx}{dy}=2y=2\sqrt{x}$가 된다. 따라서 $\dfrac{dy}{dx}$는 $\dfrac{dx}{dy}$의 역수와 같음을 알 수 있다.

(4) 음함수의 미분법

음함수 $f(x, y)=0$의 도함수를 구하는 경우에는 양함수 $y=f(x)$ 형태로 고쳐서 미분할 수 있다. 그러나 양함수로 변형하기가 쉽지 않거나 가능하지 않을 때, 음함수의 미분법이 유용하게 사용된다.

x의 함수 y가 음함수 $f(x, y)=0$ 형태로 주어질 때는, y를 x의 함수로 보고 $f(x, y)=0$의 각 항을 x에 관하여 미분하여 y'을 구한다. 이 방법을 **음함수 미분법**(implicit differentiation)이라 한다. 양함수 $y=f(x)$로 풀 수 있는 경우조차도 음함수 미분법을 이용하면 쉽게 도함수를 구할 수 있다.

예제 7 r이 유리수일 때, $y=x^r$에 대하여

$$\frac{dy}{dx}=rx^{r-1}$$

이 성립한다.

증명 $r=\frac{n}{m}$ (단, m, n은 정수, $m\neq 0$)이라 놓고, $y=x^{\frac{n}{m}}$의 도함수를 구한다. 양변을 m 제곱하여 얻은 $y^m=x^n$의 양변을 x에 관하여 미분하면, 즉 음함수 미분법을 적용하면

$$my^{m-1}\frac{dy}{dx}=nx^{n-1}$$

을 얻는다. 따라서

$$\frac{dy}{dx}=\frac{n}{m}x^{\frac{n}{m}-1}, \text{ 즉 } \frac{dy}{dx}=rx^{r-1}$$

이 성립한다. ■

3. 고계도함수

함수 $f(x)$의 도함수 $f'(x)$도 하나의 함수이므로, 이 일계도함수 $f'(x)$가 미분가능할 때 새로운 함수 $(f')'=f''$을 정의할 수 있다. 이때 $f''(x)$를 $f(x)$의 이계도함

수라 하고

$$y'',\ f''(x),\ \frac{d^2y}{dx^2},\ \frac{d^2}{dx^2}f(x)$$

등으로 표시한다. 마찬가지로 이계도함수의 도함수를 삼계도함수라 하고, f'''으로 나타낸다. 일반적으로 $y=f(x)$의 n계도함수는 $f^{(n)}$으로 나타내고

$$y^{(n)},\ f^{(n)}(x),\ \frac{d^ny}{dx^n},\ \frac{d^n}{dx^n}f(x)$$

등으로 표시한다. 보통 이계 이상의 도함수를 **고계도함수**(higher derivative)라 한다.

예제 8 $4x^2-2y^2=1$에 대하여, y''을 구하시오.

풀이 먼저 x에 관하여 미분하면 연쇄율에 의하여, $8x-4yy'=0$이므로 $y'=\dfrac{2x}{y}$ (단, $y\neq 0$)가 된다. 다시, y, y'을 x의 함수로 생각하여 연쇄율을 이용하면

$$y''=\frac{2y-2xy'}{y^2}=\frac{2y^2-4x^2}{y^3}\ (\text{단, } y\neq 0)$$ ■

참고 (라이프니츠 정리) $f(x)$와 $g(x)$가 n번 미분가능하면

$$\begin{aligned}(fg)^{(n)}(x)=&\ f^{(n)}(x)\cdot g(x)+{}_nC_1f^{(n-1)}(x)\cdot g'(x)+\cdots\\&+{}_nC_if^{(n-i)}(x)\cdot g^{(i)}(x)+\cdots+f(x)\cdot g^{(n)}(x)\end{aligned}$$

가 성립한다.

4. 초월함수의 미분법

초월함수인 삼각함수, 역삼각함수, 로그함수와 지수함수의 미분법에 대하여 서술한다.

(1) 삼각함수와 역삼각함수의 미분법

삼각법에서는 각의 단위로 '도'와 '라디안'을 이용한다. 미분적분학에서는 각의 단위로 라디안이 이용된다.

① 삼각함수의 미분법

삼각함수는 라디안으로 주어지는 각으로 정의된다.

정리 9 (삼각함수의 미분법)

(1) $\dfrac{d}{dx}(\sin x) = \cos x$ (2) $\dfrac{d}{dx}(\cos x) = -\sin x$

(3) $\dfrac{d}{dx}(\tan x) = \sec^2 x$ (4) $\dfrac{d}{dx}(\csc x) = -\csc x \cot x$

(5) $\dfrac{d}{dx}(\sec x) = \sec x \tan x$ (6) $\dfrac{d}{dx}(\cot x) = -\csc^2 x$

증명 삼각함수 $\tan x$, $\csc x$, $\sec x$, $\cot x$에 대한 도함수는 [정리 5(4)]를 이용하여 쉽게 얻을 수 있으므로, 여기서는 (1), (2)에 대해서만 증명하기로 한다.

(1) $$\frac{d}{dx}\sin x = \lim_{h \to 0}\frac{\sin(x+h)-\sin x}{h}$$
$$= \lim_{h \to 0}\frac{2\cos\left(x+\frac{h}{2}\right)\sin\left(\frac{h}{2}\right)}{h} = \lim_{h \to 0}\frac{\cos\left(x+\frac{h}{2}\right)\sin\left(\frac{h}{2}\right)}{\frac{h}{2}}$$
$$= \lim_{h \to 0}\cos\left(x+\frac{h}{2}\right)\lim_{h \to 0}\frac{\sin\left(\frac{h}{2}\right)}{\frac{h}{2}} = \cos x$$

(2) $\cos x = \sin\left(x+\dfrac{\pi}{2}\right)$이므로

$$\frac{d}{dx}\cos x = \frac{d}{dx}\sin\left(x+\frac{\pi}{2}\right) = \cos\left(x+\frac{\pi}{2}\right) = -\sin x$$ ■

참고 기하학적으로 $\lim_{x \to 0}\dfrac{\sin x}{x} = 1$을 증명하였지만

$$\lim_{x \to 0} \frac{\sin x}{x} = \lim_{x \to 0} \frac{\sin x - \sin 0}{x - 0} = \frac{d}{dx} \sin x \Big|_{x=0} = \cos 0 = 1$$

과 같은 방법으로도 구할 수 있다.

② 역삼각함수의 미분법

삼각함수가 미분가능하므로, 그 역함수도 미분가능하다.

정리 10 (역삼각함수의 미분법)

(1) $\dfrac{d}{dx} \sin^{-1} x = \dfrac{1}{\sqrt{1-x^2}}$ (단, $|x| < 1$)

(2) $\dfrac{d}{dx} \cos^{-1} x = -\dfrac{1}{\sqrt{1-x^2}}$ (단, $|x| < 1$)

(3) $\dfrac{d}{dx} \tan^{-1} x = \dfrac{1}{1+x^2}$ (단, $x \in R$)

(4) $\dfrac{d}{dx} \cot^{-1} x = -\dfrac{1}{1+x^2}$ (단, $x \in R$)

(5) $\dfrac{d}{dx} \sec^{-1} x = \dfrac{1}{|x|\sqrt{x^2-1}}$ (단, $|x| > 1$)

(6) $\dfrac{d}{dx} \csc^{-1} x = -\dfrac{1}{|x|\sqrt{x^2-1}}$ (단, $|x| > 1$)

증명 여기서는 (1)만 증명하고, 나머지는 독자에게 남긴다. $y = \sin^{-1} x$라 놓으면

$$\sin y = x \ (\text{단, } -\frac{\pi}{2} \leqq y \leqq \frac{\pi}{2})$$

이다. $\sin y = x$를 x에 대하여 미분하면 $\dfrac{dy}{dx} = \dfrac{1}{\cos y}$이고, $-\dfrac{\pi}{2} \leqq y \leqq \dfrac{\pi}{2}$에서 $\cos y \geqq 0$이므로

$$\cos y = \sqrt{1 - \sin^2 y} = \sqrt{1-x^2}$$

이 성립한다. 따라서

$$\frac{d}{dx} \sin^{-1} x = \frac{1}{\cos y} = \frac{1}{\sqrt{1-x^2}} \quad (\text{단, } |x| < 1)$$

■

(3) 지수함수와 로그함수의 미분법

① 지수함수의 미분법

정리 11

$$\lim_{x \to \infty}(1+\frac{1}{x})^x = \lim_{x \to -\infty}(1+\frac{1}{x})^x = \lim_{x \to 0}(1+x)^{\frac{1}{x}} = e$$

$\lim_{x \to 0}(1+x)^{\frac{1}{x}} = e$ 임을 이용하여

$$\lim_{x \to 0}\frac{\ln(1+x)}{x} = 1 \qquad (*)$$

을 얻는다. 또한

$$\lim_{x \to 0}\frac{\log_a(1+x)}{x} = \frac{1}{\ln a} \quad (단,\ a > 0,\ \ a \neq 1)$$

이 성립함을 쉽게 보일 수 있다. 이제 (*)를 이용하여 다음 정리를 얻는다.

정리 12

$$\lim_{x \to 0}\frac{e^x - 1}{x} = 1$$

증명 $e^x - 1 = t$로 놓으면, $x = \ln(1+t)$이다. 따라서

$$\lim_{x \to 0}\frac{e^x - 1}{x} = \lim_{t \to 0}\frac{t}{\ln(1+t)} = \lim_{t \to 0}\frac{1}{\ln(1+t)^{1/t}} = \frac{1}{\ln e} = 1 \qquad ■$$

예제 9 곡선 $y = \ln(1+x)$ 위를 움직이는 점 P와 원점 O를 이은 선분이 x축의 양의 방향과 이루는 각을 θ라 할 때

$$\lim_{P \to O} \tan\theta$$

의 값을 구하시오.

풀이 점 P의 좌표를 $P(x, \ln(1+x))$라 하면

$$\tan\theta = \frac{\ln(1+x)}{x}$$

로 주어진다. 이때 $P \to O$이면, $x \to 0$이므로

$$\lim_{P \to O} \tan\theta = \lim_{x \to 0} \frac{\ln(1+x)}{x} = 1$$

이 된다. ■

참고 $\lim_{x \to 0} \frac{a^x - 1}{x} = \ln a$ (단, $a > 0$, $a \neq 1$)가 성립한다.

정리 13 (지수함수의 미분법)

$\frac{d}{dx} e^x = e^x$, $\frac{d}{dx} a^x = a^x \ln a$ (단, $a > 0$, $a \neq 1$)

증명
$$\frac{d}{dx} e^x = \lim_{h \to 0} \frac{e^{x+h} - e^x}{h} = e^x \lim_{h \to 0} \frac{e^h - 1}{h} = e^x$$

이 된다. 양수 a는 $a = e^{\ln a}$으로 나타내지므로, $a^x = e^{x \ln a}$이 성립한다. 여기에서 $x \ln a = t$로 놓으면, 연쇄법칙에 의하여

$$\begin{aligned}\frac{d}{dx} a^x &= \frac{d}{dx} e^{x \ln a} = \frac{d}{dx} e^t = \frac{d}{dt} e^t \frac{dt}{dx} \\ &= e^t \ln a = e^{x \ln a} \ln a = a^x \ln a\end{aligned}$$ ■

참고 일반적으로 $\frac{d}{dx} e^u = e^u \frac{du}{dx}$, $\frac{d}{dx} a^u = a^u \ln a \frac{du}{dx}$가 성립한다.

② 로그함수의 미분법

로그함수 $y = \log_a x$ (또는 $y = \ln x$)는 미분가능한 지수함수 $y = a^x$ (또는 $y = e^x$)의 역함수이므로 미분가능하다.

정리 14 (로그함수의 미분법)

$x > 0$일 때

$$\frac{d}{dx}\ln x = \frac{1}{x}, \quad \frac{d}{dx}\log_a x = \frac{1}{x\ln a}\ (\text{단, } a > 0,\ a \neq 1)$$

증명 $y = \ln x$ (단, $x > 0$)라고 놓으면 $e^y = x$이므로, x에 관하여 미분하여

$$e^y\frac{dy}{dx} = 1, \text{ 즉 } \frac{dy}{dx} = \frac{1}{e^y} = \frac{1}{x}$$

을 얻는다. $y = \log_a x$라 놓으면 $a^y = x$이므로, $a^y \ln a\dfrac{dy}{dx} = 1$이 된다. 따라서

$$\frac{d}{dx}\log_a x = \frac{1}{a^y\ln x} = \frac{1}{x\ln a}$$

이 성립한다. ■

참고 일반적으로 $\dfrac{d}{dx}\ln|u| = \dfrac{1}{u}\dfrac{du}{dx}$, $\dfrac{d}{dx}\log_a|u| = \dfrac{1}{u\ln a}\dfrac{du}{dx}$이고

$$\frac{d}{dx}\ln|g(x)| = \frac{g'(x)}{g(x)}, \quad \frac{d}{dx}\log_a|g(x)| = \frac{g'(x)}{g(x)\ln a}$$

가 성립한다.

예제 10 $y = \ln\left(x^3\sqrt{\dfrac{x-1}{x+1}}\right)$일 때, $\dfrac{dy}{dx}$를 구하시오.

풀이 로그의 성질에 의하여

$$y = 3\ln x + \frac{1}{2}\ln(x-1) - \frac{1}{2}\ln(x+1)$$

이므로, x에 대하여 미분하면

$$\frac{dy}{dx} = \frac{3}{x} + \frac{1}{2(x-1)} - \frac{1}{2(x+1)} = \frac{3x^2+x-3}{x(x^2-1)}$$

을 얻는다. ■

함수의 미분은 자연로그를 취함으로써 구할 수 있다. 이와 같이 자연로그를 취하여 도함수를 구하는 방법을 **로그미분법**(logarithmic differentiation) 또는 대수미분법

이라고 한다. 로그미분법을 사용하면, 복잡한 대수적 함수의 미분을 보다 간편하게 할 수 있다.

예제 11 $y = x^x$ (단, $x > 0$)의 도함수를 구하시오.

풀이 양변에 자연로그를 취하면 $\ln y = x \ln x$ 이므로, x 에 관하여 미분하여

$$\frac{y'}{y} = \ln x + \frac{x}{x} = \ln x + 1$$

을 얻는다. 따라서 $y' = x^x(\ln x + 1)$이 된다. ■

정리 15

임의의 실수 α 에 대하여, $f(x) = x^\alpha$ 이면

$$f'(x) = \alpha x^{\alpha - 1}$$

증명 $y = x^\alpha$의 양변의 절대값에 자연로그를 취하면

$$\ln|y| = \ln|x|^\alpha = \alpha \ln|x| \quad (\text{단, } x \neq 0)$$

이므로, 양변을 x에 대하여 미분하면 $\frac{y'}{y} = \frac{\alpha}{x}$가 된다. 따라서

$$y' = \alpha\frac{y}{x} = \alpha\frac{x^\alpha}{x} = \alpha x^{\alpha - 1}$$

을 얻는다. ■

참고 (극한으로써 e)

로그함수 $f(x) = \ln x$에 대하여 $f'(x) = \frac{1}{x}$ 이므로, $f'(1) = 1$이다. 또한 $f(x) = \ln x$가 연속이므로

$$f'(1) = \lim_{x \to 0} \frac{f(1+x) - f(1)}{x} = \lim_{x \to 0} \frac{1}{x}\ln(1+x)$$
$$= \lim_{x \to 0} \ln(1+x)^{1/x} = \ln\left[\lim_{x \to 0}(1+x)^{1/x}\right]$$

이 된다. 그러므로 $\ln\left[\lim_{x\to 0}(1+x)^{1/x}\right]=1$이다. 따라서 $\lim_{x\to 0}(1+x)^{1/x}=e$를 얻는다. 만일 $n=1/x$이면, $x\to+0$일 때 $n\to\infty$이므로

$$e=\lim_{n\to\infty}\left(1+\frac{1}{n}\right)^n$$

이 성립한다.

참고 로그미분법을 이용하여, 지수함수의 도함수를 구해 보자. 먼저 $y=e^x$이라 놓으면 $\ln y=x$이므로, x에 대하여 미분하여 $\frac{1}{y}\frac{dy}{dx}=1$, 즉 $\frac{dy}{dx}=y=e^x$을 얻는다.

이제 $y=a^x$에 대하여

$$\frac{dy}{dx}=\frac{d}{dx}a^x=\frac{d}{dx}(e^{x\ln a})=e^{x\ln a}\left(\frac{d}{dx}x\ln a\right)=a^x\ln a$$

가 성립한다.

5. 매개변수방정식의 미분법

매개변수방정식 $x=f(t)$와 $y=g(t)$로 정의된 곡선은 $y=F(x)$ 또는 $F(x, y)=0$ 형태로 나타낼 수 있다.

예 7 $x=3\sin t$, $y=4\cos t$에서 t를 소거하면

$$\left(\frac{x}{3}\right)^2+\left(\frac{y}{4}\right)^2=\sin^2 t+\cos^2 t=1$$

을 얻는다.

방정식 $y=F(x)$에 $x=f(t)$, $y=g(t)$를 대입하면 $g(t)=F(f(t))$가 되고, g, F, f가 미분가능하면 연쇄율에 의하여

$$g'(t)=F'(f(t))f'(t)=F'(x)f'(t)$$

이므로, $f'(t) \neq 0$이면 $F'(x) = \dfrac{g'(t)}{f'(t)}$를 얻는다. 라이프니츠 표기법을 이용하면, $\dfrac{dx}{dt} \neq 0$일 때 $\dfrac{dy}{dx} = \dfrac{dy/dt}{dx/dt}$가 된다. 한편 $\dfrac{d^2y}{dx^2}$은

$$\frac{d^2y}{dx^2} = \frac{d}{dx}\left(\frac{dy}{dx}\right) = \frac{\dfrac{d}{dx}\left(\dfrac{dy}{dx}\right)}{\dfrac{dx}{dt}}$$

로 구해진다. 고계도함수는 이 과정을 되풀이하여 구할 수 있다.

정리 16

매개변수방정식 $x = f(t)$, $y = g(t)$가 열린구간에서 미분가능하고, $f'(t) \neq 0$이면

$$\frac{dy}{dx} = \frac{dy/dt}{dx/dt} = \frac{g'(t)}{f'(t)}$$

증명 합성함수의 미분법에 의하여, $\dfrac{dy}{dt} = \dfrac{dy}{dx} \cdot \dfrac{dx}{dt}$이므로

$$\frac{dy}{dx} = \frac{dy/dt}{dx/dt} = \frac{g'(t)}{f'(t)}$$

가 성립한다. ■

예 8 $x = \dfrac{1}{1-t^2}$이고 $y = \dfrac{t}{1-t}$이면

$$\frac{dx}{dt} = \frac{2t}{(1-t^2)^2}, \quad \frac{dy}{dt} = \frac{1}{(1-t)^2}$$

이므로, $\dfrac{dy}{dx} = \dfrac{(1+t)^2}{2t}$이 된다.

참고 (곡선의 길이의 미분) s를 평면곡선 $x = f(t)$, $y = g(t)$ 위의 점 $P_0(t_0)$에서 $P(t)$까지 측정된 곡선의 길이라 하고, t가 증가할 때 s도 증가한다고 하자.

그러면 t에 관한 s의 도함수는

$$\frac{\Delta s}{\Delta t} = \frac{\Delta s}{\overline{PQ}} \cdot \frac{\overline{PQ}}{\Delta t}$$
$$= \frac{\Delta s}{\overline{PQ}} \frac{\sqrt{(\Delta x)^2 + (\Delta y)^2}}{\Delta t}$$
$$= \frac{\Delta s}{\overline{PQ}} \sqrt{\left(\frac{\Delta x}{\Delta t}\right)^2 + \left(\frac{\Delta y}{\Delta t}\right)^2}$$

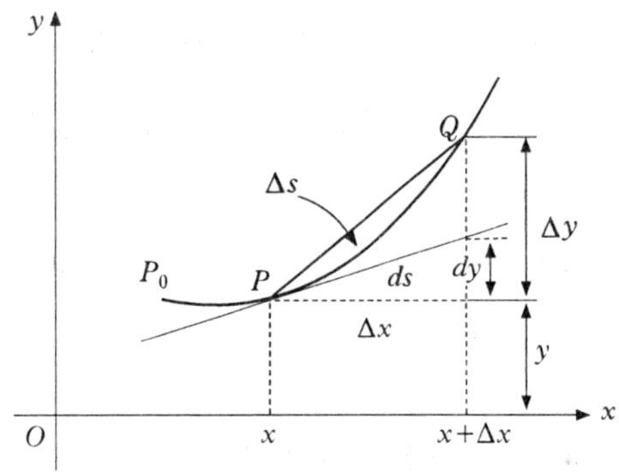

[그림 6.1]

에서 구할 수 있다. 즉 Δt가 0에 접근할 때, $\frac{\Delta s}{\sqrt{PQ}}$는 1에 접근하므로

$$\frac{ds}{dt} = \sqrt{\left(\frac{dx}{dt}\right)^2 + \left(\frac{dy}{dt}\right)^2}$$

이 된다. 따라서 곡선의 길이에 대한 미분

$$ds = \pm \sqrt{(dx)^2 + (dy)^2}$$

을 얻는다.

연습문제

1 ≫ 다음 극한값을 구하시오.

(1) $\lim_{x \to 0} \frac{1 - \cos x}{x^2}$ (2) $\lim_{x \to 0} \frac{\sin \theta}{x + \tan x}$ (3) $\lim_{x \to +0} \sqrt{x} \csc \sqrt{x}$

2 ≫ y'과 y''을 구하시오.

(1) $y = e^x \sec^{-1} x$ (2) $y = \frac{x}{\sqrt{9 - 4x}}$ (3) $y = \ln(\sec x + \tan x)$

3 ≫ 다음 등식이 성립하도록 상수 a, b 값을 구하시오.

$$\lim_{x \to 0} \frac{ax \sin x + b}{\cos x - 1} = 1$$

4 ≫ $\angle A = \frac{\pi}{2}$ 이고, $\overline{AB} = a$인 직각삼각형 $\triangle ABC$가 있다. 꼭지점 A에서 빗변 BC에 내린 수선의 발을 H라 하고 $\angle ABC = \theta$라 할 때, $\lim_{\theta \to 0} \frac{\overline{CH}}{\theta^2}$를 구하시오.

5 ≫ 사이클로이드 $x = r(\theta - \sin\theta)$, $y = r(1 - \cos\theta)$에 대하여, $\frac{dy}{dx}$와 $\frac{d^2y}{dx^2}$를 구하시오.

6 ≫ 주어진 함수와 그 도함수 $f'(x)$의 정의역을 각각 구하시오.

(1) $f(x) = x - \frac{2}{x}$　　(2) $f(x) = \sqrt{x-5}$

7 ≫ 주어진 곡선과 주어진 점에서의 접선의 방정식을 구하시오.

(1) $x^3 + y^3 = 9\,(1,\ 2)$　　(2) $y = \ln\cos x\ (\frac{\pi}{3},\ -\ln 2)$

(3) $\sin(xy) = y\ (\frac{\pi}{2},\ 1)$

8 ≫ 물체의 위치가 $s(t) = t^3 - 6t^2 + 9t$로 주어질 때, 처음 5초 동안 물체가 움직인 전체 거리를 구하시오.

9 ≫ 라듐의 반감기가 1600년일 때, 100 mg의 라듐이 t년 후에 남을 양을 구하시오.

10 ≫ 곡선 $\sqrt{x} + \sqrt{y} = \sqrt{c}$ 위의 임의의 접선에 대한 x 절편과 y 절편의 합을 구하시오.

11 ≫ $f(x) = \begin{cases} x^2 \sin\frac{1}{x}, & x \neq 0 \\ 0, & x = 0 \end{cases}$ 으로 정의된 함수 $f : R \to R$에 대하여, 다음 물음에 답하시오.

(1) $f'(0)$의 값을 구하시오.

(2) $x = 0$에서 $f'(x)$의 연속성을 조사하시오.

12 ≫ 다음 곡선의 주어진 점에서의 접선과 법선의 방정식을 구하시오.

(1) $x = t^2 - 2t,\ y = t^3 - 3t;\ t = 2$　　(2) $x = e^t,\ y = 2e^{-t};\ t = 0$

13 ≫ 다음에서 y'을 구하시오.

(1) $\cos(x-y) = y\sin x$　　(2) $y = \sqrt{a^2-x^2} - a\cos^{-1}\dfrac{x}{a}$

(3) $f(x) = \dfrac{\sec x}{1+\tan x}$　　(4) $f(x) = \sec^{-1}\sqrt{1+x^2}$

14 ≫ $f(x) = x^3+1$ (단, $x>0$)의 역함수를 $f^{-1}(x)$라 할 때, $(f^{-1})'(2)$를 구하시오.

15 ≫ 함수 $y = x^x$ (단, $x>0$)의 이계도함수를 구하시오.

16 ≫ $\dfrac{dy}{dx}$와 $\dfrac{d^2y}{dx^2}$를 구하시오.

(1) $x = t\cos t,\ y = t\sin t$　　(2) $x = \sqrt{t+1},\ y = t^2-3t$

(3) $x = e^{-t},\ y = te^{2t}$

17 ≫ $f(x)$의 이계도함수 $f''(x)$가 연속일 때

$$\lim_{h\to 0}\frac{1}{h^2}\{f(x+h)-2f(x)+f(x-h)\} = f''(x)$$

가 성립함을 증명하시오.

6.3 도함수의 활용

1. 접선의 방정식

(1) 미분계수의 기하학적 의미

미분가능한 함수 $y=f(x)$의 $x=a$에서의 미분계수 $f'(a)$는 곡선 $y=f(x)$ 위의 점 $(a, f(a))$에서의 접선의 기울기를 나타낸다.

(2) 접선의 방정식

접선의 방정식을 구하는 문제는 주어진 조건에 따라 접점의 좌표가 주어진 경우, 접선의 기울기가 주어진 경우, 곡선 밖의 한 점이 주어진 경우로 나눌 수 있다.

① 접점의 좌표 $(a, f(a))$가 주어진 경우
접선의 기울기가 $f'(a)$이므로, 접선의 방정식은

$$y - f(a) = f'(a)(x - a)$$

로 주어진다.

참고 이차곡선의 접선의 방정식을 구할 때, 이차방정식의 판별식을 이용해도 되지만, 음함수의 미분법을 이용하는 것이 더 편리하다.

예제 12 원 $x^2 + y^2 = r^2$ 위의 한 점 (x_1, y_1)에서의 접선의 방정식이

$$x_1 x + y_1 y = r^2$$

임을 도함수를 이용하여 증명하시오.

증명 $x^2 + y^2 = r^2$의 양변을 x에 대하여 미분하면 $\dfrac{dy}{dx} = -\dfrac{x}{y}$이므로, 구하는 접선의 방정식은

(i) $y_1 \neq 0$일 때

$$y - y_1 = -\frac{x_1}{y_1}(x - x_1), \text{ 즉 } x_1 x + y_1 y = r^2 \qquad (*)$$

(ii) $y_1 = 0$일 때

원 위의 점 $(-r, 0)$, $(r, 0)$에서는 기울기를 구할 수 없으나, 원의 성질로부터 점 $(-r, 0)$, $(r, 0)$에서의 접선의 방정식은 각각 $x = -r$, $x = r$이며, 이것은 위의 방정식 (*)에 $(-r, 0)$, $(r, 0)$을 대입하여 얻은 것과 같다.

따라서 (i), (ii)에서 구하는 접선의 방정식은

$$x_1 x + y_1 y = r^2$$

으로 주어진다. ■

참고 (1) 포물선 $y^2 = 4px$ 위의 한 점 (x_1, y_1)에서의 접선의 방정식은

$$y_1 y = 2p(x + x_1)$$

(2) 타원 $\frac{x^2}{a^2} + \frac{y^2}{b^2} = 1$ 위의 한 점 (x_1, y_1)에서의 접선의 방정식은

$$\frac{x_1 x}{a^2} + \frac{y_1 y}{b^2} = 1$$

② 접선의 기울기 m이 주어진 경우

접점의 x 좌표를 $x = a$로 놓고 $f'(a) = m$을 만족하는 a 값을 구한 뒤, 접점의 좌표 $(a, f(a))$를 구한다.

③ 곡선 밖의 한 점이 주어진 경우

곡선 밖의 한 점 (x_1, y_1)이 주어질 때 접선의 방정식은 먼저 곡선 위의 임의의 점 $(t, f(t))$에서의 접선을 구하고, 그 접선이 (x_1, y_1)을 지난다는 것을 이용한다.

예제 13 곡선 밖의 한 점 $(0, -\frac{1}{4})$로부터 곡선 $y = x^3$에 그은 접선의 방정식을 구하시오.

풀이 $y = x^3$에서 $y' = 3x^2$이고, 접점의 x 좌표를 t라 하면 접점의 좌표는 (t, t^3)이므로, 이 점에서의 접선의 기울기는

$$y' = 3t^2$$

이 된다. 따라서 구하는 접선의 방정식은

$$y - t^3 = 3t^2(x - t), \text{ 즉 } y = 3t^2 x - 2t^3 \qquad (*)$$

으로 주어진다. 그런데 이 직선이 점 $(0, -\frac{1}{4})$을 지나므로

$$-\frac{1}{4} = -2t^3, \quad t^3 = \frac{1}{8}, \quad \text{즉} \quad t = \frac{1}{2}$$

이 된다. 이 값을 (*)에 대입하면

$$y = \frac{3}{4}x - \frac{1}{4}$$

을 얻는다. ■

2. 평균값정리

평균값정리는 미분법의 중요 성질들을 증명하기 위하여 사용될 뿐만 아니라, 도함수를 이용하여 함수의 그래프를 그리는데 필요한 도구의 개발을 가능하게 한다.

(1) 롤의 정리

다음 **롤의 정리**(Rolle's theorem)는 프랑스의 수학자 롤(Rolle)에 의해 증명되었다. 롤의 정리는 최대·최소값 정리를 이용하여 증명한다.

정리 1 (롤의 정리)

함수 $f(x)$가 닫힌구간 $[a, b]$에서 연속이고 열린구간 (a, b)에서 미분가능할 때, $f(a) = f(b)$이면

$$f'(c) = 0 \ (\text{단}, \ a < c < b)$$

를 만족하는 c가 적어도 하나 존재한다.

예 9 $f(x) = |x|$은 닫힌구간 $[-1, 1]$에서 연속이며 $f(-1) = f(1)$이지만, 열린구간 $(-1, 1)$에서 $f'(c) = 0$을 만족하는 $x = c$를 갖지 않는다. 그러나 이것은 롤의 정리에 모순이 되지 않는다.

(2) 평균값정리

프랑스 수학자 라그랑주(Lagrange)에 의해 처음 주장된 다음 **평균값정리**(mean value theorem)는 롤의 정리를 일반화한 것이다.

정리 2 (평균값정리)

함수 $f(x)$가 닫힌구간 $[a, b]$에서 연속이고, 열린구간 (a, b)에서 미분가능하면

$$f'(c) = \frac{f(b) - f(a)}{b-a} \quad (\text{단, } a < c < b)$$

를 만족하는 c가 적어도 하나 존재한다.

증명 두 점 $(a, f(a))$, $(b, f(b))$를 지나는 직선의 방정식을 $g(x)$라 하면

$$g(x) = \frac{f(b)-f(a)}{b-a}(x-a) + f(a)$$

로 주어진다. 이때 함수 $h(x) = f(x) - g(x)$를 생각하면, h는 닫힌구간 $[a, b]$에서 연속이고 열린구간 (a, b)에서 미분가능하다. 또한 $h(a) = h(b)$이므로, 롤의 정리에 의하여 $h'(c) = 0$을 만족하는 $x = c$가 a와 b 사이에 적어도 하나 존재한다. 그러므로

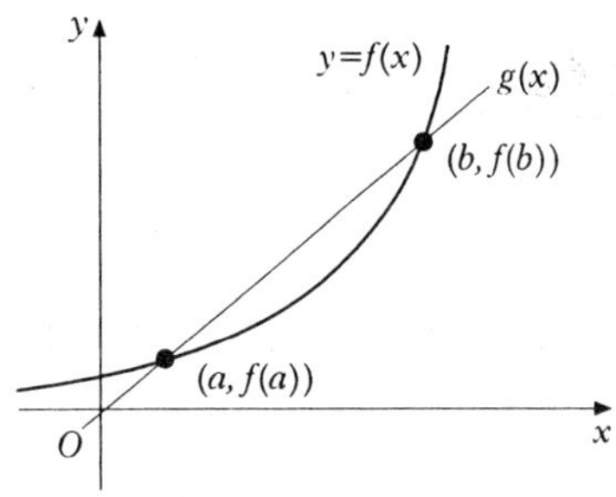

[그림 6.2]

$$0 = h'(c) = f'(c) - g'(c)$$

즉

$$f'(c) = \frac{f(b)-f(a)}{b-a}$$

를 만족하는 $x = c$ (단, $a < c < b$)가 적어도 하나 존재한다. ■

예 10 닫힌구간 $[0, 3]$에서 정의된 함수 $f(x) = |x-1|$은

$$f(3) - f(0) = f'(c)(3-0)$$

을 만족하는 $x = c$를 열린구간 $(0, 3)$에서 갖지 않는다. 그러나 이것은 평균값정리에 모순이 되지 않는다.

열린구간 (a, b)에서 도함수 $f'(x)$의 최대, 최소값을 각각 M, m이라 하면, 평균값정리에 의해 부등식

$$(b-a)m \leqq f(b)-f(a) \leqq (b-a)M$$

을 얻는다.

예 11 $f(x)=\sin x$ 이면, $f'(x)=\cos x$이므로

$$M=\max\{\cos x\}=1,\ m=\min\{\cos x\}=-1$$

이 된다. 따라서 임의의 두 실수 a, b에 대하여, 부등식

$$|\sin b-\sin a| \leqq |b-a|$$

이 성립한다.

참고 $b-a=h,\ \dfrac{c-a}{b-a}=\theta$라 놓으면, 평균값정리는

$$f(a+h)=f(a)+hf'(a+\theta h)\ (\text{단, } 0<\theta<1)$$

로 나타낼 수 있다. 따라서 h가 충분히 작으면 $f(a+h)\approx f(a)+hf'(a)$가 된다.

예제 14 함수 $f(x)=\dfrac{1}{x}$에서 $a>0,\ h>0$일 때

$$f(a+h)=f(a)+hf'(a+\theta h)\ (\text{단, } 0<\theta<1)$$

를 만족하는 θ에 대하여, $\lim\limits_{h\to 0}\theta$의 값을 구하시오.

풀이 $f'(x)=-\dfrac{1}{x^2}$이므로, $f(a+h)=f(a)+hf'(a+\theta h)$는

$$\frac{1}{a+h}=\frac{1}{a}+h\cdot\frac{-1}{(a+\theta h)^2}$$

이 된다. 이 식을 정리하면 θ에 관한 이차방정식

$$h\theta^2+2a\theta-a=0$$

을 얻게 되고, $\theta=\dfrac{-a+\sqrt{a^2+ah}}{h}$로 주어진다. 따라서

$$\lim_{h\to 0}\theta=\lim_{h\to 0}\frac{-a+\sqrt{a^2+ah}}{h}=\lim_{h\to 0}\frac{-ah}{h(-a-\sqrt{a^2+ah})}=\frac{1}{2}$$

이 성립한다. ■

정리 3

함수 $f(x)$가 닫힌구간 $[a, b]$에서 연속이고 열린구간 (a, b)에서 미분가능하며 $f'(x) = 0$이면, $f(x)$는 상수함수이다.

참고 두 함수 $f(x)$, $g(x)$가 닫힌구간 $[a, b]$에서 연속이고 열린구간 (a, b)에서 미분가능하며 $f'(x) = g'(x)$일 때, 다음 등식이 성립한다.

$$f(x) = g(x) + c \quad (\text{단, } c\text{는 상수})$$

프랑스의 수학자 코시에 의해 증명된 다음 정리는 평균값정리를 확장한 것이다.

정리 4 (코시의 평균값정리)

두 함수 $f(x)$와 $g(x)$가 닫힌구간 $[a, b]$에서 연속이고 열린구간 (a, b)에서 미분가능하며, 모든 $x \in (a, b)$에 대하여 $g'(x) \neq 0$이면

$$\frac{f'(c)}{g'(c)} = \frac{f(b) - f(a)}{g(b) - g(a)} \quad (\text{단, } a < c < b)$$

를 만족하는 $x - c$가 존재한다.

코시의 평균값정리에서 $g(x) = x$로 두면 평균값정리가 유도된다. 또한 코시의 평균값정리는 로피탈 정리를 증명하는데 이용된다.

3. 함수의 증감과 극대·극소

(1) 함수의 증감

a를 포함하는 구간 I에서 정의된 함수 $f(x)$가 충분히 작은 모든 양수 h에 대하여 $f(a-h) < f(a) < f(a+h)$를 만족하면 함수 $f(x)$는 $x = a$에서 증가상태에 있다고 하고, $f(a-h) > f(a) > f(a+h)$를 만족하면 $x = a$에서 감소상태에 있다고 한다. $f(x)$가 어떤 구간 안의 모든 x에서 증가상태(또는 감소상태)이면, $f(x)$는 그 구간에서 증가함수 (또는 감소함수)라고 한다.

참고 함수 $f(x)$가 $x=a$에서 미분가능할 때

(1) $f'(a)>0$이면, $f(x)$는 $x=a$에서 증가상태

(2) $f'(a)<0$이면, $f(x)$는 $x=a$에서 감소상태

에 있다.

정의 5 (단조함수)

함수 $f(x)$가 구간 I 내에 있는 임의의 두 점 x_1, $x_2(x_1<x_2)$에 대하여 $f(x_1)<f(x_2)$ (또는 $f(x_1)>f(x_2)$)를 만족할 때, $f(x)$를 I에서 **증가(또는 감소)함수**라고 한다. 또한 구간 I에서 증가함수이거나 감소함수일 때, I에서 **단조함수**라고 한다.

다음 정리는 주어진 구간에서 함수의 증가 · 감소를 결정하는 기준을 제시한다.

정리 6 (단조함수의 판정법)

함수 $f(x)$가 어떤 구간에서 미분가능하고, 그 구간의 모든 x에 대하여

(1) $f'(x)>0$이면, $y=f(x)$는 그 구간에서 증가한다.

(2) $f'(x)<0$이면, $y=f(x)$는 그 구간에서 감소한다.

[정리 6]의 역은 성립하지 않는다. 예를 들면 함수 $f(x)=x^3$은 모든 구간에서 증가하지만, $f'(0)=0$이므로 $f'(x)\geqq 0$이다. 즉 $f(x)$가 증가함수이면, $f'(x)\geqq 0$이다.

정리 7 (함수의 증가 · 감소 조건)

함수 $f(x)$가 어떤 구간에서 미분가능하고, 그 구간에서

(1) $f(x)$가 증가함수이면, $f'(x)\geqq 0$

(2) $f(x)$가 증가함수이면, $f'(x)\leqq 0$

이다. 단, $f'(x)=0$인 점의 좌우에서 (1)은 $f'(x)>0$, (2)는 $f'(x)>0$을 만족하여야 한다.

예 12 함수 $f(x)=x+\sin x$는 $f'(x)=1+\cos x$이고 $|\cos x|\leq 1$이므로, 모든 $x\in R$에 대하여 $f'(x)\geq 0$을 만족한다. 따라서 $f(x)$는 R에서 증가함수가 된다.

(2) 함수의 극대값과 극소값

정의 8 (극대값과 극소값)

함수 $f(x)$가 c를 포함하는 적당한 열린구간 I에서 정의되었을 때, I의 모든 원소 x에 대하여 $f(c)\geq f(x)$를 만족하면 $f(x)$는 $x=c$에서 **극대값**(local maximum value)을 갖는다고 하고, $f(c)\leq f(x)$를 만족하면 $f(x)$는 $x=c$에서 **극소값**(local minimum value)을 갖는다고 한다. 또한 함수 $f(x)$가 $x=c$에서 극대값 또는 극소값을 가질 때, $f(x)$는 $x=c$에서 **극값**(extreme value)을 갖는다고 한다.

예 13 함수 $f(x)=3x^4-16x^3+18x^2\ (-1\leq x\leq 4)$을 생각하자. 그러면 $f(1)=5$는 극대값인 반면 최대값은 $f(-1)=37$이고, $f(0)=0$은 극소값이나 $f(3)=-27$은 극소값인 동시에 최소값이 된다.

참고 (다항함수의 극값)

(1) 최고차가 짝수인 다항함수:

① 반드시 극값을 갖는다. ② 극값은 홀수 개이다.

(2) 최고차가 홀수인 다항함수:

① 극값을 갖지 않을 수도 있다. ② 극값을 가지면 반드시 짝수 개이다.

정리 9 (페르마 정리)

함수 $f(x)$가 $x=c$에서 미분가능하고 $x=c$에서 극값을 가지면, $f'(c)=0$이다. 이때 $f'(c)=0$을 만족하는 $x=c$를 **정점**(stationary point)이라고 한다.

참고 페르마 정리의 역은 일반적으로 참이 아니다. $f'(c)=0$을 만족하는 x에서 항상 극값을 갖는다고 기대할 수 없다. 함수 $f(x)=x^3$은 $f'(0)=0$이지만, $x=0$에서 극값을 갖지 않는다. 더욱이 $f'(c)$가 존재하지 않더라도 극값이 될 수 있다. $f'(c)$가 존재하지 않는 $x=c$를 **특이점**(singular point)이라고 한다.

예 14 $f(x)=|x|$으로 주어진 함수는 $x=0$에서 극소값을 갖는다. 그러나 $f'(x)=0$을 만족하는 x는 구할 수 없다. 왜냐하면 $f'(0)$이 존재하지 않기 때문이다.

정의 10 (임계점)

$f(x)$의 정의역 내의 어떤 값 $x=c$에 대하여 $f'(c)=0$이거나 $f'(c)$가 존재하지 않을 때, $x=c$를 $f(x)$의 **임계점**(critical point)이라 한다.

예제 15 함수 $f(x)=x^2-\dfrac{16}{x}$의 임계점을 구하시오.

풀이 $f(x)$를 미분하면

$$f'(x)=2x+\frac{16}{x^2}=\frac{2(x^3+8)}{x^2}=\frac{2(x+2)(x^2-2x+4)}{x^2}$$

가 된다. 여기서 $f'(x)=0$이라 두면, 임계점 $x=-2$를 얻는다. 또한 $f'(0)$이 존재하지 않는 것에 유의하면, $x=0$도 하나의 임계점이 된다. ■

(3) 일계도함수 판정법

참고 함수 $f(x)$가 $x=c$에서 극값을 가지면 $x=c$는 $f(x)$의 임계점이지만, 모든 임계점에서 $f(x)$가 극값을 갖는 것은 아니다. 극값을 구하기 위해서는 $f'(x)=0$ 또는 $f'(x)$가 존재하지 않는 x 값을 구하고, 그 중에서 극값을 갖는 것과 그렇지 못한 것을 구분하여야 한다.

함수 $f(x)$가 임계점 $x=c$의 좌우에서 미분가능할 때, $f'(x)$의 부호의 변화에 따라 다음과 같이 함수의 극대·극소를 판정할 수 있다.

정리 11 (일계도함수 판정법)

함수 $f(x)$가 닫힌구간 $[a, b]$에서 연속이고, $x=c$가 $f(x)$의 임계점일 때

(1) $f'(x)$의 부호가 $x=c$의 좌우에서 양에서 음으로 변하면, $f(x)$는 $x=c$에서 극대값을 갖는다.

(2) $f'(x)$의 부호가 $x=c$의 좌우에서 음에서 양으로 변하면, $f(x)$는 $x=c$에서 극소값을 갖는다.

(3) $f'(x)$의 부호가 $x=c$의 좌우에서 변하지 않으면 $f(x)$는 $x=c$에서 극값을 갖지 않는다.

증명 (2)와 (3)은 (1)과 유사하게 증명되므로 생략하고, 여기서는 (1)만 증명한다. $x \in (a, b)$라 하자. $a < x < c$에서 $f'(x) > 0$이므로, $f(x)$는 닫힌구간 $[a, c]$에서 증가함수이다. 그러므로 $f(x) < f(c)$가 된다. 또한 $c < x < b$이면 $f(x)$는 닫힌구간 $[c, b]$에서 감소함수이므로, $f(c) > f(x)$가 된다. 따라서 모든 $x \in (a, b)$에 대하여 $f(c) \geqq f(x)$가 성립하므로, $f(x)$는 $x=c$에서 극대값을 갖는다. ■

예제 16 $f(x) = \sqrt[3]{x^2}$ 으로 주어진 함수의 극값을 구하시오.

풀이 주어진 함수 $f(x)$는 $x \neq 0$일 때 $f'(x) = \frac{2}{3}x^{-\frac{1}{3}} = \frac{2}{3\sqrt[3]{x}}$이며, $x=0$에서 연속이지만 미분가능하지 않다. 그런데 충분히 작은 $h>0$에 대하여

$$f'(0-h) = \frac{2}{3\sqrt[3]{-h}} < 0, \quad f'(0+h) = \frac{2}{3\sqrt[3]{h}} > 0$$

이므로, $x=0$의 좌우에서 $f'(x)$의 부호가 음에서 양으로 변한다. 따라서 $f(x)$는 $x=0$에서 극소값 0을 갖는다. ■

예제 17 $f(x) = -x^3 + a^2x^2 - ax$가 $0 < x < 1$에서 극소값, $x > 1$에서 극대값을 갖도록 a 값의 범위를 구하시오.

풀이 $f'(x)=0$의 서로 다른 두 실근을 $\alpha, \beta\,(\alpha < \beta)$라 하면, 문제의 조건에 따라 $0 < \alpha < 1$, $\beta > 1$이 되어야 한다. 그런데

$$f'(x) = -3x^2 + 2a^2x - a$$

이므로

$$f'(0) = -a < 0, \text{ 즉 } a > 0 \tag{1}$$

이 된다. 한편 $f'(1) = 2a^2 - a - 3 > 0$이므로

$$a < -1, \ a > \frac{3}{2} \tag{2}$$

이다. 따라서 (1), (2)의 공통범위는 $a > \dfrac{3}{2}$으로 주어진다. ■

참고 (사차함수가 극값을 가질 조건)

사차함수 $f(x) = ax^4 + bx^3 + cx^2 + dx + e \ (a > 0)$에 대하여

(1) $f(x)$가 극대값을 가질 조건은 $f'(x) = 0$이 서로 다른 세 실근을 가질 때이다.

(2) 극값을 하나만 가질 경우란 극대값을 갖지 않을 경우를 말한다.

예제 18 사차함수 $f(x) = x^4 - 4x^3 + 2ax^2$이 극대값을 갖기 위한 a 값의 범위를 구하시오.

풀이 $f(x)$가 극대값을 갖기 위해서는 $f'(x) = 0$이 서로 다른 세 실근을 가져야 한다. 그런데

$$f'(x) = 4x^3 - 12x^2 + 4ax = 4x(x^2 - 3x + a) = 0$$

의 한 근이 0이므로, $x^2 - 3x + a = 0$이 0이 아닌 서로 다른 두 실근을 가져야 한다. 여기서 $a = 0$이면 $x^2 - 3x + a = 0$의 한 근이 0이 되어, $x = 0$이 중근이 된다. 따라서 $a \neq 0$이고 판별식 D가 $D = (-3)^2 - 4a > 0$을 만족하여야 하므로, $f(x)$가 극대값을 갖기 위한 a 값의 범위는

$$a < 0, \ 0 < a < \frac{9}{4}$$

가 된다. ■

(4) 변곡점과 이계도함수 판정법

함수 $f(x)$가 구간 I에서 미분가능할 때, $f(x)$의 그래프가 I에서 항상 접선보다 위에 있으면 함수 $f(x)$는 **위로 오목**(concave upward) 또는 **아래로 볼록**이라고 한다.

또한 함수 $f(x)$의 그래프가 구간 I에서 항상 접선보다 아래에 있으면, 함수 $f(x)$는 **아래로 오목**(concave downward) 또는 **위로 볼록**이라고 한다.

곡선 $y=f(x)$ 위에 있는 한 점의 좌우에서 곡선이 오목에서 볼록으로, 또는 볼록에서 오목으로 바뀔 때, 이 점을 **변곡점**(point of inflection)이라 한다.

함수 $f(x)$가 구간 I에서 위로 오목(또는 아래로 오목)하다는 것은 $f'(x)$가 I에서 증가(또는 감소)할 때를 말한다. 따라서 다음 정리를 얻는다.

정리 12 (오목성의 판정법)

함수 $f(x)$가 $x=c$를 포함하는 어떤 열린구간에서 두 번 미분가능할 때

(1) $f''(c)>0$이면, $f(x)$는 $x=c$에서 위로 오목하다.
(2) $f''(c)<0$이면, $f(x)$는 $x=c$에서 아래로 오목하다.
(3) $x=c$의 좌우에서 $f''(x)$의 부호가 변하면, $x=c$에서 $f(x)$는 변곡점을 가진다.

예제 19 $f(x)=x^3-3x+1$로 주어진 함수의 변곡점을 구하시오.

풀이 오목성을 결정하기 위하여 이계도함수를 구하면, $f''(x)=6x$가 된다. 따라서 $x>0$일 때 $f''(x)>0$이고, $x<0$일 때 $f''(x)<0$이다. 따라서 곡선은 구간 $(-\infty, 0)$에서 아래로 오목이고, 구간 $(0, \infty)$에서 위로 오목이다. 그러므로 $x=0$의 좌우에서 오목성이 바뀌므로, $f(x)$의 변곡점은 $(0, 1)$이 된다. ■

참고 $(c, f(c))$가 $f(x)$의 변곡점이고 $x=c$를 포함하는 열린구간에서 $f''(x)$가 존재하면, $f''(c)=0$이 성립한다. 그러나 그 역은 성립하지 않는다. 예를 들면 $f(x)=x^4$일 때 $f''(0)=0$이지만, $(0, 0)$은 $f(x)$의 변곡점이 아니다.

정리 13 (이계도함수 판정법)

함수 $f(x)$가 $x=c$를 포함하는 어떤 열린구간 I에서 두 번 미분가능하고 $f'(c)=0$이면

(1) $f''(c)>0$일 때, $f(x)$는 $x=c$에서 극소값을 가진다.
(2) $f''(c)<0$일 때, $f(x)$는 $x=c$에서 극대값을 가진다.

예제 20 함수 $f(x) = x^4 - 4x^3 + 3$의 변곡점과 극값을 구하시오.

풀이 $f(x) = x^4 - 4x^3 + 3$에서

$$f'(x) = 4x^2(x-3), \quad f''(x) = 12x(x-2)$$

를 얻는다. 이때 임계점을 구하기 위하여 $f'(x) = 0$을 풀면 $x = 0$, $x = 3$이고, 이들 임계점에 대하여 $f''(0) = 0$, $f''(3) = 36$이 성립한다.

$f'(3) = 0$이고 $f''(3) > 0$이므로, $f(3) = -24$는 극소값이다.

$f''(0) = 0$이므로, 이계도함수 판정법으로는 임계점 $x = 0$에 대해서는 판단할 수 없다. 그러나 $x < 0$, $0 < x < 3$인 x에 대하여 $f'(x) < 0$이므로, 일계도함수 판정법에 의하여 $f(x)$는 $x = 0$에서 극값을 갖지 않는다.

한편 $x = 0$ 또는 $x = 2$일 때, $f''(x) = 0$이다. $x = 0$의 좌우에서 곡선은 위로 오목에서 아래로 오목으로 변하므로, $(0, 3)$은 변곡점이다. 또한 $x = 2$의 좌우에서 곡선이 아래로 오목에서 위로 오목으로 변하기 때문에, $(2, -13)$도 변곡점이 된다. ■

참고 $f''(c) = 0$이거나 $f''(c)$가 정의되지 않을 경우에는 일계도함수 판정법를 이용하여야 한다. 그러나 $f''(c) = 0$이거나 $f''(c)$가 정의되지 않을 경우, $x = c$의 좌우에서 $f''(x)$의 부호가 변하면 $(c, f(c))$는 변곡점이다.

예 15 함수 $f(x) = x^{1/3}$에서 $f''(0)$은 존재하지 않지만, $(0, 0)$을 변곡점으로 갖는다. 왜냐하면

$$f'(x) = \frac{1}{3}x^{-\frac{2}{3}}, \; f''(x) = -\frac{2}{9}x^{-\frac{5}{3}}$$

이므로 $f''(0)$은 존재하지 않지만, $x < 0$이면 $f''(x) > 0$이고 $x > 0$이면 $f''(x) < 0$이므로, $(0, 0)$은 변곡점이 된다.

함수 $f(x)$가 구간 I의 내점에서 극대 또는 극소를 갖는지의 여부를 결정하는 방법으로, 다음 **n계도함수 판정법**을 이용할 수 있다.

정리 14 (n계도함수 판정법)

함수 $f(x)$가 $x=c$를 포함하는 어떤 열린구간에서 연속인 $f^{(n)}(x)(n \geqq 2)$를 가지고,

$$f'(c) = \cdots = f^{(n-1)}(c) = 0, \quad f^{(n)}(c) \neq 0$$

이라고 가정하자.

(1) n이 짝수이고 $f^{(n)}(c) > 0$ (또는 $f^{(n)}(c) < 0$)이면, $f(x)$는 $x=c$에서 극소(또는 극대)가 된다.

(2) n이 홀수이면, $f(x)$는 $x=c$에서 극소도 극대도 되지 않는다. 그러나 n이 홀수이고

$$f''(c) = f^{(3)}(c) = \cdots = f^{(n-1)}(c) = 0, \quad f^{(n)}(c) \neq 0$$

이면, $(c, f(c))$는 변곡점이 된다.

예제 21 함수 $f(x) = x^5 - 5x^4 + 10x^3 - 10x^2 + 5x + 4$의 변곡점을 구하시오.

풀이 $f(x) = x^5 - 5x^4 + 10x^3 - 10x^2 + 5x + 4$에서

$$f'(x) = 5x^4 - 20x^3 + 30x^2 - 20x + 5$$
$$f''(x) = 20x^3 - 60x^2 + 60x - 20 = 20(x-1)^3$$

을 얻는다. 이때 $x=1$이면, $f''(x)=0$이 된다. 그런데

$f^{(3)}(x) = 60(x-1)^2$에서 $f^{(3)}(1) = 0$

$f^{(4)}(x) = 120(x-1)$에서 $f^{(4)}(1) = 0$

$f^{(5)}(x) = 120$에서 $f^{(5)}(1) \neq 0$

이므로, 함수 $f(x)$는 변곡점 $(1, 5)$를 갖는다. ■

4. 함수의 최대·최소값

최대값과 최소값은 면적과 체적, 그리고 이익을 최대화하는 문제와, 거리와 시간 그리고 가격 등을 최소화하는 문제 등에 응용된다. 함수의 최대값과 최소값은 최대·최소값의 정리, 함수의 극대와 극소, 함수의 그래프를 이용하여 구할 수 있다.

참고 (최대값과 최소값을 구하는 방법)

닫힌구간 $[a, b]$에서 함수 $y = f(x)$가 연속일 때

(1) $y = f(x)$의 극대값과 극소값을 모두 구한다.

(2) 주어진 범위의 양 끝점에서 함수값 $f(a)$와 $f(b)$를 구한다.

(3) 극대값과 극소값, 그리고 양 끝값 중에서 가장 큰 값이 최대값이고 가장 작은 값이 최소값이 된다.

응용 분야에서 어떤 양의 극값에 관한 문제를 풀 때는 미분하기 전에 하나의 변수로 표시하는 것이 필요하다.

예제 22 밑면의 반지름이 1인 직원뿔에 원기둥을 내접시킬 때, 이 원기둥의 체적이 최대가 되려면 원기둥의 밑면의 반지름을 얼마로 하면 되겠는가?

풀이 원기둥의 반지름을 x, 원기둥의 높이를 y, 직원뿔의 높이를 h라 하면

$$(h-y) : x = h : 1, \text{ 즉 } h-y = hx$$

이므로, $y = h(1-x)$가 된다. 이제 원기둥의 체적을 V라 하면

$$V = \pi x^2 y = \pi x^2 h(1-x) = \pi h(x^2 - x^3) \ (\text{단, } 0 < x < 1)$$

이므로

$$V' = \pi h(2x - 3x^2) = -3\pi h x\left(x - \frac{2}{3}\right)$$

가 성립한다. 따라서 원기둥의 체적이 최대가 되려면 밑면의 반지름이 $\frac{2}{3}$가 되어야 한다. ■

예제 23 반지름 r인 반원에 내접하는 최대 직사각형의 면적을 구하시오.

풀이 원점을 중심으로 하는 원 $x^2 + y^2 = r^2$의 상반부로 반원을 택하자. 내접한다는 것은 직사각형의 두 꼭지점이 반원 위에 있고, 두 꼭지점은 x축 위에 있다는 것을 의미한다.

(x, y)를 제 1사분면에 놓여 있는 꼭지점이라고 하자. 그러면 직사각형의 면적은 $A = 2xy$이고, $y = \sqrt{r^2 - x^2}$을 만족하므로

$$A = 2x\sqrt{r^2 - x^2} \ (0 \leqq x \leqq r)$$

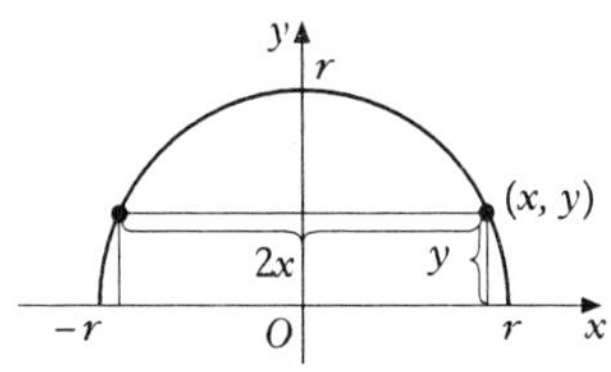

[그림 6.3]

이 된다. 따라서 $A' = \dfrac{2(r^2 - 2x^2)}{\sqrt{r^2 - x^2}}$은 $x = \dfrac{r}{\sqrt{2}}$일 때 $A' = 0$이 된다. 그런데 $A(0) = 0$, $A(r) = 0$이므로, $x = \dfrac{r}{\sqrt{2}}$에서 A는 최대값을 갖는다. 그러므로 내접하는 직사각형의 최대면적은

$$A\left(\frac{r}{\sqrt{2}}\right) = r^2$$

■

참고 위 예제에서와 같이 근호가 들어 있는 문제에서 극대 · 극소값을 구할 때는, "$y = f(x)$가 $x = c$에서 극값을 가지면, y^2, y^3, $\cdots$도 $x = c$에서 극값을 갖는다."는 사실을 이용하면 편리하다.

예제 24 반지름이 a인 구에 내접하는 직원뿔의 최대체적을 구하시오.

풀이 구에 내접하는 직원뿔의 높이를 x라 하면 밑면의 반지름 r은

$$r = \sqrt{a^2 - (x-a)^2} = \sqrt{2ax - x^2}$$

이다. 따라서 직원뿔의 체적을 $V(x)$라 하면

$$V(x) = \frac{1}{3}\pi r^2 x = \frac{1}{3}\pi x^2(2a - x)$$

이고, 함수 $V(x)$는 $0 \leqq x \leqq 2a$에서 연속이 된다.

$$V'(x) = \frac{1}{3}\pi x(4a - 3x) = 0$$

으로부터 임계점은 $x = 0$, $x = \dfrac{4}{3}a$로 주어진다. 그런데 $x = \dfrac{4}{3}a$일 때 $V'(x)$는 양에서 음으로 변하므로, 극대가 된다. 또한 $V(0) = V(2a) = 0$이므로, $V(x)$는 $x = \dfrac{4}{3}a$일 때 최대값을 갖는다. 그러므로 내접하는 직원뿔의 최대체적은 $V\left(\dfrac{4}{3}a\right) = \dfrac{32}{81}\pi a^3$이 된다. ■

참고 일반적으로 극값에 관한 문제를 풀 때는 하나의 변수로 표시하는 것이 유익하지만, 두 개 이상의 변수를 사용하여 음함수로 보고 풀 수도 있다.

5. 함수의 그래프

곡선을 그리는 과정에서 미분을 이용하면 어느 정도 정확한 개형을 그릴 수 있다. 지금까지 곡선을 그리는데 필요한 정의역과 치역, 절편, 극한과 연속, 도함수와 접선, 극대와 극소, 증가 또는 감소 구간, 오목성과 변곡점 등을 살펴보았다. 이 자료를 이용하여 함수의 그래프를 그린다.

참고 함수 $y = f(x)$에 대한 그래프의 개형을 그리기 위해서는 다음 사항을 조사하여야 한다.

(1) 함수의 정의역과 치역
(2) x축, y축, 원점 등에 대한 대칭성 또는 주기
(3) 좌표축과의 교점
(4) 함수의 증가와 감소, 극대와 극소
(5) 그래프의 오목과 볼록, 변곡점
(6) $\lim_{x \to \infty} f(x)$, $\lim_{x \to -\infty} f(x)$, 그래프의 점근선

6. 방정식과 부등식에의 활용

방정식의 해는 기하학적으로 두 곡선의 그래프의 교점에 해당하고, 부등식 역시 해를 구하는 방법은 방정식의 풀이법에 기초하고 있다. 따라서 주어진 두 곡선의 그래프를 그릴 수만 있다면 방정식과 부등식에 대한 많은 정보를 얻을 수 있을 것이다.

(1) 방정식에의 활용

① 방정식 문제

방정식 문제는 다음과 같이 크게 두 가지

(i) 방정식의 실근의 개수를 구하는 문제
(ii) 방정식이 실근을 가질 조건을 구하는 문제

로 나눌 수 있다. 이차방정식의 경우라면 판별식을 이용하여 쉽게 구할 수 있지만, 삼차 이상의 고차방정식, 삼각방정식, 지수방정식, 로그방정식 등의 경우에는 판별식을 이용할 수 없다. 따라서 그래프를 이용하여 구하는 것이 일반적인 방법이다.

② 삼차방정식의 실근의 개수

삼차방정식 $ax^3 + bx^2 + cx + d = 0$의 실근의 개수는 삼차함수의 그래프와 x축과의 교점의 개수를 조사하는 방법을 이용하여 구한다.

$y = ax^3 + bx^2 + cx + d$에서 편의상 x^3의 계수 a의 부호를 $a > 0$으로 한다.

(i) 서로 다른 세 실근을 가질 조건:

$$(\text{극대값}) \times (\text{극소값}) < 0$$

예제 25 방정식 $x^3 - 3x^2 + 2 = 0$의 서로 다른 실근의 개수를 구하시오.

풀이 $f(x) = x^3 - 3x^2 + 2$로 놓으면

$$f'(x) = 3x^2 - 6x = 3x(x-2) = 0$$

에서 임계점 $x = 0, 2$를 얻는다. 이때 극대값 $f(0) = 2$, 극소값 $f(2) = -2$이므로

$$(\text{극대값}) \times (\text{극소값}) < 0$$

이 된다. 따라서 함수 $f(x)$는 서로 다른 세 실근을 갖는다. ■

(ii) 중근과 다른 한 실근을 가질 조건(서로 다른 두 실근을 가질 조건):

$$(\text{극대값}) \times (\text{극소값}) = 0$$

(iii) 한 실근과 두 허근을 가질 조건(한 실근만을 가질 조건):

$$(\text{극대값}) \times (\text{극소값}) > 0$$

(2) 부등식에의 활용

① 주어진 범위에서 극값이 존재할 경우

(i) x의 모든 실수값에 대하여, $f(x) > 0$이 성립하려면

$$(y = f(x)\text{의 최소값}) > 0$$

을 보이면 된다.

(ii) x의 모든 실수값에 대하여, $f(x) \geqq 0$이 성립하려면

$$(y = f(x)\text{의 최소값}) \geqq 0$$

을 보이면 된다.

예제 26 모든 실수 x에 대하여, 부등식 $x^4 - 4x + a > 0$이 성립하도록 상수 a 값의 범위를 구하시오.

풀이 $f(x) = x^4 - 4x + a$로 놓으면

$$f'(x) = 3x^3 - 4 = 4(x-1)(x^2+x+1) = 0$$

에서 임계점 $x = 1$을 얻는다. 이때 $x = 1$에서 극소이며 최소이므로, 최소값 $f(1) = 1 - 4 + a$를 갖는다. 따라서 모든 실수 x에 대하여 $f(x) > 0$이 되려면

$$f(1) > 0,\ \text{즉}\ a > 3$$

을 만족하여야 한다. ■

② 주어진 범위에서 극값이 존재하지 않을 경우
$x > a$일 때 $f(x) > 0$이 성립하려면, $x > a$일 때 $f'(x) > 0$이고 $f(a) \geqq 0$임을 보이면 된다.

예제 27 $x > 2$인 모든 실수 x에 대하여, 부등식 $x^3 - 3x^2 + a > 0$이 성립하도록 상수 a 값의 범위를 구하시오.

풀이 $f(x) = x^3 - 3x^2 + a$로 놓으면

$$f'(x) = 3x^2 - 6x = 3x(x-2)$$

이므로, $x > 2$일 때 $f'(x) > 0$이 성립한다. 따라서 $x > 2$인 모든 실수 x에 대하여 부등식 $x^3 - 3x^2 + a > 0$이 성립하려면, $f(2) = -4 + a \geqq 0$을 만족하여야 하므로

$$a \geqq 4$$

를 얻는다. ■

③ $f(x) \geqq g(x)$를 증명하려면, $F(x) = f(x) - g(x)$로 놓고 $F(x) \geqq 0$임을 보이면 된다.

예제 28 $x > 0$일 때, $x > \ln(1+x)$임을 보이시오.

증명 $f(x) = x - \ln(1+x)$로 놓으면, 구간 $(0, \infty)$에서

$$f'(x) = 1 - \frac{1}{1+x} = \frac{x}{1+x} > 0$$

이므로 $f(x)$는 $(0, \infty)$에서 증가한다. 그런데 $f(0) = 0$이므로 $f(x) > f(0) = 0$이 된다. 따라서 $x > 0$일 때, $x > \ln(1+x)$가 성립한다. ■

7. 속도와 가속도

(1) 평균속도와 속도 · 가속도

시각 $t = t_1$에서 움직이는 물체의 위치함수 $s = f(t)$의 순간변화율(속도) $\boldsymbol{v}$는 작은 닫힌구간 $[t_1, t_2]$에 대한 평균변화율(평균속도)의 극한

$$v = \lim_{\Delta t \to 0} \frac{\Delta y}{\Delta t} = \lim_{t_2 \to t_1} \frac{f(t_2) - f(t_1)}{t_2 - t_1} = f'(t)$$

으로 주어진다. 이 극한은 시각 $t = t_1$에서 f의 미분계수 $f'(t_1)$이다. 이것은 $s = f(t)$의 시각 t에 관한 변위 s의 순간변화율로서의 도함수 $f'(t_1)$에 대한 또 다른 설명이다. 이때 속도의 절대값 $|f'(t_1)|$을 물체의 속력이라 한다.

한편 속도의 시간에 대한 순간변화율을 시각 t에서의 가속도라 하고

$$a = \lim_{\Delta t \to 0} \frac{\Delta v}{\Delta t} = \lim_{t_2 \to t_1} \frac{v(t_2) - v(t_1)}{t_2 - t_1} = f''(t)$$

로 표시한다.

참고 속도 $v = f'(t)$의 부호로 물체의 운동 방향을 알 수 있다. 즉 물체의 속도가 $f'(t) > 0$ (또는 $f'(t) < 0$)으로 주어지면, 물체는 수직선 위를 $|f'(t)|$의 속력을 가지고 양의 방향(또는 음의 방향)으로 움직인다. 특히 $f'(\alpha) = 0$이고 $t = \alpha$의 전후에서 $f'(t)$의 부호가 변하면, $t = \alpha$에서 운동 방향이 바뀐다.

(2) 시각에 대한 변화율

시각 t에서 길이가 l인 도형과 넓이가 S인 도형, 부피가 V인 도형이 Δt초 경과한 후에 길이, 넓이, 부피가 각각 Δl, ΔS, ΔV만큼 변했다면, 시각 t에서의 길이, 넓이, 부피의 변화율은 다음과 같다.

① 시각 t에서의 길이 l의 변화율: $\lim_{\Delta t \to 0} \frac{\Delta l}{\Delta t} = \frac{dl}{dt}$

② 시각 t에서의 면적 S의 변화율: $\lim_{\Delta t \to 0} \frac{\Delta S}{\Delta t} = \frac{dS}{dt}$

③ 시각 t에서의 체적 V의 변화율: $\lim_{\Delta t \to 0} \frac{\Delta V}{\Delta t} = \frac{dV}{dt}$

8. 부정형의 극한값

극한정리

$$L = \lim_{x \to a} f(x),\ M = \lim_{x \to a} g(x) \text{일 때, } \lim_{x \to a} \frac{f(x)}{g(x)} = \frac{L}{M} \quad (\text{단, } M \neq 0)$$

은 극한연산에 많이 이용되지만 $M \neq 0$이라는 조건 때문에 사용에 제한을 받는다.

예를 들면 도함수의 정의

$$\lim_{h \to 0} \frac{f(x+h)-f(x)}{h}$$

조차도, 이 극한정리가 적용되지 않는다.

이제 $M=0$일 때, $\frac{0}{0}$ 형태의 **부정형**(indeterminate form)의 극한값을 구하는 방법을 생각한다. 또 다른 부정형으로

$$\frac{\infty}{\infty},\ 0 \cdot \infty,\ \infty - \infty,\ 0^0,\ 1^{\infty},\ \infty^0$$

형태가 있다. 먼저 부정형 $\frac{0}{0}$과 $\frac{\infty}{\infty}$를 구하는 방법에 초점을 맞춘다. 다른 부정형의 경우는 로그나 지수를 취하거나, 대수적 방법을 사용하여 $\frac{0}{0}$과 $\frac{\infty}{\infty}$ 형태로 환원하여 구하면 된다.

다음 **로피탈 정리**(L'Hospital's theorem)는 로피탈(L'Hospital)이 1696년에 발간한 그의 저서에서 처음으로 소개되었다.

정리 15 ($\frac{0}{0}$ 형태의 로피탈 정리)

a를 포함하는 열린구간 I(단, a는 제외 가능)에서 두 함수 $f(x)$와 $g(x)$가 미분가능하고, $g'(x) \neq 0$이라 하자. $f(a)=0=g(a)$일 때, $\lim_{x \to a} \frac{f'(x)}{g'(x)}$가 존재하면

$$\lim_{x \to a} \frac{f(x)}{g(x)} = \lim_{x \to a} \frac{f'(x)}{g'(x)}$$

가 성립한다.

예 16 $\lim_{x \to 0} \frac{\sin x}{x}$는 $\frac{0}{0}$ 형태의 부정형이므로, 로피탈 정리를 이용하면

$$\lim_{x \to 0} \frac{\sin x}{x} = \lim_{x \to 0} \frac{\cos x}{1} = 1$$

정리 16 ($\frac{\infty}{\infty}$ 형태의 로피탈 정리)

a를 포함한 열린구간 I(단, a는 제외 가능)에서 $f(x)$와 $g(x)$가 미분가능하고, $g'(x) \neq 0$이라고 하자. $\lim_{x \to a} f(x) = \pm\infty = \lim_{x \to a} g(x)$일 때 $\lim_{x \to a} \frac{f'(x)}{g'(x)}$가 존재하면

$$\lim_{x \to a} \frac{f(x)}{g(x)} = \lim_{x \to a} \frac{f'(x)}{g'(x)}$$

가 성립한다.

$a = \infty$ 또는 $a = -\infty$일 경우도 위의 두 로피탈 정리는 적용되며, $x \to a+0$ 또는 $x \to a-0$의 경우도 마찬가지이다. 또한 $\lim_{x \to a} \frac{f(x)}{g(x)}$가 부정형일 때, 그 극한값은 로피탈 정리에 의하여 $\lim_{x \to a} \frac{f'(x)}{g'(x)}$를 구하면 되고, $\lim_{x \to a} \frac{f'(x)}{g'(x)}$가 다시 부정형일 때는 $\lim_{x \to a} \frac{f''(x)}{g''(x)}$를 구하면 된다. 이와 같이 몇 번이라도 되풀이 할 수 있다.

참고 $\lim_{x \to \pi - 0} \frac{\sin x}{1 - \cos x}$를 구할 때, 분모 $1 - \cos x$는 0으로 접근하지 않으므로 로피탈 정리를 적용할 수 없다.

$0 \cdot \infty$, $\infty - \infty$, 0^0, 1^∞, ∞^0 형태의 부정형은 대수적 조작이나 로그, 지수함수를 사용함으로써, $\frac{0}{0}$ 또는 $\frac{\infty}{\infty}$ 형태의 부정형으로 변형된다.

(1) 부정형의 곱

$\lim_{x \to a} f(x) = 0$, $\lim_{x \to a} g(x) = \infty$ (또는 $-\infty$)일 때, 극한 $\lim_{x \to a} f(x)g(x)$를 $0 \cdot \infty$ 형태의 부정형이라 한다. 이 경우

$$fg = \frac{f}{\frac{1}{g}} \quad \text{또는} \quad fg = \frac{g}{\frac{1}{f}}$$

즉 부정형 $\frac{0}{0}$, $\frac{\infty}{\infty}$ 형태로 변형시킨 후, 로피탈 정리를 적용한다.

예 17 $\lim_{x \to +0} x^2 \ln x$는 $0 \cdot (-\infty)$ 형태의 부정형이므로, $\frac{\ln x}{1/x^2}$로 변형하면 $\frac{-\infty}{\infty}$ 인 형태의 부정형이 된다. 따라서

$$\lim_{x \to +0} x^2 \ln x = \lim_{x \to +0} \frac{\ln x}{1/x^2} = \lim_{x \to +0} \frac{1/x}{-2/x^3} = \lim_{x \to +0} (-\frac{x^2}{2}) = 0$$

(2) 부정형의 차

$\lim_{x \to a} f(x) = \infty$, $\lim_{x \to a} g(x) = \infty$일 때, 극한 $\lim_{x \to a} [f(x) - g(x)]$를 $\infty - \infty$ 형태의 부정형이라고 한다. 이 경우에는 부정형 $\frac{0}{0}$, $\frac{\infty}{\infty}$의 형태로 변형시킨 후, 로피탈 정리를 적용한다.

(3) 부정형의 멱

$\lim_{x \to a} [f(x)]^{g(x)}$을 구할 때, 0^0, 1^∞, ∞^0 형태의 부정형은 자연로그를 이용한다.

예제 29 $\lim_{x \to +0} x^x$을 구하시오.

풀이 이것은 0^0 형태의 부정형이다. $y = x^x$이라 놓고, 양변에 자연로그를 취하면 $\ln y = x \ln x$이므로, 로피탈 정리에 의하여

$$\lim_{x \to +0} \ln y = \lim_{x \to +0} \frac{\ln x}{1/x} = \lim_{x \to +0} \frac{1/x}{-1/x^2} = \lim_{x \to +0} (-x) = 0$$

을 얻는다. 따라서 $\lim_{x \to +0} x^x = e^0 = 1$이 된다. ■

9. 미분과 근사값

$y=f(x)$가 미분가능한 구간에서 x의 증분 Δx에 대한 y의 증분을 Δy라 할 때 $\lim_{\Delta x \to 0} \frac{\Delta y}{\Delta x} = f'(x)$이므로, $\frac{\Delta y}{\Delta x} = f'(x) + \epsilon$이라 놓으면

$$\Delta y = f'(x)\,\Delta x + \epsilon\,\Delta x$$

가 된다. 여기서 $\Delta x \to 0$일 때 $\epsilon \to 0$이므로, $|\Delta x|$이 한없이 작을 때

$$\Delta y \approx f'(x)\,\Delta x$$

가 성립한다.

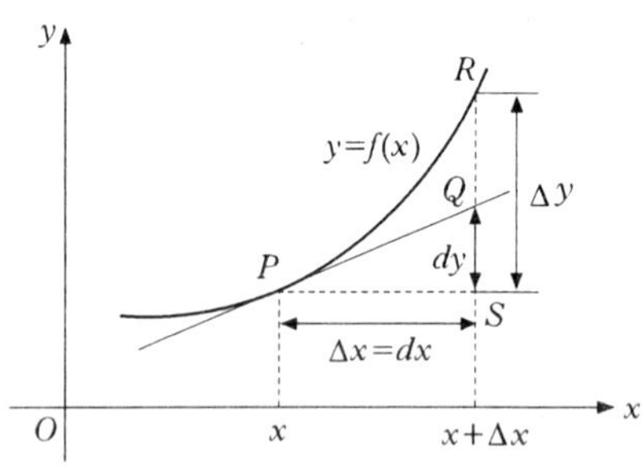

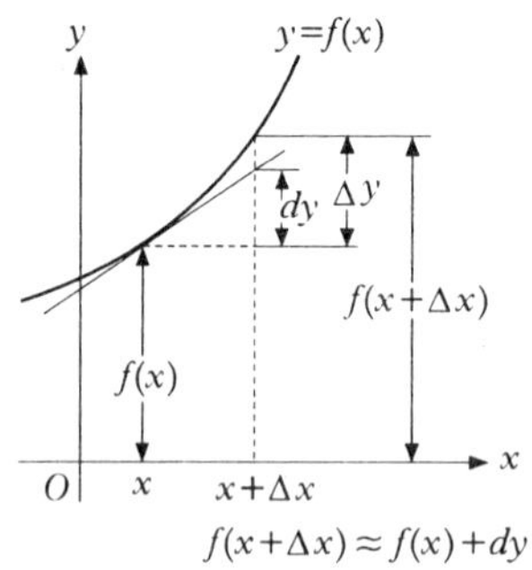

[그림 6.4]

함수 $y=f(x)$가 미분가능할 때, $f'(x)\Delta x$를 $y=f(x)$의 **미분**(differential)이라 하고, dy로 표시한다. 이때 $f(x)=x$이면 $f'(x)=1$이므로 $dx=\Delta x$이고, 따라서 $y=f(x)$의 미분을 $dy=f'(x)dx$로 정의할 수 있다.

예 18 $y=x^3$일 때, y의 미분은 $dy=3x^2dx$로 주어진다.

미분가능한 함수 $y=f(x)$에 대하여, $|\Delta x|$이 충분히 작으면 Δy와 dy의 차는 매우 작아지므로, 함수의 증분 Δy의 **근사값**(approximation)으로 dy를 사용할 수 있다. 즉

$$f(x+\Delta x) \approx f(x) + f'(x)dx$$

가 성립한다.

예 19 미분을 이용하여, $\sqrt{4.5}$의 근사값을 구해 보자. $y = f(x) = \sqrt{x}$라 하면, $dy = f'(x)dx = \dfrac{1}{2\sqrt{x}}dx$이다. 따라서 $x = 4$, $dx = \Delta x = 0.5$를 취하면, $f(4) = 2$, $dy = 0.125$이므로

$$\sqrt{4.5} = f(4+0.5) \approx f(4) + dy = 2 + 0.125 = 2.125$$

가 된다.

10. 뉴턴의 방법

많은 문제들은 미분가능한 함수 $f(x)$에 대하여 $f(x) = 0$인 형태의 방정식에 대한 해를 구하는 문제로 귀결된다. 방정식의 근에 대한 근사값을 구하는 방법에는 그래프에 의한 방법과 **보간법**(interpolation)이 있으나, 여기서는 뉴턴의 방법에 대하여 알아본다.

함수 $y = f(x)$에서 $f(x) = 0$이 되는 x의 근사값을 뉴턴의 방법을 이용하여 구해 보자. 이 방법을 이용하면 무리근의 근사값을 원하는데로 정확하게 구할 수 있다.

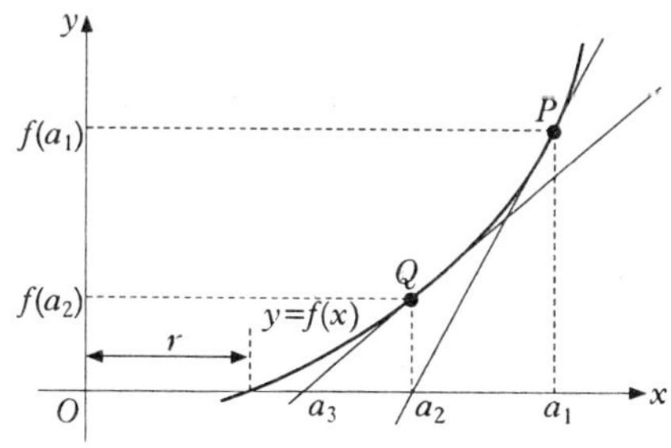

[그림 6.5]

방정식 $f(x) = 0$의 근을 r이라 하고, 우선 r의 제 1 근사값으로 $x = a_1$을 취한다. 다음에 $(a_1, f(a_1))$에서 곡선 $y = f(x)$의 접선 L을 구하고, L의 x축 절편 a_2를 r에

대한 제 2 근사값으로 사용한다. a_2를 구하기 위해 L의 기울기가 $f'(a_1)$인 것을 이용하면

$$y - f(a_1) = f'(a_1)(x - a_1)$$

이므로, $y = 0$으로 놓으면 $f'(a_1) \neq 0$일 때

$$a_2 = a_1 - \frac{f(a_1)}{f'(a_1)}$$

이 된다. 이제 a_1을 a_2로 대치하여 같은 과정을 반복한다. 이때 $(a_2,\ f(a_2))$에서의 접선을 이용하면, 제 3 근사값은

$$a_3 = a_2 - \frac{f(a_2)}{f'(a_2)}$$

로 주어진다. 이 과정을 계속하여 반복하면 근사값들의 수열 $a_1, a_2, a_3, \cdots$를 얻는다. 일반적으로 제n 근사값이 a_n이고, $f'(a_n) \neq 0$이면

$$a_{n+1} = a_n - \frac{f(a_n)}{f'(a_n)}$$

이 된다. 특히 n이 커짐에 따라 a_n이 r에 점점 더 가까워지면 이 수열은 r로 수렴하고, $\lim_{n \to \infty} a_n = r$로 나타낸다. 이 방법을 **뉴턴의 방법**(Newton's Method)이라고 한다.

참고 제 1 근사값 a_1을 r에 충분히 가깝게 택하지 못하면 수열이 수렴하지 않을 수 있다. 이 경우에는 뉴턴의 방법이 불합리한 결과를 초래하므로, 제 1 근사값 a_1을 다시 선택해야만 한다.

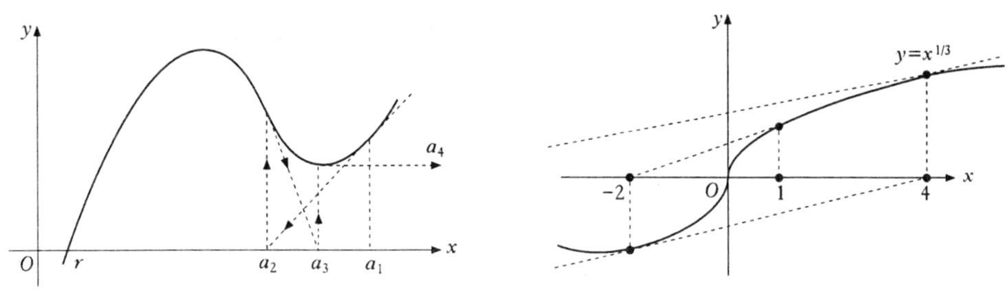

[그림 6.6]

연습문제

1 ≫ 주어진 점에서의 접선과 법선의 방정식을 구하시오.

(1) $f(x)=x^3+\dfrac{3}{x},\ (1,\ 4)$　　(2) $f(x)=a^2-x^2,\ (a,\ 0)$

2 ≫ 수어진 구간에서 평균값정리의 결과를 만족하는 수 c를 구하시오.

(1) $f(x)=x^2+1,\ [-2,\ 1]$　　(2) $f(x)=\sqrt{x},\ [2,\ 4]$

3 ≫ 함수 $f(x)=e^x$에 대하여, 닫힌구간 $[0,\ x]$에서 평균값정리를 이용하여

$$a<\frac{1}{x}\ln\frac{e^x-1}{x}<b$$

를 만족하는 상수 a, b 값을 구하시오.

4 ≫ 최대정수함수 $f(x)=[x]$의 임계점을 구하시오.

5 ≫ 함수 $f(x)=\ln x+\dfrac{a}{x}-x$가 극대값과 극소값을 모두 가질 때, 상수 a 값의 범위를 구하시오.

6 ≫ (페르마 정리) 함수 $f(x)$가 $x=c$에서 극값을 갖고 $f'(c)$가 존재하면, $f'(c)=0$이 됨을 보이시오.

7 ≫ 주어진 구간에서 함수의 극대값과 극소값, 그리고 최대값과 최소값을 구하시오.

(1) $f(x)=\dfrac{x}{x^2+1}$, $[-5, 5]$ (2) $f(x)=x^3-3x^2+6x-2$, $[-1, 1]$

8 ≫ 다음 함수의 극값을 구하시오.

(1) $f(x)=x-\ln x$ (2) $f(x)=\cos x\,(1+\sin x)$

9 ≫ 다음 물음에 답하시오.

(1) $(2, 5)$가 함수 $f(x)=x^3+ax^2+b$의 임계점일 때, a, b를 구하시오.

(2) $f(0)=-1$, $f(2)=4$이고, 모든 x에 대하여 $f'(x)\leqq 2$를 만족하는 함수 f는 존재하는가?

(3) 두 곡선 $y=x^2$, $y=x^3+x^2+1$의 교점에서 교각 ϕ를 구하시오.

10 ≫ 정점 $(0, -1)$에서 타원 $x^2+4y^2=4$에 내접하는 이등변삼각형의 최대면적을 구하시오.

11 ≫ 반지름이 r, 높이가 h인 직원추에 내접하는 최대체적의 직원기둥의 높이를 구하시오.

12 ≫ 곡선 $f(x)=x^2+k\sin x$가 변곡점을 갖는 자연수 k의 최소값을 구하시오.

13 ≫ 다음 극한값을 구하시오.

(1) $\displaystyle\lim_{x\to 0}(1+ax)^{\frac{1}{x}}$ (2) $\displaystyle\lim_{x\to\infty}\frac{\ln x}{x^n}$ (단, $n>0$) (3) $\displaystyle\lim_{x\to 0}\frac{\tan x-x}{x-\sin x}$

(4) $\displaystyle\lim_{x\to +0} xe^{1/x}$ (5) $\displaystyle\lim_{x\to 2-0}\frac{3}{\sqrt{2-x}}$ (6) $\displaystyle\lim_{x\to +0}(1+x)^{\ln x}$

14 ≫ $\lim\limits_{x \to 0} (1 - \sin x)^{1/x} = \dfrac{1}{e}$임을 보이시오.

15 ≫ 평균값정리를 이용하여, $2.024 < \sqrt{4.1} < 2.025$를 증명하시오.

16 ≫ a, b, c가 양의 상수이고 $4ab \geq c^2$일 때, 모든 양의 x 값에 대하여

$$ax + \frac{b}{x} \geq c$$

가 성립함을 보이시오.

17 ≫ 미분을 이용하여, $\cos 31°$의 근사값을 소수 넷째 자리까지 구하시오.

18 ≫ 다음 물음에 답하시오.

(1) 직각삼각형의 직각을 낀 한 변은 6 m이고, 다른 변은 2 m/sec의 비율로 증가한다. 빗변이 10 m일 때, 빗변의 변화율을 구하시오.

(2) 지름이 20 cm인 반구형의 대야로부터 물이 3 cm^3/sec의 비율로 흘러 나가고 있나. 물의 깊이가 5 cm일 때, 수면이 내려가는 속도를 구하시오.

(3) 60 m의 높이에 있는 연이 그것을 날리는 소년으로부터 5 m/sec의 속도로 수평방향으로 날아가고 있다. 연줄이 100 m 풀어졌을 때, 연줄이 풀려 나가는 속도를 구하시오.

19 ≫ 방정식 $e^{-x} - \ln x = 0$의 최소 양수근을 뉴턴의 방법을 이용하여 소수점 이하 셋째 자리까지 구하시오.

20 ≫ 곡선 $y = 2\cos x$는 곡선 $y = x\sin x$의 모든 변곡점을 지남을 보이시오.

21 ≫ $x > -1$인 모든 실수 x에 대하여, 부등식 $4x^3 - 3x^2 - 6x - a + 3 > 0$이 성립하도록 하는 실수 a 값의 범위를 구하시오.

22 ≫ 잔잔한 호수에 돌을 던지면 동심원의 파문이 생긴다. 맨 바깥쪽의 반지름이 매초 2 m의 비율로 커질 때, 3초 후 파문의 넓이의 변화율을 구하시오.

23 ≫ 윗 면의 반지름이 5 cm, 깊이가 15 cm인 직원뿔 모양의 그릇이 있다. 이 그릇에 매초 8 cm^3의 물을 넣을 때, 수면의 높이가 3 cm가 되는 순간의 수면이 올라가는 속도를 구하시오.

24 ≫ 방정식 $x^6 = 2$의 양의 근을 뉴턴의 방법을 이용하여 소수점 이하 여덟 자리까지 구하시오.

6.4 적분법

그리스 시대에 아르키메데스는 '평형법' 즉 구가 무한히 얇은 원판으로 이루어져 있다고 보고, 그것을 무한히 합한다고 생각하여 구의 체적을 구하였다. 이러한 발상은 약 2000년 후 17세기에 뉴턴과 라이프니츠에 의해서 적분법으로 발전하였다. **'적분법**(calculus integrals)'이란 용어는 베르누이(Bernoulli)가 처음으로 사용하였다.

1. 부정적분

(1) 부정적분

연속함수 $f(x)$와 x축, 그리고 $x=a$, $x=x$로 둘러싸인 부분의 면적을 $A(x)$라 할 때

$$\frac{d}{dx}A(x) = f(x)$$

가 성립하는 것을 뉴턴과 라이프니츠가 각각 독립적으로 밝혔다.

정의 1 (부정적분)

모든 $x \in I$에 대하여 $F'(x) = f(x)$를 만족하는 함수 $F(x)$를 구간 I에서 $f(x)$의 **원시함수**(primitive function) 또는 **역도함수**(anti-derivative)라 한다. 원시함수를 모두 모은 것을 **부정적분**(indefinite integral)이라 하고

$$\int f(x)\,dx = F(x) + C$$

로 나타낸다. 이때 C를 **적분상수**(integral constant), x를 적분변수, $f(x)$를 **피적분함수**(integrand)라 한다. 함수 $f(x)$의 부정적분을 구하는 것을 $f(x)$를 적분한다(integrate)고 하고, 적분을 구하는 과정을 **적분법**(integration)이라고 한다.

참고 라이프니츠에 의하여 도입된 적분기호 $\int$은 '합친다'는 뜻의 라틴어 'summa'의 머리 글자 s를 변형한 것이다. 이때 $\int f(x)\,dx$를 '적분 $f(x)\,dx$' 또는 '인테그랄(integral) $f(x)\,dx$'라고 읽는다. 또한 dx는 x에 관하여 적분한다는 뜻이다.

정리 2 (선형성)

$f(x)$와 $g(x)$가 원시함수를 가지고, k가 임의의 상수일 때

(1) $\int kf(x)\,dx = k\int f(x)\,dx$

(2) $\int \{f(x) + g(x)\}\,dx = \int f(x)\,dx + \int g(x)\,dx$

가 성립한다.

증명 두 함수 $f(x)$, $g(x)$의 원시함수를 각각 $F(x)$, $G(x)$라 하면, 즉

$$F(x) = \int f(x)\,dx,\quad G(x) = \int g(x)\,dx$$

라 하면 $F'(x) = f(x)$, $G'(x) = g(x)$이고, 임의의 상수 k에 대하여 $\{kF(x)\}' = kF'(x) = kf(x)$이므로

$$\int kf(x)\,dx = kF(x) = k\int f(x)\,dx$$

가 성립한다. 또한 $\{F(x) + G(x)\}' = f(x) + g(x)$이므로

$$\int \{f(x)+g(x)\}\,dx = F(x)+G(x) = \int f(x)\,dx + \int g(x)\,dx$$

가 성립한다. ■

참고 $\int \left\{ \frac{d}{dx} f(x) \right\} dx = f(x) + C$, $\frac{d}{dx} \left\{ \int f(x)\,dx \right\} = f(x)$임에 유의한다.

(2) 기본공식

초보적인 과정에서 부정적분을 구하는데 자주 이용되는 몇 가지 기본공식을 열거한다.

(1) $\int x^{\alpha}\,dx = \frac{x^{\alpha+1}}{\alpha+1} + C$ (단, $\alpha \neq -1$)

(2) $\int \frac{1}{x}\,dx = \ln|x| + C$

(3) $\int e^{x}\,dx = e^{x} + C$

(4) $\int a^{x}\,dx = \frac{a^{x}}{\ln a} + C$ (단, $a > 0$, $a \neq 1$)

(5) $\int \frac{f'(x)}{f(x)}\,dx = \ln|f(x)| + C$

(6) $\int \ln x\,dx = x\ln x - x + C$ (단, $x > 0$)

(7) $\int \sin x\,dx = -\cos x + C$

(8) $\int \cos x\,dx = \sin x + C$

(9) $\int \tan x\,dx = \ln|\sec x| + C$

(10) $\int \cot x\,dx = \ln|\sin x| + C$

(11) $\int \sec^2 x\,dx = \tan x + C$

(12) $\int \csc^2 x\,dx = -\cot x + C$

(13) $\int \sec x \tan x\,dx = \sec x + C$

(14) $\int \csc x \cot x\,dx = -\csc x + C$

(15) $\int \sec x\,dx = \ln|\sec x + \tan x| + C$

(16) $\int \csc x\, dx = \ln|\csc x - \cot x| + C$

(17) $\int \frac{1}{x^2-a^2}\, dx = \frac{1}{2a}\ln\left|\frac{x-a}{x+a}\right| + C$ (단, $x^2 > a^2$)

(18) $\int \frac{1}{a^2-x^2}\, dx = \frac{1}{2a}\ln\left|\frac{x+a}{x-a}\right| + C$ (단, $x^2 < a^2$)

(19) $\int \frac{1}{x^2+a^2}\, dx = \frac{1}{a}\tan^{-1}\frac{x}{a} + C$ (단, $a > 0$)

(20) $\int \frac{1}{\sqrt{a^2-x^2}}\, dx = \sin^{-1}\frac{x}{a} + C$ (단, $x^2 < a^2$, $a > 0$)

(21) $\int \frac{1}{\sqrt{x^2 \pm a^2}}\, dx = \ln\left|x + \sqrt{x^2 \pm a^2}\right| + C$(단, $a \neq 0$)

(22) $\int \frac{1}{x\sqrt{x^2-a^2}}\, dx = \frac{1}{a}\sec^{-1}\frac{x}{a} + C$

각 공식은 각 식의 우변에 있는 함수를 미분함으로써 증명할 수 있다. 함수의 부정적분을 구할 때 기본공식을 직접 적용할 수 없을 경우에는, 몇 가지 기본계산법칙을 이용하여 기본공식을 적용할 수 있는 형태로 변환시키는 방법을 이용하게 된다.

예 20

$$\int \cot^2 x\, dx = \int (\csc^2 x - 1)\, dx = \int \csc^2 x\, dx - \int dx$$
$$= -\cot x - x + C$$

(3) 치환적분법

① $\int f(g(x))g'(x)\, dx$의 형태의 부정적분

적분변수를 변환하여 함수의 부정적분을 구하는 **치환적분법**(integration by substitution)은 미분법에 대한 연쇄법칙을 이용하여 증명한다.

정리 3 (치환적분법)

함수 $u=g(x)$가 미분가능하고 그 치역이 구간 I이며, 함수 $f(u)$가 I에서 연속일 때

$$\int f(u)\,du=\int f(g(x))g'(x)\,dx$$

가 성립한다.

증명 연쇄법칙에 의해, $\dfrac{d}{dx}[F(g(x))]=F'(g(x))g'(x)$이므로

$$\int F'(g(x))g'(x)\,dx=F(g(x))+C$$

가 된다. 이제 변수변환 $u=g(x)$를 이용하면

$$\int F'(g(x))g'(x)\,dx=F(u)+C=\int F'(u)\,du$$

가 성립하는데, $F'=f$로 놓음으로써

$$\int f(u)\,du=\int f(g(x))g'(x)\,dx$$

를 얻는다. ■

예제 30 $\int \sec x\,dx$를 구하시오.

풀이 $\displaystyle\int \sec x\,dx=\int \frac{1}{\cos x}\,dx=\int \frac{\cos x}{\cos^2 x}\,dx=\int \frac{\cos x}{1-\sin^2 x}\,dx$로 변형한다.

이제 $\sin x=u$로 치환하면, $\cos x\,dx=du$이므로

$$\begin{aligned}\int \sec x\,dx&=\int \frac{1}{1-u^2}\,du=\frac{1}{2}\ln\left|\frac{u+1}{u-1}\right|\\&=\frac{1}{2}\ln\left|\frac{1+\sin x}{1-\sin x}\right|+C=\ln\left|\frac{1+\sin x}{\cos x}\right|+C\\&=\ln|\sec x+\tan x|+C\end{aligned}$$

■

② $\int f(ax+b)\,dx$ (단, a, b는 상수, $a\neq 0$)의 형태의 부정적분

$\int f(x)\,dx=F(x)+C$를 이용하면

$$\int f(ax+b)\,dx = \frac{1}{a}F(ax+b)+C \text{ (단, } a, b \text{는 상수, } a \neq 0)$$

로 주어진다.

③ $\int \frac{f'(x)}{f(x)}dx$의 형태의 부정적분

$\int \frac{f'(x)}{f(x)}dx = \ln|f(x)|+C$가 된다. 왜냐하면 $f(x)=t$라 두면 $f'(x)dx = dt$ 이므로

$$\int \frac{f'(x)}{f(x)}dx = \int \frac{dt}{t} = \ln|t|+C = \ln|f(x)|+C$$

가 성립하기 때문이다.

예제 31 $\int \sec x\,dx$를 구하시오.

풀이 $\int \sec x\,dx = \int \sec x\left(\frac{\sec x+\tan x}{\sec x+\tan x}\right)dx$

$$= \int \frac{\sec^2 x+\sec x\tan x}{\sec x+\tan x}dx = \ln|\sec x+\tan x|+C \quad ■$$

(4) 부분적분법

피적분함수가 두 함수의 곱으로 주어진 경우에 부정적분은 쉽게 구해지지 않고, 치환적분으로도 풀리지 않는 경우가 있다. 이런 형태의 부정적분을 구하는데 부분적분법이 유용하게 사용된다.

정리 4 부분적분법(integration by parts)

두 함수 $f(x)$와 $g(x)$가 연속인 도함수를 가지면, 부분적분식

$$\int f(x)g'(x)dx = f(x)g(x) - \int f'(x)g(x)dx$$

가 성립한다.

증명 두 함수 $f(x)$와 $g(x)$가 연속인 도함수를 가지면

$$\frac{d}{dx}[f(x)g(x)] = f'(x)g(x) + f(x)g'(x)$$

로부터

$$\int [f'(x)g(x) + f(x)g'(x)]\,dx = f(x)g(x)$$

를 얻는다. 따라서

$$\int f(x)g'(x)\,dx = f(x)g(x) - \int f'(x)g(x)\,dx$$ ■

참고 부분적분법을 이용할 때, $f(x)$는 로그함수, 다항함수와 같이 미분하기 쉬운 것으로, $g(x)$는 삼각함수나 지수함수처럼 적분하기 쉬운 것으로 선택한다.

예제 32 $\int xe^x\,dx$를 구하시오.

풀이 $f(x) = x$, $g'(x) = e^x$라 두면 $f'(x) = 1$, $g(x) = e^x$이므로, 부분적분법에 의하여

$$\int xe^x\,dx = xe^x - \int e^x\,dx = e^x(x-1) + C$$ ■

참고 부분적분법을 다른 형식으로 표현하면

$$u = f(x),\ v = g(x),\ du = f'(x)dx,\ dv = g'(x)dx$$

이므로, $\int u\,dv = uv - \int v\,du$가 된다.

예 21 $\int \ln x\,dx$를 구하기 위하여 $u = \ln x$, $dv = dx$라 두면, $du = \frac{1}{x}dx$, $v = x$이므로, 부분적분법에 의하여

$$\int \ln x\,dx = x\ln x - \int x\frac{dx}{x} = x\ln x - x + C$$

2. 적분의 기법

(1) 유리함수의 적분

임의의 유리함수의 적분은 부분분수의 합, 즉 부분분수로 분해한 후에 다음의 부정적분 공식을 이용하여 구한다.

(1) $\int \frac{f'(x)}{f(x)}\,dx = \ln|f(x)| + C$

(2) $\int (ax+b)^n\,dx = \frac{1}{a(n+1)}(ax+b)^{n+1} + C$ (단, $a \neq 0$, $n \neq -1$)

(3) $\int \frac{1}{ax+b}\,dx = \frac{1}{a}\ln|ax+b| + C$ (단, $a \neq 0$)

예제 33 $\int \frac{dx}{x^2-a^2}$ (단, $a \neq 0$)를 구하시오.

풀이 부분분수분해(partial fraction)를 이용하면

$$\frac{1}{x^2-a^2} = \frac{1}{(x-a)(x+a)} = \frac{A}{x-a} + \frac{B}{x+a}$$

에서 $A(x+a)+B(x-a)=1$을 얻는다. 따라서 $x=a$를 대입하면 $A=\frac{1}{2}a$이고, $x=-a$를 대입하면 $B=-\frac{1}{2}a$이므로

$$\begin{aligned}\int \frac{dx}{x^2-a^2} &= \frac{1}{2a}\int\left[\frac{1}{x-a} - \frac{1}{x+a}\right]dx \\ &= \frac{1}{2a}[\ln|x-a| - \ln|x+a|] + C \\ &= \frac{1}{2a}\ln\left|\frac{x-a}{x+a}\right| + C\end{aligned}$$

■

(2) 삼각함수의 적분

삼각함수, 특히 피적분함수가 삼각함수의 멱으로 결합된 적분을 구한다.

① $\int \sin^m x \cos^n x \, dx$ 형태의 적분

(i) m 또는 n이 홀수일 경우:

ⓐ m이 홀수이면, 한 개의 사인만 남겨두고 나머지는 $\sin^2 x = 1 - \cos^2 x$를 이용하여 코사인 항으로 표현한다. 그리고 $u = \cos x$로 치환한다.

ⓑ n이 홀수이면, 한 개의 코사인만 남겨두고 나머지는 $\cos^2 x = 1 - \sin^2 x$를 이용하여 사인 항으로 표현한다. 그리고 $u = \sin x$로 치환한다.

(ii) m과 n이 모두 짝수인 경우:

$$\sin^2 x = \frac{1}{2}(1 - \cos 2x), \ \cos^2 x = \frac{1}{2}(1 + \cos 2x), \ \sin x \cos x = \frac{1}{2}\sin 2x$$

를 이용하여 적분한다.

② $\int \tan^m x \sec^n x \, dx$ 형태의 적분

(i) m이 홀수일 경우:
일반적으로 피적분함수를 $\sec x \tan x$로 분해하고, $\tan^2 x = \sec^2 x - 1$을 이용하여 나머지를 $\sec x$ 항으로 표현한다. 그리고 $u = \sec x$로 치환한다.

(ii) n이 짝수일 경우:
$\sec^2 x = 1 + \tan^2 x$를 이용한다. 그리고 $u = \tan x$로 치환한다.

(iii) n이 홀수이고 m이 짝수일 경우:
$\int \sec^n x \, dx$ 형태로 변형하여 구한다. 그러나 이 적분은 비록 $n = 1$ 또는 $n = 3$일 때도 구하기가 쉽지 않다. $\sec^n x$ (단, $n > 1$) 항만 있을 경우에는 부분적분이 요구되고, $\tan^m x$ 항만 있을 경우에는 $\tan^2 x = \sec^2 x - 1$을 이용한다.

③ $\int \cot^m x \csc^n x \, dx$ 형태의 적분

$1 + \cot^2 x = \csc^2 x$를 이용한다.

④ $\int \sin mx \cos nx\, dx$, $\int \sin mx \sin nx\, dx$, $\int \cos mx \cos nx\, dx$ 형태의 적분

다음 공식을 이용한다.

(1) $\sin A \cos B = \frac{1}{2}[\sin(A-B) + \sin(A+B)]$

(2) $\sin A \sin B = \frac{1}{2}[\cos(A-B) - \cos(A+B)]$

(3) $\cos A \cos B = \frac{1}{2}[\cos(A-B) + \cos(A+B)]$

예제 34 $\int \cos 5x \cos 3x\, dx$를 구하시오.

풀이

$$\begin{aligned}\int \cos 5x \cos 3x\, dx &= \frac{1}{2}\int (\cos 2x + \cos 8x)\, dx \\ &= \frac{1}{4}\sin 2x + \frac{1}{16}\sin 8x + C\end{aligned}$$ ■

(3) 삼각치환

삼각함수를 포함하는 변수의 변환을 **삼각치환**(trigonometric substitution)이라 한다. 피적분함수가 $\sqrt{a^2-x^2}$, $\sqrt{a^2+x^2}$, $\sqrt{x^2-a^2}$ (단, $a>0$) 형태의 근호를 포함하고 있을 때, 삼각치환을 사용하면 각 근호를 삼각함수에 관한 유리식으로 고칠 수 있다.

① $\sqrt{a^2-x^2}$ (단, $a>0$)을 포함하는 적분

$x = a\sin\theta$ (단, $-\pi/2 \leqq \theta \leqq \pi/2$)라 하면

$$\sqrt{a^2-x^2} = \sqrt{a^2-a^2\sin^2\theta} = \sqrt{a^2(1-\sin^2\theta)} = a\cos\theta$$

가 된다. 따라서 $\sqrt{a^2-x^2}$을 포함하는 적분은 $x = a\sin\theta\,(-\pi/2 \leqq \theta \leqq \pi/2)$로 치환함으로써 근호를 없앨 수 있다.

② $\sqrt{x^2+a^2}$ (단, $a>0$)을 포함하는 적분

$x = a\tan\theta$ (단, $-\pi/2 < \theta < \pi/2$)라 하면

$$\sqrt{x^2+a^2} = \sqrt{a^2(\tan^2\theta+1)} = a\sec\theta$$

가 된다. 따라서 $\sqrt{x^2+a^2}$을 포함하는 적분은 $x = a\tan\theta\ (-\pi/2 < \theta < \pi/2)$로 치환함으로써 근호를 없앨 수 있다.

③ $\sqrt{x^2-a^2}$ (단, $a>0$)을 포함하는 적분

$x = a\sec\theta$ (단, $0 \leqq \theta < \pi/2$ 또는 $\pi \leqq \theta < 3\pi/2$)라 하면

$$\sqrt{x^2-a^2} = \sqrt{a^2(\sec^2\theta-1)} = \sqrt{a^2\tan^2\theta}$$
$$= \begin{cases} a\tan\theta, & 0 \leqq \theta < \pi/2 \\ -a\tan\theta, & \pi < \theta \leqq 3\pi/2 \end{cases}$$

가 된다. 따라서 $\sqrt{x^2-a^2}$을 포함하는 적분은 $x = a\sec\theta$ (단, $0 \leqq \theta < \pi/2$ 또는 $\pi \leqq \theta < 3\pi/2$)로 치환함으로써 근호를 없앨 수 있다.

예제 35 $\displaystyle\int \frac{dx}{\sqrt{x^2-a^2}}$ (단, $a>0$)를 구하시오.

풀이 $x = a\sec\theta$ (단, $0 \leqq \theta < \pi/2$ 또는 $\pi < \theta \leqq 3\pi/2$)라고 하자. 그러면 $dx = a\sec\theta\tan\theta$이고, $\sqrt{x^2-a^2} = a\tan\theta$이므로

$$\int \frac{dx}{\sqrt{x^2-a^2}} = \int \frac{a\sec\theta\tan\theta}{a\tan\theta}\,d\theta = \int \sec\theta\,d\theta$$
$$= \ln|\sec\theta+\tan\theta| + C_1$$

이다. 그런데 $\tan\theta = \dfrac{\sqrt{x^2-a^2}}{a}$이므로

$$\int \frac{dx}{\sqrt{x^2-a^2}} = \ln\left|x+\sqrt{x^2-a^2}\right| - \ln a + C_1$$

이 된다. 이제 $C = C_1 - \ln a$라 놓으면

$$\int \frac{dx}{\sqrt{x^2-a^2}} = \ln\left|x+\sqrt{x^2-a^2}\right| + C$$ ■

④ $\sqrt{bx^2 + cx + d}$ (단, $b \neq 0$, $c \neq 0$)를 포함하는 적분

적당한 $a > 0$에 대하여 $\sqrt{a^2 - x^2}$, $\sqrt{a^2 + x^2}$, $\sqrt{x^2 - a^2}$ 의 형태로 표시하고, 삼각함수로의 치환을 이용하여 근호를 없앤다.

(4) 유리화 치환

무리함수나 초월함수의 부정적분을 구하는데는 피적분함수를 적절한 치환에 의하여 유리함수로 변형하는 것이 기본원칙이고, 부분분수분해에 의한 유리함수의 적분을 이용한다.

① 피적분함수가 x와 $\sqrt[n]{g(x)}$ 의 유리함수 형태일 경우

$u = \sqrt[n]{g(x)}$ 또는 $u = g(x)$의 치환이 효과적이다.

② 피적분함수가 x와 $\sqrt{ax^2 + bx + c}$ 의 유리함수 형태일 경우

(1) $u > 0$이면 $\sqrt{ax^2 + bx + c} = t - \sqrt{a}\,x$로 치환하고,

(2) $a < 0$이고 $ax^2 + bx + c = 0$의 두 실근 α, β(단, $\alpha < \beta$)가 존재할 때는 $\sqrt{\dfrac{x-\alpha}{\beta - x}} = t$로 치환하여 t에 관한 유리함수로 바꾸어 적분한다.

예제 36 $\displaystyle\int \frac{dx}{\sqrt{x^2 + A}} = \ln\left|x + \sqrt{x^2 + A}\right|$임을 보이시오. (단, A는 상수)

증명 $\sqrt{x^2 + A} = t - x$로 치환하면

$$x = \frac{t^2 - A}{2t},\ dx = \frac{t^2 + A}{2t^2}dt,\ \sqrt{x^2 + A} = \frac{t^2 + A}{2t}$$

이므로, $\displaystyle\int \frac{dx}{\sqrt{x^2 + A}} = \int \frac{dt}{t} = \ln|t| = \ln\left|x + \sqrt{x^2 + A}\right|$ ■

③ 피적분함수가 삼각함수로 구성된 유리함수 형태일 경우

피적분함수가 삼각함수 $\sin x$와 $\cos x$로 구성된 유리함수 형태일 경우, 바이어슈트라스는 $\tan\frac{x}{2} = t$(단, $-\pi < x < \pi$)로 치환함으로써 피적분함수를 t에 대한 유리함수 형태로 변형할 수 있음을 보였다. 이 경우 $x = 2\tan^{-1}t$이므로, $dx = \frac{2}{1+t^2}dt$이고

$$\sin x = 2\sin\frac{x}{2}\cos\frac{x}{2} = 2\tan\frac{x}{2}\cdot\cos^2\frac{x}{2} = \frac{2\tan\frac{x}{2}}{1+\tan^2\frac{x}{2}} = \frac{t}{1+t^2}$$

$$\cos x = \cos^2\frac{x}{2} - \sin^2\frac{x}{2} = \left(1 - \frac{\sin^2 x/2}{\cos^2 x/2}\right)\cos^2\frac{x}{2} = \frac{1-t^2}{1+t^2}$$

이 된다.

예제 37 $\int \frac{dx}{3+5\cos x}$를 구하시오.

풀이 $\tan\frac{x}{2} = t$ (단, $-\pi < x < \pi$)로 치환하면

$$\sin x = \frac{t}{1+t^2},\ \cos x = \frac{1-t^2}{1+t^2},\ dx = \frac{2}{1+t^2}dt$$

이므로

$$\int\frac{dx}{3+5\cos x} = \int\frac{1}{3+5\left(\frac{1-t^2}{1+t^2}\right)}\frac{2dt}{1+t^2} = \int\frac{dt}{4-t^2}$$

$$= \frac{1}{4}\ln\frac{2+t}{2-t} + C = \frac{1}{4}\ln\frac{2+\tan\frac{1}{2}x}{2-\tan\frac{1}{2}x} + C$$ ■

참고 피적분함수가 $\tan x$의 유리함수 형태일 경우에는 $\tan x = t$로 치환하여 적분할 수 있다. 이 경우 $dx = \frac{1}{1+t^2}dt$가 된다.

(5) 역치환

적분하는데 도움이 되는 또 다른 치환은

$$x = \frac{1}{t},\ dx = -\frac{1}{t^2}dt$$

이다. 이 치환을 **역치환**(inverse substitution)이라고 한다.

3. 정적분

극한을 이용하여 면적을 구하는 문제로부터 적분의 개념을 형식화한다. 적분은 미분의 역연산이다.

참고 (미적분의 창시자)

뉴턴과 라이프니츠는 함수의 미분법과 적분법에 대한 획기적으로 쉬운 계산법을 창안함으로써, 수학과 과학을 크게 발전시킬 수 있는 새로운 도구를 발명하였기 때문에 미적분의 창시자라는 명예가 이들 두 사람에게 돌아간다.

(1) 정적분의 정의

정의 5 (정적분의 정의)

함수 $f(x)$가 닫힌구간 $[a, b]$에서 유계일 때

$$a = x_0 < x_1 < x_2 < \cdots < x_{n-1} < x_n = b$$

를 만족하는 분할점 $x_0, x_1, \cdots, x_n$을 갖는 $[a, b]$의 한 분할을 P라고 하자. 각 부분구간 $[x_{i-1}, x_i]$에서 임의의 점 x_i^*를 택하고

$$\Delta x_i = x_i - x_{i-1},\ \ \| P \| = \max\{\Delta x_1, \Delta x_2, \cdots, \Delta x_n\}$$

이라 할 때, 극한 $\lim\limits_{\| P \| \to 0} \sum\limits_{i=1}^{n} f(x_i^*)\Delta x_i$가 존재하면 함수 $f(x)$는 닫힌구간 $[a, b]$에서 **적분가능**(integrable)이라 하고, 그 값을 a에서 b까지 $f(x)$의 **정적분**(definite integral)이라 한다. 이때 $\int_a^b f(x)\,dx$ 또는 간단히 $\int_a^b f$로 나타낸다. 여기서 $\| P \| \to 0$이면 $n \to \infty$가 된다.

참고 (구분구적법)

도형의 면적이나 체적을 구할 때, 주어진 도형을 작은 기본도형(삼각형, 직사각형, 원기둥 등)으로 세분하여, 세분된 기본도형의 면적이나 체적의 합으로 근사값을 구한 다음, 그 근사값의 극한으로 주어진 도형의 면적이나 체적을 구하는 방법을 **구분구적법**(measuration by parts)이라고 한다.

예 22 포물선 $y=x^2$과 x축, 그리고 직선 $x=1$로 둘러싸인 닫힌영역의 면적 A를 구분구적법으로 구해 보자. 닫힌구간 $[0, 1]$을 길이가 같은 n개의 부분구간으로 나누는 분할(이것을 **정규분할**이라 한다)을 택하여, 밑변을 부분구간으로 하고 높이를 이 부분구간의 오른쪽 끝점에서의 함수값으로 하는 n개의 직사각형을 생각한다. 이때 n개의 직사각형 면적의 합을 S_n이라 하면

$$\begin{aligned} S_n &= \frac{1}{n}\left(\frac{1}{n}\right)^2 + \frac{1}{n}\left(\frac{2}{n}\right)^2 + \frac{1}{n}\left(\frac{3}{n}\right)^2 + \cdots + \frac{1}{n}\left(\frac{n}{n}\right)^2 \\ &= \frac{1}{n}\,\frac{1}{n^2}\left(1^2+2^2+3^2+\cdots+n^n\right) = \frac{1}{n^3}\sum_{i=1}^{n} i^2 \end{aligned}$$

즉 $S_n = \dfrac{1}{n^3}\,\dfrac{n(n+1)(2n+1)}{6} = \dfrac{(n+1)(2n+1)}{6n^2}$이 된다. 따라서

$$A = \lim_{n\to\infty} S_n = \lim_{n\to\infty}\frac{(n+1)(2n+1)}{6n^2} = \frac{1}{3}$$

을 얻는다.

참고 (1) 정적분 $\displaystyle\int_a^b f(x)\,dx$에서 a와 b를 **적분한계**(limit of integration)라 하고, 닫힌구간 $[a, b]$를 적분구간이라 한다. 이때 a와 b를 각각 정적분의 **아래끝**(lower limit), **위끝**(upper limit)이라고 하고, $\displaystyle\int_a^b f(x)\,dx$의 값을 구하는 것을 $f(x)$를 a에서 b까지 적분한다고 한다.

(2) 정적분 $\displaystyle\int_a^b f(x)dx$의 값은 적분변수 x와는 전혀 무관하므로, 정적분에서 사용되는 변수를 **무효변수**(dummy variable)라 한다. 그러나 부정적분은 함수를 나타내므로 $\displaystyle\int f(x)\,dx = \int f(t)\,dt$임에 유의한다.

(3) 리만(Riemann)의 이름을 따서 $\sum_{i=1}^{n} f(x_i^*)\Delta x_i$를 **리만 합**(Riemann sum)이라 하고, $\lim_{\|P\|\to 0} \sum_{i=1}^{n} f(x_i^*)\Delta x_i$ 가 존재할 때, 이 극한으로 정의되는 정적분 $\int_a^b f(x)\,dx$를 **리만 적분**(Riemann integral)이라고 한다.

예 23 닫힌구간 $[0, 1]$에서

$$f(x) = \begin{cases} 1, & x \in [0, 1] \cap Q \\ 0, & x \in [0, 1] \cap Q^c \end{cases}$$

로 정의된 디리클레 함수 $f : [0, 1] \to R$은 유계이지만, 적분가능하지 않다. 왜냐하면 어떤 분할에 대해서도 $\lim_{\|P\|\to 0} \sum_{i=1}^{n} f(x_i^*)\Delta x_i$가 존재하지 않기 때문이다.

함수 $f(x)$가 닫힌구간 $[a, b]$에서 적분가능할 때, $[a, b]$를 소구간 $[x_{i-1}, x_i]$로 분할하는 방법이나 부분구간 $[x_{i-1}, x_i]$에서 점 x_i^*를 선택하는 방법에 관계없이 리만 합은 $\int_a^b f(x)\,dx$로 근사된다.

정리 6

함수 $f(x)$가 닫힌구간 $[a, b]$에서 적분가능하면

$$\int_a^b f(x)\,dx = \lim_{n\to\infty} \sum_{k=1}^{n} f(x_k)\,\Delta x = \lim_{n\to\infty} \sum_{k=0}^{n-1} f(x_k)\,\Delta x$$

$$\left(\text{단, } \Delta x = \frac{b-a}{n},\ \ x_k = a + k\Delta x\right)$$

로 주어진다.

참고 (무한급수의 정적분 표시 공식)

(1) $\lim_{n\to\infty} \sum_{k=1}^{n} f\left(\frac{a}{n}k\right) \cdot \frac{a}{n} = \lim_{n\to\infty} \sum_{k=0}^{n-1} f\left(\frac{a}{n}k\right) \cdot \frac{a}{n} = \int_0^a f(x)\,dx$

(2) $\lim_{n \to \infty} \sum_{k=1}^{n} f\left(a + \frac{p}{n}k\right) \cdot \frac{p}{n} = \int_{a}^{a+p} f(x)\,dx = \int_{0}^{p} f(a+x)\,dx$

로 주어진다.

예 24 $\lim_{n \to \infty} (1+2+\cdots+n)/n^2$을 정적분으로 표시하면, $\int_0^1 x\,dx$가 된다. 왜냐하면 $\lim_{n \to \infty} \frac{1}{n} \sum_{i=i}^{n} \frac{i}{n}$와 동치이기 때문이다.

예제 38 정적분의 정의에 의해, $\int_1^2 (x^2 - 5x)dx$를 구하시오.

풀이 $f(x) = x^2 - 5x$, $a = 1$이고 $b = 2$이다. 함수 $f(x)$가 연속이므로, $f(x)$는 적분가능하다. 따라서

$$\begin{aligned}
\int_1^2 (x^2 - 5x)\,dx &= \lim_{n \to \infty} \frac{1}{n} \sum_{i=1}^{n} f(1 + \frac{i}{n}) \\
&= \lim_{n \to \infty} \frac{1}{n} \sum_{i=1}^{n} \left[(1+\frac{i}{n})^2 - 5(1+\frac{i}{n})\right] \\
&= \lim_{n \to \infty} \frac{1}{n} \sum_{i=1}^{n} \left(-4 - \frac{3i}{n} + \frac{i^2}{n^2}\right) \\
&= \lim_{n \to \infty} \left[\frac{1}{n} \sum_{i=1}^{n} (-4) - \frac{3}{n^2} \sum_{i=1}^{n} i + \frac{1}{n^3} \sum_{i=1}^{n} i^2\right] \\
&= \lim_{n \to \infty} \left[-4 - \frac{3n(n+1)}{2n^2} + \frac{n(n+1)(2n+1)}{6n^3}\right] \\
&= -\frac{31}{6}
\end{aligned}$$

■

다음 정리는 적분가능한 함수의 존재성에 대한 부분적인 결과를 보여주고 있다.

정리 7

함수 $f(x)$가 닫힌구간 $[a, b]$에서 연속이거나 단조함수이면, $f(x)$는 $[a, b]$에서 적분가능하다.

(2) 정적분의 기본성질

$f(x) \geq 0$인 함수의 정적분은 면적과 같다. 정적분 $\int_a^b f(x)\,dx$는 닫힌구간 $[a, b]$에서 정의되기 때문에 $a < b$를 가정하고 있으나, $\int_a^b f(x)\,dx$의 정의를

$$\int_a^b f(x)\,dx = -\int_b^a f(x)\,dx, \quad \int_a^a f(x)\,dx = 0$$

으로 확장하는 것이 유용하다.

정적분을 구하는데 다음 정적분의 기본성질이 사용된다.

정리 8 (정적분의 기본성질)

$f(x)$, $g(x)$가 닫힌구간 $[a, b]$에서 적분가능이고, k가 임의의 상수일 때

(1) $\int_a^b \{f(x)dx \pm g(x)\}\,dx = \int_a^b f(x)dx \pm \int_a^b g(x)dx$

(2) $\int_a^b kf(x)dx = k\int_a^b f(x)dx$

(3) $\int_a^b f(x)dx = \int_a^c f(x)dx + \int_c^b f(x)dx$ (적분구간의 가법성)

가 성립한다.

예 25 $\int_\alpha^\beta a(x-\alpha)(x-\beta)\,dx = -\frac{a}{6}(\beta-\alpha)^3$이 성립한다.

참고 정적분은 그래프와 축이 만들어내는 면적이라는 개념에서 나온 것이므로, 정적분을 구하기 위해서는 피적분함수의 그래프를 그려 보는 것이 중요하다. 그래프에 어떤 대칭성이 존재한다면, 계산이 매우 간단해지기 때문이다. 또한 피적분함수가 구간에 따라 나누어지는 경우라든가, 피적분함수에 절대값 기호가 포함되어 있는 경우에도 역시 그래프를 그려 살펴보는 것이 중요하다.

[정리 8]은 $a<b$, $a=b$ 또는 $a>b$인 어느 경우에도 성립한다. 또한 '적분구간의 가법성'은 a, b, c의 대소에 관계없이 성립함에 유의한다.

정리 9 (함수의 대소와 적분의 대소와의 관계)

$f(x)$, $g(x)$가 닫힌구간 $[a, b]$에서 적분가능하면, $a \leqq b$일 때 다음이 성립한다.

(1) $f(x) \geqq 0$이면, $\int_a^b f(x)dx \geqq 0$

(2) $f(x) \geqq g(x)$이면, $\int_a^b f(x)dx \geqq \int_a^b g(x)dx$

(3) $m \leqq f(x) \leqq M$이면

$$m(b-a) \leqq \int_a^b f(x)\,dx \leqq M(b-a)$$

(4) $\left|\int_a^b f(x)\,dx\right| \leqq \int_a^b |f(x)|\,dx$

닫힌구간 $[a, b]$에서 적분가능한 함수 $f(x)$의 평균값은

$$\frac{1}{b-a}\int_a^b f(x)\,dx$$

로 정의한다.

다음 **적분의 평균값정리**(The mean value theorem for integral)는 닫힌구간 $[a, b]$에서 정의된 연속함수에 대하여 "함수 $f(x)$의 값과 그 함수의 평균값이 같아지는 점이 존재한다."는 것을 보여주고 있다.

정리 10 (적분의 평균값정리)

함수 $f(x)$가 닫힌구간 $[a, b]$에서 연속이면

$$\int_a^b f(x)\,dx = f(c)(b-a)$$

를 만족하는 $x=c$ (단, $a<c<b$)가 존재한다.

(3) 미분적분학의 기본정리

뉴턴과 라이프니츠는 뉴턴의 스승인 배로(Barrow)가 발견한 "미분법과 적분법은 서로 역과정"이라는 관계를 이용하여, 적분의 계산을 합의 극한으로 구하지 않고 **미분적분학의 기본정리**(fundamental theorem of calculus)를 이용하여 쉽게 구할 수 있음을 보였다.

정리 11 (연속정리와 미분정리)

(1) 함수 $f(x)$가 닫힌구간 $[a, b]$에서 적분가능하면

$$F(x) = \int_a^x f(t)\,dt \quad (\text{단, } a \leqq x \leqq b)$$

로 정의된 함수 $F(x)$는 $[a, b]$에서 연속이 된다.

(2) 함수 $f(x)$가 닫힌구간 $[a, b]$에서 연속이면

$$F(x) = \int_a^x f(t)\,dt \quad (\text{단, } a \leqq x \leqq b)$$

로 정의된 함수 $F(x)$는 열린구간 (a, b)에서 미분가능하며

$$F'(x) = f(x), \text{ 즉 } \frac{d}{dx}\int_a^x f(t)\,dt = f(x)$$

를 만족한다.

예제 39 (정적분으로 표시된 함수의 극한값)

함수 $y = f(x)$가 닫힌구간 $[a, b]$에서 연속일 때

$$\lim_{x \to a} \frac{1}{x-a}\int_a^x f(t)\,dt = f(a)$$

가 성립한다. (단, $a \leqq x \leqq b$)

증명 함수 $f(x)$의 원시함수를 $F(x)$라 하면

$$\lim_{x \to a} \frac{1}{x-a}\int_a^x f(t)\,dt = \lim_{x \to a} \frac{[F(t)]_a^x}{x-a} = \lim_{x \to a} \frac{F(x)-F(a)}{x-a}$$

$$= F'(a) = f(a)$$

■

① 미분적분학의 기본정리

미분적분학의 기본정리는 정적분을 계산함에 있어서 보다 간단한 방법을 제시한다. 닫힌구간 $[a, b]$에서 연속함수 $f(x)$의 원시함수 $F(x)$를 안다면, 단지 두 끝점 a와 b에서 $F(x)$의 값을 구함으로써 정적분 $\int_a^b f$를 구할 수 있다는 것이다.

정리 12 (미분적분학의 기본정리)

닫힌구간 $[a, b]$에서 연속인 함수 $f(x)$가 $F'(x) = f(x)$를 만족하면

$$\int_a^b f(x)\,dx = F(b) - F(a)$$

가 성립하고, $[F(x)]_a^b = F(b) - F(a)$로 표기한다.

정적분을 구할 때 미분적분학의 기본정리는 매우 효율적이다. 그러나 이 정리의 효율성은 함수의 원시함수를 어떻게 제공해 줄 수 있느냐에 달렸다.

예제 40 $\int_0^\pi \sin^2 x\,dx$를 구하시오.

풀이 $\int_0^\pi \sin^2 x\,dx = \int_0^\pi \frac{1-\cos 2x}{2}\,dx = \left[\frac{1}{2}x - \frac{1}{4}\sin 2x\right]_0^\pi = \frac{\pi}{2}$ ■

예제 41 정적분 $\int_0^\pi |\cos x|\,dx$를 구하시오.

풀이 $|\cos x|$가 $0 \leqq x < \frac{\pi}{2}$일 때 $\cos x$, $\frac{1}{2} \leqq x \leqq \pi$일 때 $-\cos x$로 각각 주어지므로

$$\int_0^\pi |\cos x|\,dx = \int_0^{\frac{\pi}{2}} \cos x\,dx + \int_{\frac{\pi}{2}}^\pi (-\cos x)\,dx$$

$$= [\sin x]_0^{\frac{\pi}{2}} - [\sin x]_{\frac{\pi}{2}}^{\pi} = 2$$ ■

② 부분적분법과 치환적분법

정적분을 구할 때, 부분적분법이나 치환적분법을 이용하면 편리하다.

(i) 정적분에서의 부분적분법:

닫힌구간 $[a, b]$에서 두 함수 $f(x)$와 $g(x)$가 연속인 도함수를 가지면, 부분적분공식에 미분적분학의 기본정리를 적용하여 정적분을 구할 수 있다. 즉

$$\int_a^b f(x)g'(x)dx = [f(x)g(x)]_a^b - \int_a^b f'(x)g(x)dx$$

가 된다. 특히 $g(x)=1$일 때는

$$\int_a^b f(x)dx = [xf(x)]_a^b - \int_a^b xf'(x)\,dx$$

가 성립한다.

예 26 $\displaystyle\int_0^1 xe^x\,dx = [xe^x]_0^1 - \int_0^1 e^x\,dx = [xe^x]_0^1 - [e^x]_0^1$
$= e-(e-1) = 1$

(ii) 정적분에서의 치환적분법:

정리 13

$f(x)$가 닫힌구간 $[a, b]$에서 연속이고, $x=\varphi(t)$가 $[\alpha, \beta]$에서 연속인 도함수를 가질 때, $a=\varphi(\alpha)$, $b=\varphi(\beta)$이면

$$\int_a^b f(x)\,dx = \int_\alpha^\beta f(\varphi(t))\varphi'(t)\,dt$$

가 성립한다.

증명 $f(x)$의 원시함수를 $F(x)$라 하면

$$\int_a^b f(x)\,dx = F(b)-F(a) = F(\varphi(\beta))-F(\varphi(\alpha))$$
$$= \int_\alpha^\beta f(\varphi(t))\,\varphi'(t)\,dt$$ ■

치환적분법에 의하여 정적분을 구할 때는 두 가지 방법이 있다. 한 방법은 먼저 부정적분을 구한 다음에, 미분적분학의 기본정리를 이용하는 것이다. 또 다른 방법은 적분의 한계를 변수의 변환에 대응되도록 함께 바꾸는 것이다. 이 과정에 의하여 정적분을 구하면, 적분을 본래의 적분변수로 바꿀 필요가 없게 된다.

(iii) 대칭함수의 적분:

다음 정리는 **대칭함수**(symmetric function)의 정적분을 쉽게 구할 수 있도록 한다.

정리 14 (대칭함수의 적분)

함수 $f(x)$가 닫힌구간 $[-a, a]$에서 연속일 때, 다음이 성립한다.

(1) $f(x)$가 우함수이면, $\int_{-a}^{a} f(x)\,dx = 2\int_{0}^{a} f(x)\,dx$

(2) $f(x)$가 기함수이면, $\int_{-a}^{a} f(x)\,dx = 0$

증명

$$\begin{aligned}\int_{-a}^{a} f(x)\,dx &= \int_{-a}^{0} f(x)\,dx + \int_{0}^{a} f(x)\,dx \\ &= -\int_{0}^{-a} f(x)\,dx + \int_{0}^{a} f(x)\,dx\end{aligned}$$

이고, 치환식 $u = -x$를 이용하면

$$-\int_{0}^{-a} f(x)\,dx = \int_{0}^{a} f(-u)\,du$$

가 된다.

(1) 함수 $f(x)$가 우함수이면

$$\begin{aligned}\int_{-a}^{a} f(x)\,dx &= \int_{0}^{a} f(-u)\,du + \int_{0}^{a} f(x)\,dx \\ &= \int_{0}^{a} f(u)\,du + \int_{0}^{a} f(x)\,dx = 2\int_{0}^{a} f(x)\,dx\end{aligned}$$

(2) 함수 $f(x)$가 기함수이면

$$\int_{-a}^{a} f(x)\,dx = \int_0^a f(-u)\,du + \int_0^a f(x)\,dx$$
$$= -\int_0^a f(u)\,du + \int_0^a f(x)\,dx = 0$$

■

연습문제

1 ≫ 다음 극한을 정적분으로 나타내시오.

(1) $\lim_{n\to\infty} \frac{2}{n}\sum_{k=1}^{n}\left(1+\frac{2k}{n}\right)^4$　　(2) $\lim_{n\to\infty}\sum_{k=1}^{n}\left[3\left(1+\frac{2k}{n}\right)-6\right]\frac{2}{n}$

(3) $\lim_{n\to\infty}\sum_{k=1}^{n}\frac{1}{n+k}$　　(4) $\lim_{n\to\infty}\frac{1}{n^2}\sum_{k=1}^{n}\sqrt{n^2-k^2}$

2 ≫ 다음 함수의 도함수를 구하시오.

(1) $f(x)=\int_0^{x^3}\frac{t}{\sqrt{1+t^3}}\,dt$　　(2) $g(x)=\int_0^{x^2} f(t)\,dt$

3 ≫ 다음 부정적분을 구하시오.

(1) $\int \frac{x^3}{\sqrt{1-x^2}}\,dx$　　(2) $\int x^2 e^{x^3}\,dx$　　(3) $\int \frac{dx}{x-\sqrt[3]{x}}$

(4) $\int \frac{\ln x}{x}\,dx$　　(5) $\int \frac{\sin x}{1+\sin x}\,dx$　　(6) $\int e^{-x}\cos 2x\,dx$

4 ≫ 미분가능한 임의의 함수 $f(x)$에 대하여

$$\frac{d}{dx}\{f(x)g(x)\} = g(x)\left\{f(x)+\frac{d}{dx}f(x)\right\},\quad g(0)=e$$

가 성립할 때, $g(1)$ 값을 구하시오.

5 ≫ $x > 0$에서 정의된 함수 $f(x)$의 원시함수 $F(x)$에 대하여

$$F(x) = xf(x) - (x\cos x - \sin x), \quad F(\pi) = 2\pi$$

인 관계가 성립할 때, $f(x)$를 구하시오.

6 ≫ 함수 $f(x)$가 $\int_0^1 f(x)\,dx = 1$, $\int_0^1 xf(x)\,dx = 2$를 만족시킬 때

$$\int_0^1 (x-k)^2 f(x)\,dx$$

의 값을 최소로 하는 실수 k 값을 구하시오.

7 ≫ 삼차함수 $f(x) = ax^3 + bx + c$가 다음 두 조건

$$\lim_{x \to 1} \frac{f(x)}{x-1} = 1, \quad \int_0^1 f(x)\,dx = 1$$

을 만족할 때, a, b, c 값을 구하시오.

8 ≫ 다음 정적분의 값을 구하시오.

(1) $\displaystyle\int_{\sqrt{2}}^2 \frac{dx}{x\sqrt{x^2-1}}$ (2) $\displaystyle\int_0^1 x^3 e^{x^2}\,dx$ (3) $\displaystyle\int_0^1 \frac{dx}{1+x^3}$

9 ≫ 미분가능한 함수 $f(x)$에 대하여

$$e^x\{f(x) + f'(x)\} = (x^2 - 3)e^x$$

가 성립하고 $f(0) = -1$일 때, $f(x) = 3$의 두 실근의 곱을 구하시오.

10 ≫ 다음 정적분을 구하시오.

(1) $\displaystyle\int_0^{\pi/4} \tan^4 x \sec^2 x\,dx$ (2) $\displaystyle\int_{\pi/6}^{\pi/2} \cot^2 x\,dx$ (3) $\displaystyle\int_0^{\pi} e^x \sin x\,dx$

(4) $\displaystyle\int_0^{\pi} \frac{x\sin x}{1+\cos^2 x}\,dx$ (5) $\displaystyle\int_{\frac{\pi}{2}}^{\pi} \frac{dx}{1-\cos x}$ (6) $\displaystyle\int_0^1 \frac{xe^x}{(1+x)^2}\,dx$

11 ≫ 다음을 증명하시오.

(1) $\int_0^{\frac{\pi}{2}} f(\sin x)\,dx = \int_0^{\frac{\pi}{2}} f(\cos x)\,dx$

(2) $\int_0^{\pi} f(\sin x)\,dx = 2\int_0^{\frac{\pi}{2}} f(\sin x)\,dx$

12 ≫ 다음 물음에 답하시오.

(1) $\lim_{h \to 0} \frac{1}{h^4} \int_0^h \sin^3 t\,dt$를 구하시오.

(2) $\lim_{n \to \infty} \frac{1}{n}\left\{\sin\frac{t}{n} + \sin\frac{2t}{n} + \cdots + \sin\frac{(n-1)t}{n}\right\}$를 구하시오.

(3) 정적분의 정의를 이용하여 $\lim_{n \to \infty} \frac{1}{n}(1 + \sqrt[n]{e} + \sqrt[n]{e^2} + \cdots + \sqrt[n]{e^{n-1}})$을 구하시오.

13 ≫ 다음 물음에 답하시오.

(1) $\int_1^x (x-t)f(t)\,dt = x^4 + ax^2 + bx$가 모든 실수 x에 대하여 성립할 때, ab 값을 구하시오.

(2) 함수 $f(x)$가 $f(x) = x^3 - 2x + \int_0^1 xf'(x)dx$를 만족시킬 때, $f(0)$ 값을 구하시오.

14 ≫ 연속인 함수 f에 관한 등식

$$\int_a^x f(t)\,dt = (x+1)|x-a|$$

가 모든 실수 x에 대하여 성립할 때, 상수 a 값을 구하시오.

6.5 정적분의 활용

이 절에서는 정적분을 이용하여 곡선의 길이와 면적, 그리고 체적을 구하는 방법과, 정적분의 근사계산에 관하여 서술한다. 이탈리아의 수학자 카발리에리(Cavalieri)는 면적은 '폭이 없는 선의 모임'이고, 체적은 '두께가 없는 면의 모임'이라고 생각하였다.

1. 곡선의 길이

한 곡선의 길이는 **다각선분**(polygonal line)의 길이를 근사값으로 구한 후, 극한을 취함으로써 구할 수 있다.

정리 1 (곡선의 길이)

함수 $f(x)$가 닫힌구간 $[a, b]$에서 연속인 도함수를 가질 때, $y = f(x)$ (단, $a \leqq x \leqq b$)로 주어진 곡선의 길이 s는

$$s = \int_a^b \sqrt{1 + [f'(x)]^2}\, dx$$

로 주어진다. 라이프니츠 기호로 표현하면, 이 식은

$$s = \int_a^b \sqrt{1 + \left(\frac{dy}{dx}\right)^2}\, dx$$

가 된다.

연속인 도함수를 갖는 함수 $f(x)$에 의해서 주어진 곡선 C를 **매끄러운 곡선**(smooth curve)이라고 한다.

예제 42 $y = \dfrac{2}{3} x^{3/2}$ (단, $0 \leqq x \leqq 1$)으로 주어진 곡선의 길이 s를 구하시오.

풀이 $\dfrac{dy}{dx} = x^{1/2}$ 이므로

$$s = \int_0^1 \sqrt{1+\left(\frac{dy}{dx}\right)^2}\, dx = \int_0^1 \sqrt{1+x}\, dx = \left[\frac{2}{3}(1+x)^{3/2}\right]_0^1$$
$$= \frac{2}{3}(2\sqrt{2}-1)$$

■

참고 매끄러운 곡선이 함수 $x = g(y)$ (단, $c \leqq y \leqq d$)로 주어질 때, 곡선의 길이 s는

$$s = \int_c^d \sqrt{1+[g'(y)]^2}\, dy = \int_c^d \sqrt{1+\left(\frac{dx}{dy}\right)^2}\, dy$$

가 된다.

매끄러운 곡선 C가 $y = f(x)$ (단, $a \leqq x \leqq b$)로 주어졌다고 하자. $P(a, f(a))$에서 출발하여 $Q(x, f(x))$까지 C를 따라 움직인 거리를 $s(x)$라 할 때, $s(x)$를 곡선의 **길이함수**라 한다. 이때

$$s(x) = \int_a^x \sqrt{1+[f'(t)]^2}\, dt$$

로 주어지고, 피적분함수가 연속이므로

$$\frac{ds}{dx} = \sqrt{1+[f'(x)]^2} = \sqrt{1+\left(\frac{dy}{dx}\right)^2}$$

을 얻는다. 따라서 길이함수의 미분은

$$ds = \sqrt{1+\left(\frac{dy}{dx}\right)^2}\, dx = \sqrt{(dx)^2+(dy)^2}$$

이 된다.

특히 곡선 C가 $x = f(t)$, $y = g(t)$ (단, $\alpha \leqq t \leqq \beta$)로 주어지고, $f'(t)$, $g'(t)$가 닫힌구간 $[\alpha, \beta]$에서 연속이면, 곡선의 길이함수의 미분은

$$ds = \sqrt{(dx)^2+(dy)^2} = \sqrt{\{f'(t)\}^2+\{g'(t)\}^2}$$

으로 주어진다. 따라서 다음이 성립한다.

정리 2

곡선 C가 $x=f(t)$, $y=g(t)$ (단, $\alpha \leqq t \leqq \beta$)로 주어지고, $f'(t)$, $g'(t)$가 닫힌 구간 $[\alpha, \beta]$에서 연속이고 t가 α에서 β로 증가할 때 C가 한 번 회전하면, 곡선 C의 길이 s는

$$s=\int_{\alpha}^{\beta} \sqrt{\left(\frac{dx}{dt}\right)^2+\left(\frac{dy}{dt}\right)^2}\, dt$$

로 주어진다.

예 27 단위원 $x=\cos t$, $y=\sin t$ (단, $0 \leqq t \leqq 2\pi$)에서

$$s=\int_{0}^{2\pi} \sqrt{\left(\frac{dx}{dt}\right)^2+\left(\frac{dy}{dt}\right)^2}\, dt=\int_{0}^{2\pi} dt=2\pi$$

가 되고, $x=\cos 2t$, $y=\sin 2t$ (단, $0 \leqq t \leqq 2\pi$)에서

$$s=\int_{0}^{2\pi} \sqrt{\left(\frac{dx}{dt}\right)^2+\left(\frac{dy}{dt}\right)^2}\, dt=\int_{0}^{2\pi} 2\, dt=4\pi$$

가 얻어진다.

2. 두 곡선 사이의 면적

정리 3 (두 곡선 사이의 면적)

두 함수 $f(x)$와 $g(x)$가 닫힌구간 $[a, b]$에서 연속이고, $f(x) \geqq g(x)$ (단, $a \leqq x \leqq b$)일 때, 두 곡선 $y=f(x)$, $y=g(x)$와 두 직선 $x=a$, $x=b$로 둘러싸인 닫힌영역의 면적 A는

$$A=\int_{a}^{b} [f(x)-g(x)]\, dx$$

로 주어진다.

함수 $f(x)$가 닫힌구간 $[a, b]$에서 연속이고 $f(x) \geq 0$일 때, 곡선 $y = f(x)$, 두 직선 $x = a$, $x = b$와 x축으로 둘러싸인 닫힌영역의 면적 A는

$$A = \int_a^b f(x)\, dx$$

가 된다. 특히 $f(x)$가 닫힌구간 $[a, b]$ 내에서 부호를 바꾸는 경우, 예로서 $[a, c]$에서 $f(x) \geq 0$, $[c, b]$에서 $f(x) \leq 0$인 경우에는

$$A = \int_a^c f(x)\, dx - \int_c^b f(x)\, dx$$

로 주어진다.

예제 43 타원 $\dfrac{x^2}{16} + \dfrac{y^2}{9} = 0$의 면적을 정적분을 이용하여 구하시오.

풀이 타원은 x축과 y축에 대하여 모두 대칭이므로, 구하는 면적은 제 1사분면의 면적의 네 배가 된다. 제 1사분면에서 타원의 방정식은 $y = \dfrac{3}{4}\sqrt{16 - x^2}$ 이므로, 구하는 면적 S는

$$S = 4\int_0^4 \frac{3}{4}\sqrt{16 - x^2}\, dx = 3\int_0^4 \sqrt{16 - x^2}\, dx$$

로 주어진다. 여기서 $x = 4\sin\theta$ (단, $0 \leq \theta \leq \dfrac{\pi}{2}$)로 놓으면

$\dfrac{dx}{d\theta} = 4\cos\theta$ 이므로

$$\begin{aligned}\int_0^4 \sqrt{16 - x^2}\, dx &= 16\int_0^{\frac{\pi}{2}} \cos^2\theta\, d\theta \\ &= 16\int_0^{\frac{\pi}{2}} \frac{1 + \cos 2\theta}{2}\, d\theta \\ &= 16\left[\frac{1}{2}\theta + \frac{1}{4}\sin 2\theta\right]_0^{\frac{\pi}{2}} = 4\pi\end{aligned}$$

를 얻는다. 따라서 $S = 3 \cdot 4\pi = 12\pi$가 된다. ■

일반적으로 닫힌구간 $[a, b]$에서 연속인 함수 $y = f(x)$, $y = g(x)$로 주어진 두 곡선과 직선 $x = a$, $x = b$로 둘러싸인 닫힌영역의 면적은

$$\int_a^b |f(x) - g(x)|\, dx$$

로 주어진다.

참고 경우에 따라서는 x를 y의 함수로 생각할 수 있다. 닫힌구간 $[c, d]$에서 연속인 함수 $x = \varphi(y)$, $x = \psi(y)$ (단, $\varphi(y) \geq \psi(y)$)로 주어진 두 곡선과 직선 $y = c$, $y = d$로 둘러싸인 영역의 면적은

$$\int_c^d [\varphi(y) - \psi(y)]\, dy$$

가 된다.

예제 44 포물선 $y^2 = 4x$와 직선 $2x - y = 12$로 둘러싸인 닫힌영역의 면적을 구하시오.

풀이 교점을 구하면 $(4, -4)$, $(9, 6)$이다. 그러므로 $-4 \leqq y \leqq 6$에서 $x = \frac{1}{4}y^2$과 $x = \frac{1}{2}(y + 12)$로 둘러싸인 닫힌영역의 면적을 구하면 된다. 따라서 구하는 면적은

$$\int_{-4}^{6} \left[\frac{1}{2}(y + 12) - \frac{1}{4}y^2\right] dy = \frac{1}{4}\int_{-4}^{6} (-y^2 + 2y + 24)\, dy = 41\frac{2}{3}$$

가 된다. ■

참고 (면적을 구할 때 사용되는 특수한 공식들)

(1) 포물선과 직선 또는 포물선과 포물선으로 둘러싸인 부분의 면적을 구할 때는, 다음과 같은 공식을 이용하여 쉽게 구할 수 있다.

① 포물선과 x축이 두 점에서 만날 때.

포물선 $y = ax^2 + bx + c$가 x축과 두 점 α, β (단, $\alpha < \beta$)에서 만날 때, 포물선과 x축 사이의 면적 A는

$$A = \frac{|a|(\beta - \alpha)^3}{6}$$

으로 주어진다.

② 포물선과 직선이 서로 다른 두 점에서 만날 때.

포물선 $y = ax^2 + bx + c$와 직선 $y = mx + n$이 서로 다른 두 점에서 만날 때, 교점의 x좌표를 α, β(단, $\alpha < \beta$)라 하면 포물선과 직선 사이의 면적 A는

$$A = \frac{|a|(\beta - \alpha)^3}{6}$$

으로 주어진다.

③ 포물선과 포물선이 서로 다른 두 점에서 만날 때.

두 포물선 $y = ax^2 + bx + c$, $y = a'x^2 + b'x + c'$이 서로 다른 두 점에서 만날 때, 교점의 x좌표를 α, β ($\alpha < \beta$)라 하면 두 포물선 사이의 면적 A는

$$A = \frac{|a - a'|(\beta - \alpha)^3}{6}$$

으로 주어진다.

(2) (삼차곡선과 접선 사이의 면적)

삼차곡선 $y = ax^3 + bx^2 + cx + d$(단, $a \neq 0$)와 접선 $y = mx + n$이 서로 다른 두 점에서 만날 때, 교점의 x좌표를 α, β(단, $\alpha < \beta$)라 하면 곡선과 접선 사이의 면적 A는

$$A = \frac{|a|}{12}(\beta - \alpha)^4$$

으로 주어진다.

(3) (역함수와 면적과의 관계)

함수 $y = f(x)$의 역함수를 $y = g(x)$라 하면, $y = f(x)$와 $y = g(x)$로 둘러싸인 도형의 면적은 두 그래프가 지선 $y = x$에 대칭이므로, 변석 A는 $f(\alpha) = g(\alpha)$, $f(\beta) = g(\beta)$일 때

$$A = 2\int_{\alpha}^{\beta} \{x - f(x)\}\, dx$$

로 주어진다.

예제 45 포물선 $y = x^2 - x - 2$와 직선 $y = ax$로 둘러싸인 도형의 면적이 최소가 되는 a 값과, 그 때의 면적의 최소값을 구하시오.

풀이 포물선과 직선의 교점의 x좌표를 α, β(단, $\alpha < \beta$)라 하면, α, β는 방정식

$x^2-x-2=ax$, 즉 $x^2-(a+1)x-2=0$의 두 근이다. 근과 계수의 관계에 의해

$$\alpha+\beta=a+1,\quad \alpha\beta=-2$$

이므로

$$(\beta-\alpha)^2=(\beta+\alpha)^2-4\alpha\beta=a^2+2a+9,\ \text{즉}\ \beta-\alpha=\sqrt{a^2+2a+9}$$

가 된다. 따라서

$$\begin{aligned}A(a)&=\int_\alpha^\beta \{ax-(x^2-x-2)\}\,dx=\frac{(\beta-\alpha)^3}{6}\\&=\frac{1}{6}(\sqrt{a^2+2a+9})^3=\frac{1}{6}\{(a+1)^2+8\}^{\frac{3}{2}}\end{aligned}$$

이 성립한다. 그러므로 $a=-1$일 때, 최소면적은

$$A(-1)=\frac{1}{6}\cdot(\sqrt{8})^3=\frac{8\sqrt{2}}{3}$$

로 주어진다. ■

a에서 b까지의 곡선 $y=F(x)$ 아래에 있는 면적은 $A=\int_a^b F(x)dx$로 주어진다. 만약 곡선이 매개변수방정식 $x=f(t)$와 $y=g(t)$ (단, $\alpha\leqq t\leqq\beta$)로 주어지면 정적분에 대한 치환법을 이용하여

$$A=\int_a^b F(x)dx=\int_\alpha^\beta g(t)f'(t)\,dt\quad\left[\text{또는}\ \int_\beta^\alpha g(t)f'(t)\,dt\right]$$

로 변형시킬 수 있다.

예제 46 사이클로이드 $x=r(\theta-\sin\theta)$, $y=r(1-\cos\theta)$ (단, $0\leqq\theta\leqq 2\pi$)와 x축으로 둘러싸인 부분의 면적을 구하시오.

풀이 θ가 0에서 2π까지 변화할 때 x는 0에서 $2\pi r$까지 변화하고, 그 구간에서 $y\geqq 0$이다. 따라서

$$y=r(1-\cos\theta),\quad dx=r(1-\cos\theta)\,d\theta$$

이므로, 치환법을 이용하면

$$
\begin{aligned}
A = \int_0^{2\pi r} y\,dx &= \int_0^{2\pi} r^2 (1 - \cos\theta)^2\, d\theta \\
&= r^2 \int_0^{2\pi} (1 - 2\cos\theta + \cos^2\theta)\, d\theta \\
&= r^2 \int_0^{2\pi} \left[1 - 2\cos\theta + \frac{1}{2}(1 + \cos 2\theta)\right] d\theta \\
&= r^2 \left[\frac{3}{2}\theta - 2\sin\theta + \frac{1}{4}\sin 2\theta\right]_0^{2\pi} \\
&= r^2 \left(\frac{3}{2} \cdot 2\pi\right) = 3\pi r^2
\end{aligned}
$$

■

참고 사이클로이드의 한 반원형 아래의 면적은 사이클로이드를 생성하기 위해 회전하는 원의 면적의 세 배가 된다. 이 문제는 갈릴레오가 처음으로 제시하였고, 로베르발(Roberval)과 토리첼리(Torricelli)에 의해 문제가 해결되었다.

3. 체적

입체도형의 체적을 구하는 경우에도 면적을 구할 때와 같은 형태의 문제에 접하게 되는데, 문제에 따라 단면을 이용하거나 회전을 이용한다.

(1) 단면을 아는 입체의 체적

입체 S와 평면과의 공통부분인 평면영역을 S의 **절단면**(cross section)이라고 한다. 먼저 x축에 수직이며 닫힌구간 $[a, b]$에 있는 임의의 x를 지나는 평면 P_x에 놓인 S의 절단면을 생각한다. 이 절단면의 면적이 연속함수 $A(x)$로 나타날 때

$$a = x_0 < x_1 < \cdots < x_n = b$$

를 만족하는 점 x_i를 분할점으로 갖는 $[a, b]$의 한 분할 P를 선택하자. 점 x_i^*를 부분구간 $[x_{i-1}, x_i]$에서 택하면, i번째 평판(평면 $P_{x_{i-1}}$과 P_{x_i} 사이에 놓인 S의 부분)의 체적은 밑면의 면적이 $A(x_i^*)$이고, 높이가 $\Delta x_i = x_i - x_{i-1}$인 주면체의 체적 $A(x_i^*)\Delta x_i$로 근사시킬 수 있다. 그런데 $A(x)$가 닫힌구간 $[a, b]$에서 연속이므로, $\sum_{i=1}^{n} A(x_i^*)\Delta x_i$

의 극한값

$$\lim_{\|P\| \to 0} \sum_{i=1}^{n} A(x_i^*)\Delta x_i$$

는 반드시 존재한다.

정리 4 (단면적을 이용한 체적)

S가 평면 P_a와 P_b 사이에 놓인 입체일 때, 평면 P_x에 놓인 S의 절단면의 면적 $A(x)$가 닫힌구간 $[a, b]$에서 연속이면, 입체도형 S의 체적 V는

$$V = \lim_{\|P\| \to 0} \sum_{i=1}^{n} A(x_i^*)\,\Delta x_i = \int_a^b A(x)\,dx$$

로 주어진다.

예 28 반지름이 r인 구의 체적은 $V = \frac{4}{3}\pi r^3$으로 주어진다. 왜냐하면 구의 중심을 원점이 되게 택하면 평면 P_x에 의하여 절단된 구의 절단면은 반지름이 y인 원판이 되고, 절단면의 면적이 $A(x) = \pi y^2 = \pi(r^2 - x^2)$이므로, 반지름이 r인 구의 체적은

$$\begin{aligned}\int_{-r}^{r} A(x)\,dx &= \int_{-r}^{r} \pi(r^2 - x^2)\,dx \\ &= 2\pi \int_0^r (r^2 - x^2)\,dx = \frac{4}{3}\pi r^3\end{aligned}$$

참고 (원기둥의 밑부분을 잘라낸 입체의 체적)

반지름이 r인 직원기둥에서 밑면의 중심을 지나고, 밑면과 θ의 각을 이루는 평면으로 이 직원기둥을 자를 때, 작은 입체의 부피 V는

$$V = \frac{2}{3} r^3 \tan\theta$$

로 주어진다.

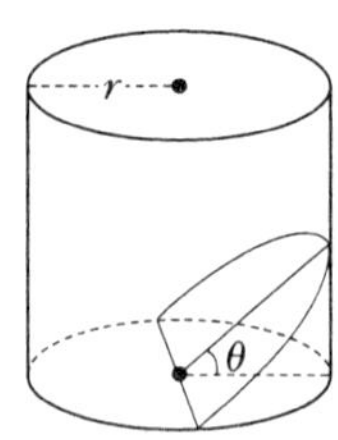

[그림 6.7]

(2) 원판 방법

정리 5 (회전체의 체적)

$[a, b]$에서 연속인 곡선 $y = f(x)$와 직선 $x = a$, $x = b$ 및 x축으로 둘러싸인 평면영역을 x축 둘레로 회전하여 생기는 **회전체**(solid of revolution) S의 체적 V는

$$V = \int_a^b \pi [f(x)]^2 \, dx$$

증명 S는 회전에 의하여 얻어졌기 때문에, 점 x를 지나면서 x축에 수직인 절단면은 반지름이 $|y| = |f(x)|$인 원판이므로, 절단면의 면적은 $A(x) = \pi y^2 = \pi [f(x)]^2$이 된다. 따라서

$$V = \int_a^b A(x)\, dx = \int_a^b \pi [f(x)]^2 \, dx$$

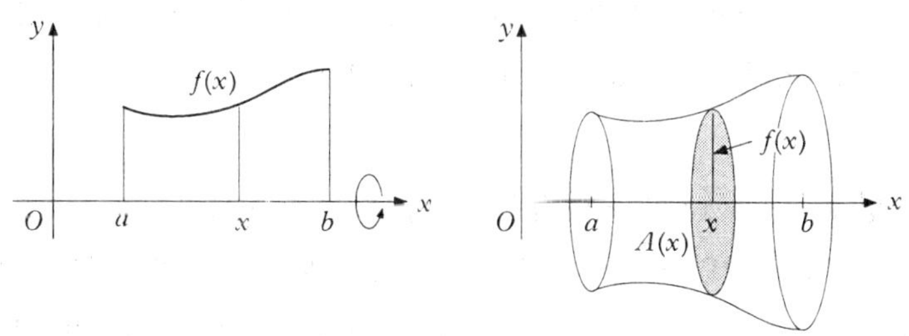

[그림 6.8] ■

예 29 반지름이 r인 구는 $[-r, r]$과 $y = \sqrt{r^2 - x^2}$으로 둘러싸인 닫힌영역을 x축 둘레로 회전하여 생기는 회전체이므로, 반지름이 r인 구의 체적은

$$\pi \int_{-r}^{r} y^2 \, dx = \pi \int_{-r}^{r} (r^2 - x^2)\, dx$$
$$= \pi \left[r^2 x - \frac{x^3}{3} \right]_{-r}^{r} = \frac{4}{3}\pi r^3$$

참고 함수 $x = g(y)$가 닫힌영역 $[c, d]$에서 연속일 때, $x = g(y)$, $x = 0$, $y = c$와 $y = d$로 둘러싸인 평면영역을 y축 둘레로 회전하여 생기는 회전체의 체적은 $\int_c^d \pi [g(y)]^2 \, dy$가 된다.

따름정리

두 함수 $f(x)$, $g(x)$가 닫힌구간 $[a, b]$에서 연속일 때, 곡선 $y=f(x)$, $y=g(x)$(단, $f(x) \geqq g(x)$)와 직선 $x=a$, $x=b$ 및 x축으로 둘러싸인 평면영역을 x축 둘레로 회전하여 생기는 회전체의 체적은

$$\pi \int_a^b \{[f(x)]^2 - [g(x)]^2\}\, dx$$

로 주어진다.

참고 (1) 직선 $y=k$(또는 $x=k$)의 둘레로 회전시킬 때 생기는 회전체의 체적은, 곡선과 직선을 평행이동하여 x축 (또는 y축)의 둘레로 회전시키는 방법을 사용하여 구한다.

(2) 회전축의 양쪽에 걸쳐 있는 도형의 회전체의 체적은, 회전축에 대하여 대칭이동하여 큰 쪽만 회전시키는 방법을 사용하여 구한다.

곡선의 방정식이 매개변수방정식 $x=f(t)$, $y=g(t)$(단, $\alpha \leqq t \leqq \beta$)로 주어질 때 $a=f(\alpha)$, $b=g(\beta)$이면, 곡선과 직선 $x=a$, $x=b$ 및 x축에 의하여 둘러싸인 평면영역을 x축 둘레로 회전하여 생기는 회전체의 체적은 $f'(t)$, $g(t)$가 연속일 때

$$\pi \int_\alpha^\beta [g(t)]^2 f'(t)\, dt$$

가 된다.

4. 속도와 거리

수직선 위를 움직이는 점 P의 시각 t에서의 속도를 $v(t)$, 시각 $t=t_0$에서의 점 P의 위치가 x_0일 때

(1) 시각 t에서의 점 P의 위치 x는

$$x = x_0 + \int_{t_0}^{t} v(t)\, dt \text{ (단, } x_0\text{는 출발점의 위치)}$$

(2) $t = a$에서 $t = b$ 까지의 점 P의 위치의 변화량은

$$\int_a^b v(t)\, dt$$

(3) $t = a$에서 $t = b$ 까지 점 P가 실제로 움직인 거리 s는

$$s = \int_a^b |v(t)|\, dt$$

연습문제

1 ≫ 주어진 곡선의 길이를 구하시오.

(1) $y = \frac{2}{3}x^{\frac{3}{2}}$ (단, $0 \leqq x \leqq 3$)　　(2) $6xy = x^4 + 3$ (단, $1 \leqq x \leqq 3$)

2 ≫ 곡선 $x = \frac{y^3}{6} + \frac{1}{2y}$ (단, $1 \leqq y \leqq 2$)의 길이가 $\frac{17}{12}$임을 보이시오.

3 ≫ 주어진 두 점 사이의 호의 길이를 구하시오.

(1) $y^2 = (x-1)^3$, $A(1, 0)$, $B(2, 1)$

(2) $12xy = 4y^4 + 3$, $A(\frac{7}{12}, 1)$, $B(\frac{67}{24}, 2)$

4 ≫ 주어진 곡선으로 둘러싸인 영역의 면적을 구하시오.

(1) $y = x^2 - 4x$, $y = 0$, $x = -2$, $x = 3$　　(2) $y = x$, $y = 6 - x^2$

(3) $4y^2 - x^2 = 4$, $y = 2$　　(4) $y = x^2 e^{-x}$, $y = 0$, $x = 1$

5 ≫ 곡선 $y=\sin x$, $y=\cos x$와 직선 $x=0$, $x=\dfrac{\pi}{2}$로 둘러싸인 닫힌영역의 면적은 $2\sqrt{2}-2$임을 보이시오.

6 ≫ 다음 곡선의 길이를 구하시오.

(1) $x=(1+t)^2$, $y=(1+t)^3$ (단, $0 \leqq t \leqq 1$)

(2) $r=\theta^2$ (단, $\pi \leqq \theta \leqq 4\pi$)

(3) $x=t^3-3t$, $y=3t^2$ (단, $0 \leqq t \leqq 1$)

7 ≫ 함수 $f(x)=x^3+x^2+x$의 역함수를 $g(x)$라 할 때, 두 곡선 $y=f(x)$, $y=g(x)$로 둘러싸인 부분의 면적을 구하시오.

8 ≫ 곡선 $y=x^3$ (단, $x \geqq 0$) 위의 점 $(1, 1)$에서의 접선과 x축 및 이 곡선으로 둘러싸인 부분의 면적을 구하시오.

9 ≫ 주어진 곡선들로 둘러싸인 닫힌영역을 주어진 회전축의 둘레로 회전할 때 생기는 회전체의 체적을 구하시오.

(1) $y=x^2$, $y=x^3$; x축

(2) $y=\sqrt{x}$, $y=2$; y축

(3) $y=e^{-x}$, $y=0$, $x=-1$, $x=0$; 회전축 $x=1$

(4) $y=\sqrt{x-1}$, $y=0$, $x=5$; 회전축 $y=3$

10 ≫ $\dfrac{x^2}{a^2}+\dfrac{y^2}{b^2}=1$(단, $a>0$, $b>0$)으로 둘러싸인 닫힌영역을 x축 둘레로 회전하여 얻은 타원구의 체적이 $\dfrac{4}{3}\pi ab^2$임을 보이시오.

11 ≫ $[0, 2]$ 위에서 $y=x^2+\dfrac{1}{2}$와 $y=x$로 둘러싸인 닫힌영역을 x축 둘레로 회전하여 생기는 회전체의 체적을 구하시오.

12 ≫ 반지름이 4 cm인 반구형의 그릇에 깊이 1 cm 만큼 물이 들어 있다. 여기에 얼마의 물을 더 넣으면, 물의 깊이가 3 cm가 되겠는가?

6.6 수열

수열은 어떤 일정한 규칙에 따라 순서대로 수를 늘어놓는 것을 말한다. 수열의 이론은 수학적 문제를 해결하는데 사용하는 것뿐만 아니라, 실생활에서도 자주 사용하고 있다. 5일장, 차량 운행 10부제, 적금이나 할부금의 이자 계산 등에도 일정한 규칙이 있으며 토끼의 번식이나 식물의 성장과 같은 자연현상에도 나름대로의 규칙이 있다. 또한 음악의 음계도 등비수열을 이용하고 있다.

1. 수열

정의 1 (수열)

임의의 자연수 $n \in N$에 대하여 실수 $f(n)$이 대응되는 함수 $f : N \to R$을 **무한수열**(infinite sequence) 또는 간단히 **수열**(sequence)이라 하고, $\{a_n\}$ 또는 $\{a_n\}_{n=1}^{\infty}$ 등으로 표시한다. 이 경우에 $f(n)$을 a_n으로 나타내고, 수열의 n번째 항 또는 일반항이라고 한다.

참고 피타고라스는 등차수열, 등비수열, 그리고 기하학적 도형과 관련된 수열을 연구하였다. 그 중 가장 간단한 것으로 **삼각수**(triangular number) $\{1, 3, 6, 10, \cdots\}$를 들 수 있으며, 사각수와 오각수 등의 다각수도 연구하였다.

예 30 토끼의 번식에 관계된 문제를 해결하는 과정에서 생겨난 **피보나치**(Fibonacci) **수열** $\{f_n\}$은

$$f_1 = 1,\ f_2 = 1,\ f_n = f_{n-1} + f_{n-2}\ (\text{단},\ n \geq 3)$$

으로 정의된다. 이 수열의 각 항을 나열해 보면

$$\{1, 1, 2, 3, 5, 8, 13, 21, \cdots\}$$

가 된다. 피보나치 수열은 솔방울, 해바라기 꽃씨, 식물의 잎의 배열 등에서 찾아볼 수 있다.

참고 (1) **등차수열**(arithmetic sequence): 계차가 일정한 수열.

① 등차수열의 일반항 : 일차함수 $a_n = a_1 + (n-1)d$로 표시된다.

② 등차중항 : 세 수 a, b, c가 등차수열을 이루면, $b = \dfrac{a+c}{2}$

(2) **등비수열**(geometric sequence): 이웃 항의 비가 일정한 수열.

① 등비수열의 일반항 : 지수함수 $a_n = a_1 r^{n-1}$로 표시된다.

② 등비중항 : 세 수 a, b, c가 등비수열을 이루면, $b^2 = ac$

(3) **조화수열**(harmonic sequence): 각 항의 역수가 등차수열을 이루는 수열.

① 조화중항 : 세 수 a, x, b가 조화수열을 이루면, $x = \dfrac{2ab}{a+b}$

예 31 점화식 $a_{n+1} = pa_n + q$ (단, p, q는 임의의 상수)로 주어진 수열은 **계차수열**(sequence of differences)이 공비가 p인 등비수열이고, p, q, r이 $p+q+r=0$을 만족하는 임의의 상수일 때

$$pa_{n+2} + qa_{n+1} + ra_n = 0$$

으로 주어진 수열은 계차수열이 공비가 $\dfrac{r}{p}$인 등비수열이다.

2. 수열의 수렴과 발산

정의 2 (수렴과 발산)

임의로 주어진 $\epsilon > 0$에 대하여

$$n \geqq K\text{일 때, } |a_n - L| < \epsilon$$

을 만족하는 자연수 K가 존재하면, 수열 $\{a_n\}$은 L로 **수렴한다**(converge)고 하고, $\lim_{n \to \infty} a_n = L$로 표기한다. 이때 $L \in R$을 수열 $\{a_n\}$의 **극한**(limit)이라고 하고, 수열이 수렴하지 않으면 **발산한다**(diverge)고 한다.

예제 47 $c \in R$에 대하여 $a_n = c$(단, $n \geq 1$)일 때, $\lim_{n \to \infty} a_n = c$임을 보이시오.

증명 임의의 $\epsilon > 0$에 대하여, $K=1$로 잡는다. 그러면 $n \geq K$인 모든 자연수 n에 대하여, $|a_n - c| = |c - c| = 0 < \epsilon$을 만족한다. 따라서 $\lim_{n \to \infty} a_n = c$가 성립한다. ■

정의 3 (양 또는 음의 무한대로 발산)

임의의 $M > 0$에 대하여

$$n \geq K \text{ 일 때, } a_n > M \text{ (또는 } a_n < -M)$$

을 만족하는 자연수 K가 존재하면, $\lim_{n \to \infty} a_n = \infty$ (또는 $-\infty$)라 한다. 이때 수열 $\{a_n\}$은 ∞(또는 $-\infty$)로 발산한다고 한다.

함수에 대한 극한의 기본성질은 수열의 극한문제에도 적용된다. 수열 $\{a_n\}$, $\{b_n\}$이 수렴하고, k가 임의의 상수일 때

$$\lim_{n \to \infty} ka_n = k \lim_{n \to \infty} a_n, \quad \lim_{n \to \infty} (a_n \pm b_n) = \lim_{n \to \infty} a_n \pm \lim_{n \to \infty} b_n$$

$$\lim_{n \to \infty} a_n b_n = (\lim_{n \to \infty} a_n)(\lim_{n \to \infty} b_n), \quad \lim_{n \to \infty} \frac{a_n}{b_n} = \frac{\lim_{n \to \infty} a_n}{\lim_{n \to \infty} b_n} \quad (\text{단, } \lim_{n \to \infty} b_n \neq 0)$$

이 성립한다.

참고 (특수 형태의 극한값 구하기)

(1) 분자, 분모가 n에 관한 다항식일 경우에는 분모의 최고차 항으로 분모, 분자를 나눈다. 예를 들면

$$\lim_{n \to \infty} \frac{4n-1}{n^2+3n+1} = 0$$

(2) 분자, 분모가 n에 관한 지수함수일 경우에는 분모 중 밑의 절대값이 큰 항으로 분모, 분자를 나눈다. 예를 들면

$$\lim_{n \to \infty} \frac{3^{n+1}+2^n}{2^{2n}+3^n} = 0$$

(3) n에 관한 무리식일 경우에는 유리화한다. 예를 들면

$$\lim_{n \to \infty} (\sqrt{n^2+2n}-n) = 1$$

정리 4 (압축정리)

$a_n \leqq b_n \leqq c_n$ (단, $n \geqq n_0$)이고, $\lim_{n \to \infty} a_n = \lim_{n \to \infty} c_n = L$이면

$$\lim_{n \to \infty} b_n = L$$

이 성립한다.

모든 $n \in N$에 대하여 $a_n \leqq a_{n+1}$(또는 $a_n \geqq a_{n+1}$)을 만족하면 $\{a_n\}$을 증가 (또는 감소)수열이라 하고, 수열 $\{a_n\}$ 증가 또는 감소일 때 **단조수열**(monotone sequence)이라고 한다.

정의 5 (상한과 하한)

모든 $n \in N$에 대하여 $a_n \leqq M$을 만족하는 실수 M이 존재하면 수열 $\{a_n\}$은 **위로 유계**(bounded above)라 하고, $n \in N$인 모든 자연수 n에 대하여 $L \leqq a_n$을 만족하는 실수 L이 존재하면 **아래로 유계**(bounded below)라 한다. 특히 위로 유계이고 아래로 유계인 수열을 **유계**라 한다. 이때 M과 L을 각각 수열 $\{a_n\}$의 **상계**와 **하계**라 한다. 상계의 집합 중 최소값을 **최소상계** 또는 **상한**이라고 하고, 하계의 집합중 최대값을 **최대하계** 또는 **하한**이라고 한다.

수렴하는 수열은 유계이지만, 유계인 수열이 반드시 수렴하는 것은 아니다. 그러나 수렴과 유계가 동치가 되는 경우가 있다. 이것은 수열이 R에서 단조인 경우이다.

다음 **단조수렴정리**(monotone convergence theorem)는 실수 집합 R의 **완비성공리**(completeness axiom)를 이용하여 증명한다. 완비성공리는 "공집합이 아닌 R의 임

의의 부분집합 S가 상계(또는 하계)를 가지면, S는 상한(또는 하한)을 갖는다."는 것이다.

정리 6 (단조수렴정리)

유계이고 단조인 수열은 수렴한다. 이때

(1) $\{a_n\}$이 증가수열이고 위로 유계이면, $\lim_{n \to \infty} a_n = \sup\{a_n\}$

(2) $\{b_n\}$이 감소수열이고, 아래로 유계이면, $\lim_{n \to \infty} b_n = \inf\{b_n\}$

참고 무한등비수열 $\{ar^{n-1}\}$의 수렴조건은 $a=0$ 또는 $-1 < r \leq 1$이다.

연습문제

1 ≫ 수열 $\{a_n\}$이 수렴하면, 그 극한은 유일함을 보이시오.

2 ≫ 유계인 단조수열은 수렴함을 보이시오.

3 ≫ 단조수렴정리를 이용하여 $0 \leq a < 1$일 때, 수열 $\{a^n\}$이 수렴함을 보이고

$$\lim_{n \to \infty} a^n = 0$$

임을 증명하시오.

4 ≫ 점화식 $a_1 = 1$, $a_{n+1} = \sqrt{2a_n}$ (단, $n \in N$)으로 정의된 수열 $\{a_n\}$의 극한을 구하시오.

5 ≫ $n^{\frac{1}{n}} = e^{\frac{1}{n}\ln n}$을 이용하여, $a_n = \sqrt[n]{n}$으로 정의된 수열 $\{a_n\}$이 1로 수렴함을 보이시오.

6 ≫ $\alpha > 0$일 때, $\lim_{n \to \infty} \sqrt[n]{\alpha} = 1$임을 보이시오.

6.7 급수

1. 시그마 기호

a_m, a_{m+1}, $\cdots$, a_n이 실수이고, m과 n은 $m \leq n$을 만족하는 자연수일 때

$$\sum_{k=m}^{n} a_k = a_m + a_{m+1} + \cdots + a_{n-1} + a_n$$

으로 표기한다. 이때 그리스 문자 $\sum$를 **시그마기호**(sigma notation)라 하고, 문자 k를 **지표**(index)라 한다. 합을 시그마기호를 사용하여 나타내는 방법은 유일하지 않음에 유의한다. c가 임의의 상수일 때

$$(1)\ \sum_{k=1}^{n} ca_k = c\sum_{k=1}^{n} a_k \qquad (2)\ \sum_{k=1}^{n}(a_k \pm b_k) = \sum_{k=1}^{n} a_k \pm \sum_{k=1}^{n} b_k$$

가 성립한다.

참고 n이 임의의 자연수일 때, 다음이 성립한다.

① $\displaystyle\sum_{k=1}^{n} k = \frac{n(n+1)}{2}$ ② $\displaystyle\sum_{k=1}^{n} k^2 = \frac{n(n+1)(2n+1)}{6}$

③ $\displaystyle\sum_{k=1}^{n} k^3 = \left[\frac{n(n+1)}{2}\right]^2$ ④ $\displaystyle\sum_{k=1}^{n} k^4 = \frac{n(n+1)(2n+1)(3n^2+3n-1)}{30}$

2. 급수의 수렴과 발산

수열 $\{a_n\}$에서 각 항 a_n의 합 $a_1 + a_2 + \cdots + a_n + \cdots = \sum_{n=1}^{\infty} a_n$을 **무한급수**(infinite series) 또는 간단히 **급수**(series)라 하고, 급수의 제 n부분합(nth partial sum)

$S_n = \sum_{k=1}^{n} a_k$로 주어진 수열 $\{S_n\}$을 부분합의 수열이라고 한다. 수열 $\{S_n\}$이 극한 S를 가질 때 $\sum_{n=1}^{\infty} a_n$은 수렴한다고 하고, 그렇지 않으면 발산한다고 한다. 이때 극한 S를 그 급수의 합이라 하고, $\sum_{n=1}^{\infty} a_n = S$로 표기한다. 수열 $\{a_n\}$의 부분합 S_n과 일반항 a_n 사이에는 다음과 같은 관계가 있다.

$$a_1 = S_1, \quad a_n = S_n - S_{n-1} \ (\text{단, } n \geq 2)$$

참고 (1) 등차수열의 합 : $S_n = \dfrac{n\{2a_1 + (n-1)d\}}{2}$로 주어진다. 일반적으로 등차수열의 합은 상수항이 없는 이차함수 $S_n = an^2 + bn$ 형태가 된다.

(2) 등비수열의 합 : $S_n = \dfrac{a(1-r^n)}{1-r}$ (단, $r \neq 1$)으로 주어진다.

예 32 $\sum_{n=1}^{\infty} (-1)^n$은 발산한다. 왜냐하면 $n \to \infty$일 때, S_n은 0과 1 사이를 진동하기 때문이다. 이러한 급수를 **진동급수**라 한다.

수열의 수렴, 발산에 관한 성질은 급수의 수렴, 발산의 판정법을 구하는데 이용된다.

참고 무한등비급수

$$a + ar + ar^2 + ar^3 + \cdots + ar^{n-1} + \cdots = \sum_{n=1}^{\infty} ar^{n-1} \ (\text{단, } a \neq 0)$$

을 **기하급수**(geometric series)라 한다. 주어진 기하급수는

(1) $r = 1$이면 발산한다.

(2) $r \neq 1$이면 n번째 부분합 S_n은

$$S_n = \frac{a(1-r^n)}{1-r}$$

이므로, $-1 < r < 1$일 경우에 $\dfrac{a}{1-r}$로 수렴하고, $r \leq -1$이거나 $r > 1$일 경우에는 발산한다.

정리 1

급수 $\sum_{n=1}^{\infty} a_n$이 수렴하면, $\lim_{n\to\infty} a_n = 0$이 된다.

참고 [정리 1]의 역은 일반적으로 성립하지 않는다. 예를 들면 $\lim_{n\to\infty} \frac{1}{n} = 0$이지만, 조화급수 $\sum_{n=1}^{\infty} \frac{1}{n}$은 발산한다.

따름정리 (발산판정법)

$\lim_{n\to\infty} a_n \neq 0$이거나 $\lim_{n\to\infty} a_n$이 존재하지 않으면, 급수 $\sum_{n=1}^{\infty} a_n$은 발산한다. 이것을 **발산판정법**이라 한다.

예 33 급수 $\sum_{n=1}^{\infty} \frac{n}{2n+1}$은

$$\lim_{n\to\infty} a_n = \lim_{n\to\infty} \frac{n}{2n+1} = \frac{1}{2} \neq 0$$

이므로 발산한다.

정리 2

(1) 두 급수 $\sum_{n=1}^{\infty} a_n$, $\sum_{n=1}^{\infty} b_n$이 수렴하면, $\sum_{n=1}^{\infty}(a_n \pm b_n)$도 수렴하고 $\sum_{n=1}^{\infty}(a_n \pm b_n) = \sum_{n=1}^{\infty} a_n \pm \sum_{n=1}^{\infty} b_n$이 성립한다.

(2) 급수 $\sum_{n=1}^{\infty} a_n$이 수렴하고 c가 임의의 실수이면, $\sum_{n=1}^{\infty}(ca_n)$도 수렴하고 $\sum_{n=1}^{\infty}(ca_n) = c\sum_{n=1}^{\infty} a_n$이 성립한다.

주어진 급수에 대하여 두 가지 문제가 제기된다. 하나는 급수의 수렴 여부이고, 다른 하나는 그 합을 구하는 것이다. 급수의 수렴 여부는 여러 가지 판정법을 이용하여 비교적 쉽게 해결할 수 있지만, 그 급수의 합을 구하는 것은 결코 쉽지 않다.

3. 급수의 수렴판정법

급수가 주어졌을 때, 주어진 급수의 부분합의 극한값을 구하지 않고 수렴 여부를 판정할 수 있는 방법을 살펴본다.

(1) 양항급수

모든 $n \in N$에 대하여 $a_n > 0$일 때, $\sum_{n=1}^{\infty} a_n$을 **양항급수**(series of positive terms)라 한다.

정리 3

$\sum_{n=1}^{\infty} a_n$이 양항급수일 때, $\sum_{n=1}^{\infty} a_n$이 수렴할 필요충분조건은 부분합의 수열 $\{S_n\}$이 유계인 것이다. 이때

$$\sum_{n=1}^{\infty} a_n = \lim_{n \to \infty} S_n = \sup\{S_n\}$$

으로 주어진다.

① 적분판정법

수렴에 대한 **적분판정법**(integral test)은 이상적분을 이용한다.

정리 4 (적분판정법)

함수 $f(t)$가 $\{t \mid t \geq n_0,\ n_0 \in N\}$에서 정의된 연속인 양의 감소함수라 하자. $f(n) = a_n$일 때, 양항급수 $\sum_{n=1}^{\infty} a_n$이 수렴할 필요충분조건은 이상적분

$$\int_{n_0}^{\infty} f(t)\,dt = \lim_{n \to \infty} \int_{n_0}^{n} f(t)\,dt$$

가 수렴하는 것이다.

예제 48 p 급수 $\sum_{n=1}^{\infty} \frac{1}{n^p}$ (단, $p>0$)의 수렴, 발산을 판정하시오.

풀이 $f(t)=\frac{1}{t^p}$일 때

$$p=1\text{이면, } \int_1^n \frac{1}{t}\,dt = \ln n - \ln 1,$$
$$p\neq 1\text{이면, } \int_1^n \frac{1}{t^p}\,dt = \frac{1}{1-p}(n^{1-p}-1)$$

을 얻는다. 따라서 $p>1$이면 p급수는 수렴하고, $p \leqq 1$이면 발산함을 알 수 있다. ■

② 비교판정법

비교판정법(comparison test)이란 이미 알고 있는 수렴급수나 발산급수와 비교하여 주어진 급수의 수렴, 발산을 판정하는 방법이다. 비교대상으로 선택되는 급수로는 보통 p 급수와 기하급수가 이용된다.

정리 5 (비교판정법)

두 양항급수 $\sum_{n=1}^{\infty} a_n$과 $\sum_{n=1}^{\infty} b_n$이 모든 $n \in N$에 대하여, $a_n \leqq cb_n$ (단, $c>0$)을 만족할 때

(1) $\sum_{n=1}^{\infty} b_n$이 수렴하면, $\sum_{n=1}^{\infty} a_n$도 수렴한다.

(2) $\sum_{n=1}^{\infty} a_n$이 발산하면, $\sum_{n=1}^{\infty} b_n$도 발산한다.

예 34 급수 $\sum_{n=1}^{\infty} \frac{1}{n(n+2)}$은 수렴한다. 왜냐하면 모든 n에 대하여 $\frac{1}{n(n+2)} \leqq \frac{1}{n^2}$을 만족하고 p 급수 $\sum_{n=1}^{\infty} \frac{1}{n^2}$은 수렴하므로, 주어진 급수는 수렴한다.

참고 한 급수에 유한개의 항을 더하거나 없애도 급수의 수렴, 발산에는 영향을 받지 않는다. 따라서 비교판정법에서 모든 $n \in N$에 대하여 $a_n \leqq cb_n$ (단, $c>0$)이라는 조건은

실제로는 적당한 자연수 K가 존재하여 $n \geq K$를 만족하는 모든 $n \in N$에 대하여 성립해도 된다.

예제 49 급수 $\sum_{n=1}^{\infty} \frac{\ln n}{n}$의 수렴, 발산을 판정하시오.

풀이 $n \geq 3$인 모든 자연수 n에 대하여 $\ln n > 1$이므로

$$\frac{\ln n}{n} > \frac{1}{n} \text{ (단, } n \geq 3)$$

을 만족한다. 그런데 조화급수 $\sum_{n=1}^{\infty} \frac{1}{n}$이 발산하므로, 비교판정법에 의하여 주어진 급수 $\sum_{n=1}^{\infty} \frac{\ln n}{n}$도 발산한다. ■

정리 6 (극한비교판정법)

두 양항급수 $\sum_{n=1}^{\infty} a_n$과 $\sum_{n=1}^{\infty} b_n$에 대하여

(1) $\lim_{n \to \infty} \frac{a_n}{b_n} = c > 0$이면, $\sum_{n=1}^{\infty} a_n$이 수렴하기 위한 필요충분조건은 $\sum_{n=1}^{\infty} b_n$이 수렴하는 것이다.

(2) $\lim_{n \to \infty} \frac{a_n}{b_n} = 0$이고 $\sum_{n=1}^{\infty} b_n$이 수렴하면, $\sum_{n=1}^{\infty} a_n$도 수렴한다.

(3) $\lim_{n \to \infty} \frac{a_n}{b_n} = \infty$이고 $\sum_{n=1}^{\infty} b_n$이 발산하면, $\sum_{n=1}^{\infty} a_n$도 발산한다.

예제 50 극한비교판정법을 이용하여, $\sum_{n=1}^{\infty} \frac{\ln n}{n}$이 발산함을 보이시오.

증명 $a_n = \frac{\ln n}{n}$, $b_n = \frac{1}{n}$이라 하면, $\lim_{n \to \infty} \frac{a_n}{b_n} = \infty$이고 $\sum_{n=1}^{\infty} b_n$이 발산하므로, 주어진 급수 $\sum_{n=1}^{\infty} \frac{\ln n}{n}$은 발산한다. ■

따름정리 (다항식 판정법)

차수가 각각 p, q인 다항식 $P(n)$과 $Q(n)$으로 주어진 급수 $\sum_{n=1}^{\infty} \frac{P(n)}{Q(n)}$에 대하여 다음이 성립한다.

(1) $q > p+1$이면, $\sum_{n=1}^{\infty} \frac{P(n)}{Q(n)}$은 수렴한다.

(2) $q \leq p+1$이면, $\sum_{n=1}^{\infty} \frac{P(n)}{Q(n)}$은 발산한다.

③ 비판정법

달랑베르에 의하여 만들어진 다음 **비판정법**(ratio test)은 급수의 수렴 여부를 결정하는데 매우 유용하다.

정리 7 (비판정법)

양항급수 $\sum_{n=1}^{\infty} a_n$에 있어서, $L = \lim_{n \to \infty} \frac{a_{n+1}}{a_n}$일 때

(1) $L < 1$이면, $\sum_{n=1}^{\infty} a_n$은 수렴한다.

(2) $L > 1$이면, $\sum_{n=1}^{\infty} a_n$은 발산한다.

(3) $L = 1$이면, 이 판정법으로는 판정할 수 없다.

예 35 급수 $\sum_{n=1}^{\infty} \frac{n+1}{2^n}$은 $a_n = \frac{n+1}{2^n}$, $a_{n+1} = \frac{n+2}{2^{n+1}}$이고

$$\lim_{n \to \infty} \frac{a_{n+1}}{a_n} = \lim_{n \to \infty} \frac{1}{2} \cdot \frac{n+2}{n+1} = \frac{1}{2} < 1$$

이므로 수렴한다.

(2) 교대급수

양의 항과 음의 항이 교대로 반복되는 급수를 **교대급수**(alternating series)라고 한다. 교대급수의 수렴판정에는 라이프니츠의 **교대급수 판정법**(alternating series test)을 이용한다.

정리 8 (교대급수 판정법)

$\{z_n\}$이 $\lim_{n \to \infty} z_n = 0$ (단, $z_n > 0$)을 만족하는 감소수열이면, 교대급수

$$\sum_{n=1}^{\infty} (-1)^{n-1} z_n$$

은 수렴한다.

예제 51 **교대조화급수** $\sum_{n=1}^{\infty} \frac{(-1)^{n-1}}{n}$의 수렴 여부를 판정하시오.

풀이 $\frac{1}{n+1} < \frac{1}{n}$이므로 $z_{n+1} < z_n$이고, 또한 $\lim_{n \to \infty} z_n = \lim_{n \to \infty} \frac{1}{n} = 0$이므로, 교대급수 판정법에 의하여 주어진 급수는 수렴한다. ■

(3) 절대수렴과 조건부수렴

일반적인 경우로서, 양의 항과 음의 항을 모두 갖고 있는 급수 $\sum_{n=1}^{\infty} a_n$에 대하여 서술한다. $\sum_{n=1}^{\infty} a_n$의 절대급수를 $\sum_{n=1}^{\infty} |a_n|$으로 정의한다.

정리 9

절대급수 $\sum_{n=1}^{\infty} |a_n|$이 수렴하면, $\sum_{n=1}^{\infty} a_n$은 수렴한다.

[정리 9]의 역은 성립하지 않는다. 예를 들면 $\sum_{n=1}^{\infty}\left|\frac{(-1)^{n-1}}{n}\right|=\sum_{n=1}^{\infty}\frac{1}{n}$은 발산하지만, 교대조화급수 $\sum_{n=1}^{\infty}\frac{(-1)^{n-1}}{n}$은 수렴한다.

정의 10 (절대수렴과 조건부수렴)

절대급수 $\sum_{n=1}^{\infty}|a_n|$이 수렴할 때 $\sum_{n=1}^{\infty}a_n$은 **절대수렴**(absolutely convergent)이라 하고, 수렴급수 $\sum_{n=1}^{\infty}a_n$이 절대수렴하지 않으면 $\sum_{n=1}^{\infty}a_n$은 **조건부수렴**(conditionally convergent)이라고 한다.

수렴하는 양항급수는 절대수렴한다. 따라서 급수 $\sum_{n=1}^{\infty}a_n$이 양항급수이면, 절대수렴과 수렴은 같은 개념임에 유의한다.

예 36 교대조화급수 $\sum_{n=1}^{\infty}\frac{(-1)^{n-1}}{n}$은 조건부수렴한다.

① 비교판정법

주어진 급수가 p급수나 기하급수와 비슷한 형태를 취한 경우에는 비교판정법을 적용하도록 고려한다. 비교판정법은 양항급수에만 적용할 수 있으나, $\sum_{n=1}^{\infty}a_n$이 음인 항을 포함하면 절대급수 $\sum_{n=1}^{\infty}|a_n|$에 비교판정법을 적용하면 된다.

② 비판정법

정리 11 (비판정법)

급수 $\sum_{n=1}^{\infty}a_n$에 있어서, $L=\lim_{n\to\infty}\left|\frac{a_{n+1}}{a_n}\right|$일 때

(1) $L<1$이면, $\sum_{n=1}^{\infty}a_n$은 절대수렴한다.

(2) $L>1$이면, $\sum_{n=1}^{\infty}a_n$은 발산한다.

(3) $L=1$이면, 이 판정법으로는 판정할 수 없다.

참고 두 급수 $\sum_{n=1}^{\infty}\frac{1}{n}$과 $\sum_{n=1}^{\infty}(-1)^{n+1}\frac{1}{n}$은 모두 $L=1$이지만, $\sum_{n=1}^{\infty}\frac{1}{n}$은 발산하고 $\sum_{n=1}^{\infty}(-1)^{n+1}\frac{1}{n}$은 수렴하므로, $L=1$일 때 비판정법은 수렴 여부를 제공하지 못한다. 이 경우 비판정법을 사용할 수 없으므로, 다른 판정법을 이용해야 한다.

(4) 재배열급수

급수가 수렴하면 그 급수의 항들을 임의로 결합하여 얻은 새로운 급수는 같은 값으로 수렴한다. 그러나 항의 순서를 임의로 바꾸어 얻은 **재배열**(rearrangement)**급수**에서는 $\sum_{n=1}^{\infty}a_n$이 절대수렴할 때는 $\sum_{n=1}^{\infty}a_n$의 임의의 재배열도 동일한 값으로 절대수렴하지만, $\sum_{n=1}^{\infty}a_n$이 조건부수렴하면 $\sum_{n=1}^{\infty}a_n$의 재배열급수가 수렴한다고 하더라도 그 합은 일반적으로 $\sum_{n=1}^{\infty}a_n$의 합과 일치하지 않는다. 리만은 급수 $\sum_{n=1}^{\infty}a_n$이 조건부수렴하면 임의로 정한 수 c에 수렴하는 $\sum_{n=1}^{\infty}a_n$의 재배열급수가 존재함을 발견하였다. 한편 조건부수렴하는 급수 $\sum_{n=1}^{\infty}a_n$의 재배열급수가 발산하도록 만들 수 있다는 사실도 알려져 있다.

4. 멱급수

급수 $\sum_{n=1}^{\infty}a_n$에서 a_n이 함수 $f_n(x)$로 이루어질 때, $\sum_{n=1}^{\infty}f_n(x)$를 **함수항급수**(sequence of functional terms)라 하고, 특히

$$\sum_{n=0}^{\infty}a_n x^n \text{ 또는 } \sum_{n=0}^{\infty}a_n(x-c)^n \quad (\text{단, } a_n\text{은 상수})$$

과 같은 형태의 급수를 각각 x와 $x-c$에 대한 **멱급수**(power series)라고 한다. 멱급수는 주어진 급수가 수렴하는 모든 x의 집합을 정의구역으로 하는 함수이다.

멱급수에 대한 내용은 이 책의 수준을 벗어나므로 생략하기로 한다.

참고 멱급수가 중요한 이유 중 하나는 적분할 수 없는 함수를 적분할 수 있게 하여 준다는 것이다. 실제로 뉴턴은 적분이 어려운 함수를 멱급수로 전개하여 적분하였다.

연습문제

1 ≫ 다음 급수의 수렴 여부를 판정하시오.

(1) $\sum_{n=1}^{\infty} \frac{1}{n2^n}$ (2) $\sum_{n=2}^{\infty} \left[\frac{1}{n(\ln n)^2} - \frac{1}{n^2} \right]$ (3) $\sum_{n=2}^{\infty} \frac{1}{n(\ln n)^2}$

(4) $\sum_{n=1}^{\infty} \frac{n^n}{(2n)!}$ (5) $\sum_{n=1}^{\infty} \frac{1}{(n+1)\sqrt{n}}$ (6) $\sum_{n=1}^{\infty} \frac{1}{n^2} \sin \frac{\pi}{n}$

2 ≫ 다음 수열의 수렴 여부를 판정하시오.

(1) $\sum_{n=1}^{\infty} \frac{3^n + 2^n}{6^n}$ (2) $\sum_{n=1}^{\infty} \frac{1}{n(n+1)(n+2)}$

(3) $\sum_{n=1}^{\infty} \frac{n}{(n+1)!}$ (4) $\sum_{n=1}^{\infty} \left\{ \int_{n-1}^{n} \frac{dx}{x} - \frac{1}{n} \right\}$

3 ≫ 절대급수 $\sum_{n=1}^{\infty} |a_n|$이 수렴하면, $\sum_{n=1}^{\infty} a_n$은 수렴함을 보이시오.

4 ≫ 다음 급수가 조건부수렴, 절대수렴 또는 발산하는지를 결정하시오.

(1) $\sum_{n=1}^{\infty} (-1)^{n-1} n^{-1/3}$ (2) $\sum_{n=1}^{\infty} \frac{(-1)^n}{\sqrt[n]{n}}$ (3) $\sum_{n=1}^{\infty} \frac{(-1)^n \sqrt{n}}{\ln n}$

(4) $\sum_{n=1}^{\infty} \frac{(-1)^n e^n}{n^4}$ (5) $\sum_{n=1}^{\infty} (-1)^{n+1} \frac{\ln n}{\sqrt{n}}$

5 ≫ 적분판정법을 이용하여, 급수 $\sum_{n=1}^{\infty} \frac{\ln n}{n}$이 발산함을 보이시오.

6 ≫ $\{z_n\}$이 $\lim_{n \to \infty} z_n = 0$ (단, $z_n > 0$)을 만족하는 감소수열일 때, 교대급수

$$\sum_{n=1}^{\infty} (-1)^{n-1} z_n$$

은 수렴함을 보이시오.

참고문헌

1. 고정미 외 공저, 미분적분과 벡터해석, 경문사, 2004
2. 계승역 외 공저, 기초미적분학, 교우사, 2004
3. 김용인, 기초응용수학, 경문사, 2003
4. 김원석 외 공저, 미분적분학, 경문사, 2004
5. 대한수학회, 수학용어집, 청문각, 1994
6. 안인경, 최정환, 미분방정식과 응용, 경문사, 2001
7. 이병무, 해석학의 이해, 경문사, 2003
8. 이병무, 논리와 집합의 세상, 경문사, 서울, 2003
9. 이병무, 미분적분학의 이해와 응용, 교우사, 2005
10. 이장우, 현대 집합론의 원리, 경문사, 서울, 1993
11. 이창희 외 공저, 수학의 바이블-미분과 적분, (주)이투스 그룹, 2004
12. 이홍섭, 개념원리 수학 II, (주)개념원리, 2004
13. Dennis G. Zill, A first course in Differential equations with applications, Prindle, Weber & Schmidt, 1980
14. Frank Ayres, Modern algebra, Schaum's outline series, McGraw-Hill Book Co., 1965.
15. Frank Ayres, Jr and Elliott Mendelson, Differential and integral Calculas, 3rd ed., McGraw-Hill, Inc. 1990
16. Richard Bronson, Theory and problem of differential equations, 2nd ed., McGraw-Hill, Inc. 1994
17. Robert G. Bartle and Donald R. Sherbert, Introduction to Real Analysis, John Wiley & Sons, Inc., New York, 1992
18. Serge Lang, Linear Algebra, 2nd ed., Columbia University, New York, 1983
19. You-Feng Lin, Shwu-Yeng T. Lin, Set theory an intuitive approach, Houghton Mifflin com., 1974

기본공식

1 이항전개

$$(a+b)^n = a^n + {}_nC_1a^{n-1}b + {}_nC_2a^{n-2}b^2 + \cdots + {}_nC_ra^{n-r}b^r + \cdots + b^n$$

여기서

$${}_nC_1 = \frac{n}{1},\quad {}_nC_2 = \frac{n(n-1)}{1\cdot 2},\ \cdots,\ {}_nC_r = \frac{n!}{r!(n-r)!}$$

2 등비급수

a를 초항, r을 공비, n을 항수, l을 말항, S_n을 n항까지의 합이라고 하면

$$l = ar^{n-1},\quad S_n = \frac{a(1-r^n)}{1-r}$$

이고, 무한등비급수의 합을 S라 할 때

$$|r| < 1 \text{이면 } S = \frac{a}{1-r}$$

3 디음 공식에서 r은 반지름, h는 높이, l은 빗높이, b는 밑변의 길이, B는 밑면의 면적, θ는 호도법(라디안)으로 측정한 중심각을 나타낸다.

(1) 사다리꼴 면적 $= \frac{1}{2}h(b_1+b_2)$

(2) 원 호 $= r\theta$, 원주 $= 2\pi r$, 면적 $= \pi r^2$

(3) 부채꼴 면적 $= \frac{1}{2}r^2\theta$

(4) 각주 부피 $= Bh$

(5) 각추 부피 $= \frac{1}{3}Bh$

(6) 직원주 옆면적 $= 2\pi rh$, 부피 $= \pi r^2 h$

(7) 직원추 옆면적 $= \pi rl$, 부피 $= \frac{1}{3}\pi r^2 h$

(8) 구 표면적 $= 4\pi r^2$, 부피 $= \frac{4}{3}\pi r^3$

(9) 구대 부피 $= \frac{1}{3}\pi h^2(3r-h)$

(10) 각추대 부피 $= \frac{1}{3}h(B_1 + B_2 + \sqrt{B_1 B_2})$

(11) 직원추대 옆면적 $= \pi l(r_1 + r_2)$, 부피 $= \frac{1}{3}\pi h(r_1^2 + r_2^2 + r_1 r_2)$

4 기울기가 m_1, m_2인 두 직선 사이의 각

$$\tan\theta = \frac{m_1 - m_2}{1 + m_1 m_2}$$

5 $P(x_1, y_2)$에서 직선 $Ax + By + C = 0$에 이르는 거리 d

$$d = \frac{|Ax_1 + Ay_1 + C|}{\sqrt{A^2 + B^2}}$$

6 직교좌표와 극좌표와의 관계

$$x = r\cos\theta, \qquad r^2 = x^2 + y^2$$

$$y = r\sin\theta, \qquad \theta = \tan^{-1}\frac{y}{x}$$

7 두 점 $P(x_1, y_1, z_1)$, $P(x_2, y_2, z_2)$에 대하여

거리 $\overline{P_1P_2}$ $\overline{P_1P_2} = \sqrt{(x_1 - x_2)^2 + (y_1 - y_2)^2 + (z_1 - z_2)^2}$

$\overrightarrow{P_1P_2}$의 방향수 $[x_1 - x_2,\ y_1 - y_2,\ z_1 - z_2]$

8 방향수가 $[a_1, b_1, c_1]$, $[a_2, b_2, c_2]$인 두 직선 사이의 각

$$\cos\theta = \pm\frac{a_1a_2 + b_1b_2 + c_1c_2}{\sqrt{a_1^2 + b_1^2 + c_1^2}\ \sqrt{a_2^2 + b_2^2 + c_2^2}}$$

9 점 $P(x_1, y_1, z_1)$을 지나고 벡터 (a, b, c)와 평행한 직선의 방정식

$$\frac{x-x_1}{a} = \frac{y-y_1}{b} = \frac{z-z_1}{c}$$

10 점 $P(x_1, y_1, z_1)$을 지나고 벡터 (a, b, c)에 수직인 평면의 방정식

$$a(x-x_1)+b(y-y_1)+c(z-z_1)=0$$

11 점 $P(x_1, y_1, z_1)$에서 평면 $Ax+By+Cz+D=0$에 이르는 거리 d

$$d = \frac{|Ax_1+By_1+Cz_1+D|}{\sqrt{A^2+B^2+C^2}}$$

12 직교좌표와 주면좌표와의 관계

$$x = r\cos\theta, \qquad y = r\sin\theta, \qquad z = z$$

$$r^2 = x^2+y^2, \qquad \theta = \tan^{-1}\frac{y}{x}, \qquad z = z$$

13 직교좌표와 구면좌표와의 관계

$$x = r\sin\phi\cos\theta, \qquad y = r\sin\phi\sin\theta, \qquad z = r\cos\phi$$

$$r^2 = x^2+y^2+z^2, \qquad \theta = \tan^{-1}\frac{y}{x}, \qquad \phi = \tan^{-1}\frac{\sqrt{x^2+y^2}}{z}$$

14 각의 단위(도와 라디안)

$$360° = 2\pi \text{ 라디안}, \qquad 1° = \frac{\pi}{180}\text{ 라디안}, \qquad 1\text{ 라디안} = \frac{180°}{\pi}$$

15 기본공식

$$\csc x = \frac{1}{\sin x}, \qquad \sec x = \frac{1}{\cos x}, \qquad \cot x = \frac{1}{\tan x}$$

$$\tan x = \frac{\sin x}{\cos x}, \qquad \cot x = \frac{\cos x}{\sin x}, \qquad \sin^2 x + \cos^2 x = 1$$

$$1+\tan^2 x = \sec^2 x, \qquad 1+\cot^2 x = \csc^2 x$$

16. 특수각에 관한 삼각함수값

각(도)	sin	cos	tan	cot	sec	csc	각 (라디안)
$0°$	0	1	0	∞	1	∞	0
$30°$	$\frac{1}{2}$	$\frac{\sqrt{3}}{2}$	$\frac{\sqrt{3}}{3}$	$\sqrt{3}$	$\frac{2\sqrt{3}}{3}$	2	$\frac{\pi}{6}$
$45°$	$\frac{\sqrt{2}}{2}$	$\frac{\sqrt{2}}{2}$	1	1	$\sqrt{2}$	$\sqrt{2}$	$\frac{\pi}{4}$
$60°$	$\frac{\sqrt{3}}{2}$	$\frac{1}{2}$	$\sqrt{3}$	$\frac{\sqrt{3}}{3}$	2	$\frac{2\sqrt{3}}{3}$	$\frac{\pi}{3}$
$90°$	1	0	∞	0	∞	1	$\frac{\pi}{2}$
$180°$	0	-1	0	∞	-1	∞	π
$270°$	-1	0	∞	0	∞	-1	$\frac{3\pi}{2}$
$360°$	0	1	0	∞	1	∞	2π

17.

각(도)	sin	cos	tan	cot	sec	csc
$-x$	$-\sin x$	$\cot x$	$-\tan x$	$-\cot x$	$\sec x$	$-\csc x$
$90°-x$	$\cos x$	$\sin x$	$\cot x$	$\tan x$	$\csc x$	$\sec x$
$90°+x$	$\cos x$	$-\sin x$	$-\cot x$	$-\tan x$	$-\csc x$	$\sec x$
$180°-x$	$\sin x$	$-\cos x$	$-\tan x$	$-\cot x$	$-\sec x$	$\csc x$
$180°+x$	$-\sin x$	$-\cos x$	$\tan x$	$\cot x$	$-\sec x$	$-\csc x$
$270°-x$	$-\cos x$	$-\sin x$	$\cot x$	$\tan x$	$-\csc x$	$-\sec x$
$270°+x$	$-\cos x$	$\sin x$	$-\cot x$	$-\tan x$	$\csc x$	$-\sec x$
$360°-x$	$-\sin x$	$\cos x$	$-\tan x$	$-\cot x$	$\sec x$	$-\csc x$

18) 가법정리

$$\sin(x \pm y) = \sin x \cos y \pm \cos x \sin y$$

$$\cos(x \pm y) = \cos x \cos y \mp \sin x \sin y$$

$$\tan(x \pm y) = \frac{\tan x \pm \tan y}{1 \mp \tan x \tan y}$$

19) 배각의 공식

$$\sin 2x = 2\sin x \cos x, \qquad \tan 2x = \frac{2\tan x}{1-\tan^2 x},$$

$$\cos 2x = 2\cos^2 x - 1 = 1 - 2\sin^2 x$$

20) 반각의 공식

$$\sin\frac{x}{2} = \pm\sqrt{\frac{1-\cos x}{2}}, \qquad \cos\frac{x}{2} = \pm\sqrt{\frac{1+\cos x}{2}}$$

21) 합의 공식

$$\sin x + \sin y = 2\sin\frac{x+y}{2}\cos\frac{x-y}{2}$$

$$\sin x - \sin y = 2\cos\frac{x+y}{2}\sin\frac{x-y}{2}$$

$$\cos x + \cos y = 2\cos\frac{x+y}{2}\cos\frac{x-y}{2}$$

$$\cos x - \cos y = -2\sin\frac{x+y}{2}\sin\frac{x-y}{2}$$

22) 곱의 공식

$$\sin x \sin y = -\frac{1}{2}[\cos(x+y) - \cos(x-y)]$$

$$\sin x \cos y = \frac{1}{2}[\sin(x+y) + \sin(x-y)]$$

$$\cos x \cos y = \frac{1}{2}[\cos(x+y) + \cos(x-y)]$$

23 역삼각함수의 공식 (단, $a > 0$)

$$\sin^{-1}(-a) = -\sin^{-1}a, \qquad \cot^{-1}(-a) = \pi - \tan^{-1}\left(\frac{1}{a}\right)$$

$$\cos^{-1}(-a) = \pi - \cos^{-1}a, \qquad \sec^{-1}(-a) = \cos^{-1}\left(\frac{1}{a}\right) - \pi$$

$$\tan^{-1}(-a) = -\tan^{-1}a, \qquad \csc^{-1}(-a) = \sin^{-1}\left(\frac{1}{a}\right) - \pi$$

$$\sin^{-1}a = \cos^{-1}\sqrt{1-a^2}, \qquad \cos^{-1}a = \sin^{-1}\sqrt{1-a^2}$$

24 삼각형에 관한 공식

세 변의 길이를 a, b, c : 그 대각을 A, B, C : $s = \frac{1}{2}(a+b+c)$: 외접원의 반지름을 R: 내접원의 반지름을 r: 삼각형의 면적을 S라 하면

사인법칙 $$\frac{a}{\sin A} = \frac{b}{\sin B} = \frac{c}{\sin C} = 2R$$

코사인법칙 $$a^2 = b^2 + c^2 - 2bc\cos A$$

$$r = \frac{\sqrt{(s-a)(s-b)(s-c)}}{s}$$

삼각형의 면적 $$S = \frac{1}{2}ab\sin C = \frac{a^2\sin B\sin C}{2\sin(B+C)}$$

$$= \sqrt{s(s-a)(s-b)(s-c)}$$

연습문제 해답

제 1 장

≫ 1.1 절 ≪

3. (2) **7.** (3) **8.** -3

≫ 1.2 절 ≪

1. 67

2. (1) 15가지 (2) 12가지

4. (1) 10개 (2) 10개

7. 최대 52, 최소 16

제 2 장

≫ 2.1 절 ≪

7. (1) $e=0$ (2) $x=\frac{5}{4}$

≫ 2.2 절 ≪

1. $5x \quad 13$ **2.** -3

≫ 2.3 절 ≪

1. 10, 200 **2.** $-k^3+3k$

3. (1) $-\frac{4}{\sqrt{a^2+4}}$ (2) $\frac{4}{\sqrt{a^2+4}}$

≫ 2.4 절 ≪

2. 3

≫ 2.5 절 ≪

1. $4:5$

3. $\dfrac{f(a)-f(b)}{a-b}+\dfrac{af(b)-bf(a)}{a-b}$

4. $2Q(3)+3$

5. $p(x)=\dfrac{1}{3}(x-1),\ \ b(x)=\dfrac{1}{3}(x^2-2x+2)$

6. x^2+x+1

8. (1) $-\dfrac{2}{x+1}+\dfrac{1}{(x+1)^3}+\dfrac{2}{x-2}$

(2) $x-\dfrac{x}{2(x^2+1)}+\dfrac{1}{4(x-1)}+\dfrac{1}{4(x+1)}$

9. $x=\dfrac{3}{2}$

10. 3

11. $m=-9$일 때, $\alpha\beta$의 최대값 196

12. (1) 0 (2) 4개

13. (1) -1 (2) 1 (3) 1

14. (1) $-3,\ 2,\ 4$ (2) $-3,\ \dfrac{3\pm\sqrt{3}i}{2}$

15. $x^3-2x-1=0$

16. (1) $1,\ 3,\ \pm i$ (2) $\dfrac{1\pm\sqrt{5}i}{2},\ \dfrac{-1\pm\sqrt{11}i}{2}$

17. (1) $x=6$ (2) $x=-\dfrac{3}{2},\ x=\dfrac{-3\pm\sqrt{5}}{2}$ (3) $x=6$

18. (1) $x=0,\ x=\dfrac{12}{5}$ (2) $x=1$

≫ 2.6 절 ≪

1. (1) $x=-4$ (2) $x=\pm3,\ -1,\ 5$

2. (1) $a=4$ 또는 $a=6$ (2) $a=-\dfrac{1}{2}$ (3) $a=2$

3. 3

4. $-\dfrac{1}{2}$

5. 1

6. $a=4,\ x=-4$ 또는 $x=8$

7. 2

8. $8\ \mathrm{km/h}$

9. (1) $x=9$ (2) $x=\dfrac{7\pm\sqrt{10}}{2}$ (3) $x=5$

10. (1) $3\leqq k<\dfrac{13}{4}$ (2) $k=\dfrac{13}{4}$ 또는 $k<3$ (3) $k>\dfrac{13}{4}$

11. (1) 10 (2) -1 (3) 17 (4) -1 (5) 1

12. (1) $a=\frac{3}{2}$ (2) $x=3,\ y=1$

13. 9일

14. (1) $-2 < x < -1$ 또는 $1 < x < 2$

(2) $x < -2$ 또는 $1 < x < 3$ 또는 $x > 3$

15. $1 < x \leqq 3$

16. (1) $a < -2$일 때, $a < x < -2$ 또는 $x > 3$

$a = -2$일 때, $x > 3$

$-2 < a < 3$일 때, $-2 < x < a$ 또는 $x > 3$

$a = 3$일 때, $-2 < x < 3$ 또는 $x > 3$

$a > 3$일 때, $-2 < x < 3$ 또는 $x > a$

(2) $a > 0$일 때, $-1 \leqq x \leqq 1$ 또는 $x \geqq 2$

$a < 0$일 때, $x \leqq -1$ 또는 $1 \leqq x \leqq 2$

17. (1) $-3 \leqq a < 2$ (2) 4 (3) 6

18. $a=5,\ b=-2,\ c=-8$

19. (1) $-1 \leqq x \leqq 3$ (2) $\frac{1}{2} < x < 1$

20. (1) $x < \frac{11}{3}$ 또는 $x > 5$ (2) $1 < x < 2$

21. (1) $x \leqq -\frac{15}{2}$ 또는 $x \geqq -\frac{9}{4}$ (2) $-2 < x \leqq -1$ 또는 $0 < x < 3$

22. $-\frac{5}{3} < a < -\frac{3}{5}$

23. $a < 0$

24. $0 < x \leqq 2$ 또는 $x \leqq -2$

25. 9

26. $a < 0$ 또는 $4 \leqq a < 5$

27. 2

28. 2

29. 5개

30. 최대값 14, 최소값 -2

≫ *2.7* 절 ≪

2. (1) n은 m의 약수 (2) $(m, n) = 1$

6. $\{0\}$과 Z_p

연습문제 해답

제 3 장

≫ 3.1 절 ≪

1. $a=-2,\ b=5$

2. $-2 \leqq b < -1$

6. (1) $n\pi+(-1)^n\dfrac{\pi}{6}$

(2) $2n\pi \pm \dfrac{\pi}{3}$ (단, n은 정수)

8. $\cos\dfrac{\alpha}{2}=-\dfrac{7\sqrt{2}}{10},\ \sin\dfrac{\alpha}{2}=\dfrac{\sqrt{2}}{10},\ \tan\dfrac{\alpha}{2}=-\dfrac{1}{7}$

9. $36(3+\sqrt{3})(\mathrm{cm}^2)$

≫ 3.2 절 ≪

1. -1

2. (1) $2\left(\cos\dfrac{\pi}{6}-i\sin\dfrac{\pi}{6}\right)$

(2) $3\left(\cos\dfrac{\pi}{2}-i\sin\dfrac{\pi}{2}\right)$

3. (1) $1+\sqrt{3}i,\ -2,\ 1-\sqrt{3}i$

(2) $\pm\sqrt[4]{2}\left(\dfrac{\sqrt{2+\sqrt{2}}}{2}+i\dfrac{\sqrt{2-\sqrt{2}}}{2}\right)$

4. $n=3k$일 때 1, $n\neq 3k$일 때 -1

≫ 3.3 절 ≪

1. $\dfrac{1}{c^2d}$

2. $0<a\leqq\dfrac{1}{8},\ a\geqq\dfrac{1}{2}$

3. $y=\log_2(x+\sqrt{x^2+4})$

4. $A(2,1),\ B(1,0)$

5. -4

6. $\dfrac{\pi}{4}$

제 4 장

≫ 4.2 절 ≪

1. $A=\begin{pmatrix}1 & -1 & 2\\ 2 & -1 & 7\\ 1 & -1 & 3\end{pmatrix}$

4. (1) $\begin{pmatrix}-1 & 5 & -3\\ -2 & 1 & 3\\ 5 & 2 & -3\end{pmatrix}$

10. (1) $x=\pm 1$

(2) $x=-(a+b)$

11. $x=0,\ x=\pm\sqrt{5}$

12. (1) $x=\dfrac{3}{11},\ y=\dfrac{2}{11},\ z=\dfrac{1}{11}$

(2) $x=3,\ y=1,\ z=2$

제 5 장

≫ 5.1 절 ≪

4. $2 < x < 8$

5. P형 세트 5개, Q형 세트 8개를 만들 때, 최대 이익금 13,000원을 얻는다.

7. 내분점 $\left(\dfrac{x_1+x_2+x_3}{3}, \dfrac{y_1+y_2+y_3}{3}\right)$

≫ 5.2 절 ≪

1. $1 < m < 4$

2. $y = 3x+5$

3. $\theta = \cos^{-1}\dfrac{32}{7\sqrt{22}}$

8. 평행조건: $\dfrac{A}{A'} = \dfrac{B}{B'} \neq \dfrac{C}{C'}$, 수직조건: $AA'+BB'=0$

9. $y=0$ 또는 $y=\dfrac{4}{3}x$

11. (1) $\dfrac{6}{7}x-\dfrac{3}{7}y+\dfrac{2}{7}z=1$

(2) $\dfrac{2}{\sqrt{38}}x+\dfrac{5}{\sqrt{38}}y-\dfrac{3}{\sqrt{38}}z=\dfrac{4}{\sqrt{38}}$

14. $\dfrac{2}{3}\pi$

≫ 5.3 절 ≪

1. $(-1, -1)$

2. $3x'^2+4x'y'+2=0$

3. $x'^2-y'^2+z'^2-2x'y'-2y'z'-2z'x'-8=0$

4. $\begin{pmatrix} x \\ y \end{pmatrix} = \begin{pmatrix} \cos\theta & -\sin\theta \\ \sin\theta & \cos\theta \end{pmatrix}\begin{pmatrix} \cos\phi & -\sin\phi \\ \sin\phi & \cos\phi \end{pmatrix}\begin{pmatrix} x'' \\ y'' \end{pmatrix}$

≫ 5.4 절 ≪

1. $m = 1 \pm \sqrt{2}$

2. $(x-r)^2+(y-r)^2=r^2$

4. $6x^2+6y^2-2x-4y=0$

6. (1) $x^2=4(y-1)$

(2) $(x-5)^2=8(y+2)$

7. (1) $(-1, 0)$, $x=1$

(2) $(0, -\dfrac{5}{2})$, $y=\dfrac{5}{2}$

12. (1) $\dfrac{x^2}{27}+\dfrac{y^2}{36}=1$

(2) $\dfrac{x^2}{144}+\dfrac{y^2}{63}=1$

13. (1) $\frac{4}{5}$, $(\pm 4, 0)$, $x = \pm\frac{25}{4}$ (2) $\frac{\sqrt{5}}{3}$, $(0, \pm\sqrt{5})$, $y = \pm\frac{9}{\sqrt{5}}$

16. (1) $\frac{17}{50}x^2 - \frac{17}{18}y^2 = 1$ (2) $\frac{x^2}{9} - \frac{16}{81}y^2 = 1$

19. 이심률 : $\sqrt{2}$, 꼭지점 : $(4, 4)$와 $(-4, -4)$, 점근선 : $x = 0$과 $y = 0$

23. (1) $-2 < \lambda < 2$ (2) $\lambda = \pm 2$ (3) $\lambda = \frac{5}{2}$, 2

제 6 장

≫ 6.1 절 ≪

1. 구간 $[2, \infty)$

2. (1) 0

3. $7.995 < 5x - 2 < 8.005$

4. $-\frac{1}{2}$

6. $a = 1$, $b = 0$

8. $\frac{1}{2}$

≫ 6.2 절 ≪

1. (1) $\frac{1}{2}$

3. $a = -\frac{1}{2}$, $b = 0$

4. a

5. $\frac{dy}{dx} = \frac{\sin\theta}{1-\cos\theta}$, $\frac{d^2y}{dx^2} = -\frac{1}{r(1-\cos\theta)^2}$

6. (2) $\{x \mid x \geq 5\}$, $\{x \mid x > 5\}$

9. $100e^{-0.00043t}$

11. (1) 0 (2) $f'(x)$는 $x = 0$에서 불연속이다.

14. $\frac{1}{3}$

15. $x^x\left[\frac{1}{x} + (1 + \ln x)^2\right]$

≫ 6.3 절 ≪

1. (1) $y = 4$, $x = 1$

2. (1) $-\frac{1}{2}$ (2) $\frac{3 + 2\sqrt{2}}{2}$

3. $a = 0$, $b = 1$

4. 모든 실수

5. $0 < a < \frac{1}{4}$

7. (1) 극대값 $f(1)=5$, 최대값 $f(-1)=37$. 극소값 $f(0)=0$
극소값, 최소값 $f(3)=-27$

9. (3) $\phi = \tan^{-1}3 \approx 71.6°$

10. $\dfrac{3\sqrt{3}}{2}$

11. $y=\dfrac{1}{3}h$

12. 3

18. (3) 속도는 $4\,\mathrm{m/sec}$이다.

21. $a<-2$

22. $24\pi\,(\mathrm{m}^2/\text{초})$

23. $\dfrac{8}{\pi}\,(\mathrm{cm}/\text{초})$

≫ *6.4* **절** ≪

1. (1) $\displaystyle\int_1^3 x^4\,dx$ (2) $\displaystyle\int_1^3 (3x^5-6)\,dx$

2. (2) $2xf(x^2)$

3. (3) $\dfrac{3}{2}\ln\left(\sqrt[3]{x^2}-1\right)+C$ (5) $x+\sec x-\tan x+C$

(6) $\dfrac{1}{5}e^{-x}(2\sin 2x-\cos 2x)+C$

4. e^2

5. $f(x)=\cos x+2$

6. $k=2$

7. $a=2,\quad b=-5,\quad c=3$

8. (3) $\dfrac{1}{9}(\ln 8+\pi\sqrt{3})$

9. -4

10. (3) $\dfrac{1}{2}(e^{\pi}+1)$

13. (1) -6 (2) $-\dfrac{1}{4}$

14. $a=-1$

24. 1.12246205

≫ *6.5* **절** ≪

1. (2) $\dfrac{14}{3}$

4. (1) $19\dfrac{2}{3}$

7. $\dfrac{1}{6}$

8. $\dfrac{1}{12}$

11. $\dfrac{69}{10}\pi$

12. $\dfrac{70}{3}\pi\,\mathrm{cm}^3$

≫ *6.6* **절** ≪

4. 2

찾아보기

이병무(李柄武)
대구가톨릭대학교 자연대학 수학과 교수

일반교양수학의 이해

2008년 2월 20일 초판 인쇄
2008년 3월 3일 초판 발행

저 자 / 이병무
발행자 / 오판근
발행처 / 교우사

주 소 / 서울 동대문구 제기2동 148-19
전 화 / 925-2861(대), 편집부 / 925-2825
팩 스 / 925-2860, 953-2860
E-mail / kw2861 @ chollian. net
http: // www. kyowoo. co. kr
등록 / 1994. 3. 24 제6-0256호

ISBN 978-89-8172-719-2 (93410)

값 **20,000**원